水利水电工程施工与管理技术

代 培 任 毅 肖 晶 著

吉林科学技术出版社

图书在版编目（CIP）数据

水利水电工程施工与管理技术 ／ 代培，任毅，肖晶
著 ． -- 长春：吉林科学技术出版社，2020.1
ISBN 978-7-5578-6596-2

Ⅰ．①水… Ⅱ．①代… ②任… ③肖… Ⅲ．①水利水
电工程－工程施工－继续教育－教材②水利水电工程－施
工管理－继续教育－教材 Ⅳ．①TV5

中国版本图书馆 CIP 数据核字（2019）第 285869 号

水利水电工程施工与管理技术

著　者	代　培　任　毅　肖　晶	
出 版 人	李　梁	
责任编辑	汪雪君	
封面设计	刘　华	
制　版	王　朋	
开　本	185mm×260mm	
字　数	290 千字	
印　张	12.75	
版　次	2020 年 1 月第 1 版	
印　次	2020 年 1 月第 1 次印刷	
出　版	吉林科学技术出版社	
发　行	吉林科学技术出版社	
地　址	长春市福祉大路 5788 号出版集团 A 座	
邮　编	130118	
发行部电话／传真	0431—81629529　　81629530　　81629531	
	81629532　　81629533　　81629534	
储运部电话	0431—86059116	
编辑部电话	0431—81629517	
网　址	www.jlstp.net	
印　刷	北京宝莲鸿图科技有限公司	
书　号	ISBN 978-7-5578-6596-2	
定　价	62.00 元	

前　言

当今社会发展过程中，水利水电工程依然是极为关键的一部分，其作用极为突出，如满足农业灌溉、发电、防洪等。为了提高水利工程的使用性、有效性，切实有效的做好水利水电工程项目的基础施工工作就显得尤为必要。而通过对以往水利水电工程项目落实实际情况的分析，确定基础部分的施工容易出现一些问题，导致基础部分的坚固性、稳定性不高，致使整个工程稳定性、坚固性及耐用性深受影响。对此，我们应当高度重视水利水电工程基础部分，科学、合理的运用基础处理施工技术，做好基础部分的设计与施工作业，为真正提高工程基础施工质量奠定基础。由此看来，水利水电工程基础处理施工技术的有效应用具有较高的现实意义。

因此本书从十章内容对我国水利水电工程的基础知识和施工技术，以及存在现状进行研究，同时提出解决措施，希望能够有助于我国水利工程的发展与进步。

目 录

第一章 绪 论

第一节 近代水文历史

一、中国历代对水资源的管理

在水资源如此丰富的国家，少不了对水资源的管理。水政管理有史以来在中国就受到重视。它的管理系统虽不外乎行政管理和工程实施两大系统，而且历代水问题的变化以及设置官制的不同，使得历代水政问题极其复杂。水政管理所辖范围往往除水利之治河防潮、农田水利、航运工程几部分外，还包括沼泽河地之渔业、水生作物等，以及津、梁、桥、渡、交通水道之管理、城市供水等内容。

（一）历代水官

历代水官的变化非常复杂，从总体来看，分为中央和地方两个系统。

1. 中央水官

在中央，有以工部、水部系统的行政管理机构，有以都水监系统的工程修建机构。

总体来看，中央水官经过了如下发展变化：先秦有司空一职，主管水土行政。南北朝时，司空在名义上仍是掌管水利土木工程的最高政务官。秦汉以后主持水利营建及管理事务的有都水官，隋以后名都水监，至明代始取消。魏晋以后，尚书为中央最高行政机构，它的下属有水部，管理水利政务，和都水平行，官名水部郎。在水利行政上形成双轨制。隋唐以后属尚书六部中的工部，职官有郎中、员外郎、主事等。元代撤销，政务划归司农司。明清复设，为工部中之都水清吏司，职官仍名郎中、主事等。

（1）司空

司空是古代中央政权中主管水土工程的最高行政官。《尚书》中载"禹作司空""平水土"。西周时中央主要行政官有"三有司"，其中之一即是"司工"。《考工记》说水利工程是司空职掌的重要部分。《荀子·王制》记："修堤渠，通沟浍，行水涝，安水藏，以时决塞，岁虽凶败水旱，使民有所耘艾，司空之事也。"防洪、排涝、蓄水、灌溉等等都是司空的主要职责。其他先秦文献多有类似记载，大致是春秋战国的情况。当时各诸侯国多设有司空或相应官吏。

（2）工部、水部

工部、水部是历代主要管理水的机构，"水部，掌舟船、津梁、公私水事。"

隋代以后出现三省六部制，设工部尚书主管吏、户、礼、兵、刑、工六部中的工部，亦通称司空。"尚书省，置令，左、右仆射各一人。又置吏部、祠部、度支、左户、都官、五兵等六尚书。左右丞各一人。吏部、删定、三公、比部、祠部、仪曹、虞曹、主客、度支、殿中、金部、仓部、左户、驾部、起部、屯田、都官、水部、库部、功论、中兵、外兵、骑兵等郎二十三人。"唐代"尚书、侍郎之职，掌天下百工、屯田、山泽之政令。其属有四：一曰工部，二曰屯田，三曰虞部，四曰水部。"明代以前为宰相下属，掌管工程行政。尚书以下具体负责中央行政的机构有水部。曹魏时设水部郎为尚书郎之一主管水政。隋、唐、两宋都在工部下设水部，主管官员为水部郎中，其助手为员外郎及主事。"郎中、员外郎之职，掌天下川渎陂池之政令，以导达沟洫，堰决河渠。凡舟楫溉灌之利，咸总而举之。"唐代的水利机构设置是由工部直接总管，水部直接职掌国家水政。"工部掌山泽、屯田、工匠、诸司公廨纸笔墨之事。其属有四。……水部郎中、员外郎各一人，掌津济、船舻、渠梁、堤堰、沟洫、渔捕、运漕、碾硙之事。"还有主事二人，令史四人，书令史九人，掌固四人。此外，还设立了河渠署和都水监。

宋朝工部"掌天下城郭、宫室、舟车、器械、符印、钱币，山泽、苑囿、河渠之政。……其属三：曰屯田，曰虞部，曰水部。设官十。尚书、侍郎各一人，工部、屯田、虞部、水部郎中、员外郎各一人。元祐元年，省水部郎官一员。……水部郎中、员外郎掌沟洫、津梁、舟楫、漕连之事。凡堤防决溢，疏导壅底，以时约束而计度其岁用之物。修治不如法者，罚之；规划措置为民利者，赏之。分案六，置吏十有三。绍兴累减吏额，四司通置三十三人。元代不设水部，农田水利属大司农，大司农司，秩正二品，凡农桑、水利、学校、饥荒之事，悉掌之。"而河防等则并归都水监。明工部"尚书一人，正二品左、右侍郎各一人。正三品，其属，司务厅，司务二人。从九品，营缮、虞衡、都水、屯田四清吏司，各郎中一人，正五品，后增设都水司郎中四人。"工部下设的都水清吏司，又简称都水司。主管官为郎中，助手为员外郎及主事。"都水，典川泽、陂池、桥道、舟车、织造、券契、量衡之事。水利曰转漕，曰灌田。岁储其金石、竹木、卷埽，以时修其闸坝、洪浅、堰圩、堤防，谨蓄泄以备旱潦，无使坏田庐、坟隧、禾稼。舟楫、砲碾者不得与灌田争利，灌田者不得与转漕争利。凡诸水要会，遣京朝官专理，以督有司。"清朝基本沿袭明代官制，在工部下设营缮、虞衡、都水、屯田四清吏司，各部门分由满汉人充任，其中"都水掌河渠舟航，道路关梁，公私水事。"

（3）都水监

各代还设作监或都水监管水利建设的实施维修等，与工部分工。都水监是古代中央政权中主管水利建设德尔专职机构，往往与工部平行，但工作有区别，主要负责水利工程的计划、施工和管理等。其实，都水监早在在隋唐时期就已经出现，到了唐代官制的成熟完善后，都水监的设置也趋向成熟。

早在秦汉时期，各地山、泽、苑、池等里面的水资源，如泉、湖、河等，都设都水长、丞管理，"秦、汉有都水长、丞，主陂池灌溉，保守河渠，属太常。"

这些长、丞隶属管理水、苑、池、泽的官吏如中央的太常、大司农、少府及水衡都尉、地方长官等。汉成帝时才设置都水使，统一领导这些都水官。后汉都水官改属地方，晋代中央又设都水使者，机构名都水台，隋唐以后改称都水监。隋朝时期，都水监的官阶不断发生变化，"都水监改为使者，增为正五品，丞为从七品。统舟楫、河渠二署。舟楫署每津置尉一人。五年，又改使者为监，四品，加置少监，为五品。后又改监、少监为令，从三品，少令，从四品。"官阶的提升，从侧面表明了水官在行政机构中地位的上升，政权对水资源管理的重视。

如前所述，唐代的水利机构主要是工部，但同时还设有都水监内设使者。都水监总领舟楫、河渠二署，为主管水利建设设计、实施和管理的职能部门。据《新唐书》记载："使者二人，正五品上。掌川泽、津梁、渠堰、陂池之政，总河渠、诸津监署。……凡京畿诸水，因灌溉盗费者有禁。水入内之余，则均王公百官。"但是唐代的都水监并不是一直稳定常设机构，"武德初，废都水监为署。贞观六年复为监，改令曰使者。龙朔二年，改都水监曰司津监，使者曰监。武后垂拱元年，改都水监曰水衡监，使者曰都尉。开元二十五年，不录将作监。有录事一人，府五人，史十人，亭长一人，掌固四人。初，贞观六年，置舟楫署……"从唐代的水利机构的设置看，唐代的水利机构和官职已经相当成熟，对后世的影响非常深远。

宋代建立后对唐代的中央政治制度有所继承，又有一些新的变动。北宋之初并没有设置都水监，但由于北宋的水患十分严重，嘉祐三年（1058）十一月，"始专置监以领川泽之事。……轮遣丞一人出外治河堤之事，或一岁再岁而罢，其有谙知水政，或至三年。置局于澶州，号曰外监。"到了元丰时期又加了都水监的职能，"置使者一人，丞二人，主簿一人。使者掌中外川泽、河渠、津梁、堤堰疏凿浚治之事，丞参领之。"元祐四年（1089年），复置外都水使者。元祐五年（1090），诏南、北外都水丞并以三年为任。元符三年（1100），诏罢北外都水丞，以河事委之漕臣；三年，复置。重和元年（1118），工部尚书王诏言，乞选差曾任水官谙练者为南、北两外丞，从之。宣和三年（1121），诏罢南、北外都水丞司，依元丰法，通差文武官一员。分案七。建炎三年（1129），诏都水监置使者一员。绍兴九年（1139），复置南、北外都水丞各一员，南丞于应天府，北丞于东京置司。绍兴十年（1140），诏都水事归于工部，不复置官。北宋时期的都水监变动较多，多是因具体的河防变动都水监的设置。南宋宋代中央南迁后河防之事大减，遂撤销都水监，由工部负责川泽之事。

金代都水监吸收了唐宋两朝的精华，并改名为分治监。"分治监，专规措黄、沁河、卫州置司。"之下还设有街道司、都巡河官。前者负责"掌洒扫街道、修治沟渠。"后者按地区分为六大都巡河官，"掌巡视河道、修完堤堰、栽植榆柳、凡河防之事。"从中可以看出，金代的都水监的机构设置已经趋于完善，中央和地方共同配合设置，并且沿用北宋的基层水利机构埽所，在历次金代前中期治理水患中发挥其应有的作用，但是金代后期由于史料的缺乏并不能很确切的了解当时都水监的运作。

元代叫行都水监。"至正八年二月，河水为患，诏于济宁郓城立行都水监。九年，又立山东河南等处行都水监。十一年十二月，立河防提举司，隶行都水监，掌巡视河道，从五品。十二年正月，行都水监添设判官二员。十六年正月，又添设少监、监丞、知事各一员。"之前在至正六年五月，由于河南山东发生水患，设置了河南山东都水监，以专疏塞之任。由此可见，水官的设置与水患有着密切关系。

明清不设都水监，农田水利划归地方管理。但增添了专门管理黄河、运河等大流域的治理机构总理河道或河道总督等。明"总理河漕兼提督军务一员。永乐九年遣尚书治河，自后间遣侍郎、都御史。成化后，始称总督河道。正德四年，定设都御史。嘉靖二十年，以都御史加工部职衔，提督河南、山东、直隶河道。隆庆四年，加提督军务。万历五年，改总理河漕兼提督军务。八年革。"清在中央工部中设有都水司，"都水掌河渠舟航，道路关梁，公私水事。岁十有二月，伐冰纳窖，仲夏颁之；并典坛庙殿廷器用。"管理全国河流的又有"河道总督，江南一人，山东河南一人。直隶河道以总督兼理。掌治河渠，以时疏浚堤防，综其政令。营制视漕督。"顺治元年（1644）就设河道总督，亦称"总河"，驻在济宁。河督之下设有专管和兼管河务的道员，称"管河道"。河道主要有江南淮扬道、淮徐道、山东运河道、治理永定道。管河道下又有专理河务的同知、通判、州同、州判，以及兼理的知县、县丞等。武官方面，河道总督属下有河标，河标有副将、游击、都司等武官。另外河道总督还统属河营，其下有守备、千总、把总等，掌管河工调遣，抢险施工等。康熙十六年（1677），总河移驻清江浦，之后又驻回济宁。雍正二年（1724），置副总河，驻在武陟，专门管理北河。雍正七年（1729），将总河改为总督江南河道，驻清江浦，副总河为总督河南山东河道，驻济宁，分管南北两河。之后又增设直隶正、副总河。乾隆年间，撤副总河和直隶河道总督。至此，不仅直隶河务由治理总督兼理，北河总督也被裁撤。之后的百余年，就仅剩两大河督：南河总督和东河总督。清末时，这两职位设置又有所变化。运河漕运还另设漕运总督，主管漕粮运输，之后加兼管河道，地位与河道总督平行。

2. 地方水官

历代情况各异，官职的设置也复杂变化，在中央与地方的分类上难免有所重复，大体上有以下几类：

（1）直属中央的地方水官

前秦汉各郡国的都水长、丞、令等直属大司农，直至晋代有的地区尚有类似设置。以后有的屯田水利官吏也直属司农。元代有的地区设都水庸田司或都水庸田使司亦属这一类，但时置时废，不是常设的。另如宋、金、元的外都水监、行都水监、都水分监等是中央机构派出的分支，也可以归入这一类。

（2）派驻地方管理水政的中央官吏

这一类有为了处理某一水利问题或某一工程临时派出，事完回去的钦差大臣。如汉代的河堤谒者、河堤都尉，元代的总治河防使，明清的总督河道等。他们的官是谒者、都尉、工部尚书、尚书或侍郎兼都御使，临时职责是治河修堤。

汉至唐各代在中央或临时派往地方主持河工的官吏有河堤谒者等官。西汉临时派出的官吏或皇帝侍从，多以钦差大臣的身份主持大规模工程叫河堤谒者或河堤使者。《晋书》中记载"都水使者，汉水衡之职也。汉又有都水长丞，主陂池灌溉，保守河渠，属太常。汉东京省都水，置河堤谒者，魏因之。及武帝省水衡，置都水使者一人，以河堤谒者为都水官属。及江左，省河堤谒者，置谒者六人。"还有以原官兼河堤都尉，或只说原官"领河堤""护河堤""行河堤"等。东汉河堤谒者成为中央主持水利行政的官，晋至唐为都水使者的属官。五代以后废不再设，但也有类似的官员如元代的总治河防使和明代早期的总督河道。晋代的巡河官，元代的河道或河防提举司，明代的管河、管运的郎中、主事等都类似晋以后的河堤谒者。

这一类职官后来有的演变成常设官吏如明清的河道总督，同时成立了常设机构。明代京杭运河上常驻的中央官吏最多，他们或者是都水清吏司的职官，或者是御史等其他官员，由中央机构及总理或总督河道双重领导。

（3）地方专职水官

地方各级机构都有专职或兼职水利官吏。专职或兼职根据事务的多少而定。历代地方水利专官种类也很多。东汉都水官即改属郡国，晋各州设都水从事，南北朝时州郡设水曹。唐各道农田水利常由营田使兼管；宋各路水利先归提刑司，后由常平司管理；明代有的省设水利金事；清代有的省设水利道。明清的府、州，有的设水利通判、水利同知、水利州同等。明代沿黄、运两河，有的省设按察司副使等专管河防；府、州、县也专设管河通制、州同、县丞等。清代河道总督下设道、厅、汛三级官吏主管河防修守，有文武两系统。省级文有河道，武有副将或参将；府州文有通判、州同，武有守备或千总；县文有县丞或主簿，武有千总以下的把总、外委等。

（4）地方基层水官

大型农田水利常有专官。如关中郑白渠，西汉末息夫躬曾"持节领护三辅都水"。唐代管理属京兆尹，以京兆少尹一人负责。京兆少尹有时兼有"渠堰使"衔。如贞观四年（788）"京兆少尹郭隆为渠堰使"。并在泾阳设衙署。贞元十六年（800）"从东渭桥纳给使徐班兼白渠、漕渠及升原、成国等渠堰使"。太和元年（827）"京兆少尹韦文恪充渠堰使"。有时还有副职，如太和二年（828）刘仁师为昭应县令，"兼检校水曹员外郎兼渠堰副使。"这是一种特置的官衔，表示重视。五代周显德五年（958），"以工部郎中何幼充为司勋郎中，充关西渠堰使"，也和唐代类似。北宋有提举三白渠公事，管理三白渠及关中灌溉。金有规措三白渠公事，元初设规措三白渠使等。小灌区多民众自办自管，大灌区内支渠以下也由民众自管、推举不脱产的堰长、斗门长等管理用水及维修。明代设水利金事属陕西省，清雍正中设水利通判属西安府，至乾隆末郑白渠变为小规模的龙洞渠，改由各县管理。

水利经营管理除各级官吏外，还有大量夫役及兵士。夫役除修建时大量征雇外，有的还有常设名额。如明代京杭运河，江北至通州段有闸夫、浅夫、洪夫、溜夫等四五万人。清代黄河有常设河兵与堡夫等共同修堤抢险等。

（二）历代水利法规和制度

水利法规是在水利活动实践中产生的，是对水利工程和管理的规范和要求，也是水利工程建设和管理成熟程度的标志。我国古代随着水利的兴修和发展，已有水利法规。根据内容的不同，我国古代的水利法规大致可分为两：一类是综合性的法规，如唐代的《水部式》；一类是专门性的法规。后者根据水资源管理的不同方面，又可分为防洪法规如金朝的《河防令》、排涝法规、农田灌溉法规、运河管理法规、城市供排水法规、水利施工组织法规等。足见中国古代水法规体系庞大，内容丰富。以下仅对历代主要的水法规作简要介绍。

大禹建立了夏王朝，据考古证明禹时已有了法律，土地和水均属天子，他是最高的统治者。水法大体始于西周，周文王伐崇侯时，在《伐崇令》中明令禁止填水井，违令者斩。《孟子·告子》也记载，公元前651年葵丘会盟之盟约规定："无曲防""毋雍泉"。秦始皇三十四年，在丞相李斯的主持下"明法度、定律令"，制订了《秦律十八种》，水利法规包括在《田律》之中，"春二月，毋敢伐木山林及雍提水"就是具体规定。在四川出土的秦木牍中也有记载，"九月，大除道及除洽；十月，为桥，修坡堤，利津隘"。西汉汉武帝时左内史倪宽建议"穿凿六辅渠，以益溉郑国傍高昂之田"，并定有《水令》，"定水令，以广灌田"，这部水令的主要内容是关于用水次序的规定。颜师古曰："……为用水之次俱立法，各得其所也。"元帝时，南阳太守定农田灌溉"均水约束""刻石立于田畔，以防纷争"，令人遵守。这都是早期的水利法和制度。西晋杜预重修南阳水利也订有管理制度。汉代黄河防修也定有制度，王景治河后恢复西汉旧制，不仅设置了官吏。后代水部、都水监管理全国水利政令，相关法规制度也是不可缺少。

1. 唐《水部式》

《水部式》是唐代中央政府颁行的水利管理法规。现存《水部式》系在敦煌发现的残卷，为唐玄宗开元二十二年（734）修订，二十五年（737）颁布的第三部"开元式"。残卷共29自然段，按内容可分为35条，约2600余字。内容十分丰富，包括农田灌溉工程及管理，碾的设置及其用水量的规定，用水次序，航运船闸和桥梁渡口的管理和维修，丁夫的配备和差遣，渔业管理以及京城水道管理等内容。

现存的法规中有关关中灌区的内容较多。例如规定郑白渠等大型渠系的配水工程均应设置闸门；闸门尺寸要由官府核定；关键的配水工程订有分水比例，如中白渠和清渠"恒准水为五分，三分入中白渠，二分入清渠"；干渠上不许修堰壅水，支渠上只许临时筑堰，"用水灌溉之处皆安斗门""不得当渠造堰"截水；灌区内各级渠道控制的农田面积要事先统计清楚，"凡浇田，皆仰预知顷亩，依次取用……"；灌溉用水实行轮灌，并按规定时间启闭闸门等。对于灌区的机构和人员配备，《水部式》规定：渠道上设渠长，闸门上设斗门长'渠长和斗门长负责按计划配水；大型灌区的工作由政府派员督导和随时检查，"诸渠长及斗门长至浇田之时，专知节水多少。……长官及都水官司时加巡察。"有新工程即按工程量多少分配官职，如"蓝田新开渠每斗门置长一人，有水槽处置二人，恒令巡行。"有关州县选派男丁和工匠轮番看守关键配水设施，"龙首、泾堰、五门、六门、昇原等堰，令随近县官专知检校，仍堰别各于州县差中男廿人、匠十二人分番看守，开闭节水。"发生事故应及时修理，维修工程量大者，县可向州申请支持，"所有损坏，随即修理，如破多人少，任县申州，差夫相助。"

《水部式》还规定，灌区管理的好坏将作为有关官吏考核晋升的重要依据，"若用水得所，田畴丰殖，及用水不平，并虚弃水利者，年终录为功过附考。"在水的分配方面，主张"务使均普，不得偏併。"此外，对于农业用水与航运和水力碾用水之间的调节分配，也作了相应的规定。此外还涉及渔业管理方面的内容，由于内容残缺，只有如下记录，"其尚食、典膳、祠祭、中书门下所须鱼，并都水采供。诸陵，各所管县供。余应给鱼处及冬藏，度知每年支钱二百贯送都水监，量依时价给直，仍随季具破除、见在，申比部勾覆。年终具录申所司计会。如有回残，入来年支数。"另有部分内容是关于城市水道管理的，主要是规定出现停水、水道损坏由谁负责维修之事，"皇城内沟渠拥塞停水之处及道损坏，皆令当处诸司修理。其桥，将作修造。十字街侧，令当铺卫维修。其京城内及罗郭墙各依地分，当坊修理。"最后，还要关于各桥制造和桥之竹索制造、维修的内容，规定了供桥所需工匠的数量、来源等，如"河阳桥每年所须竹索，令宣、常、洪三州役丁匠预造。……大阳、蒲津桥竹索，每三年一度，令司竹监给竹，役津家水手造充。……其供桥杂匠，料预多少，预申所司量配，先取近桥人充，若无巧手，听以差配，依番追上。"

由此可见，《水部式》这些内容明确规定了各级水利官员的职责、水利设施的维修和保护、农田灌溉、用水次序等，使得水利从管理、维修到灌溉实施过程都有法可依，为水利事业的顺利开展提供了制度上的保障。

唐朝法律比较发达，除了上述专门的水法规《水部式》之外，《唐律疏议》中也有关于水利的条款，如："近河及大水有堤防之处，刺史、县令以时检校。若须修理，每秋收讫，量功多少，差人夫修。若暴雨汛溢损坏堤防交为人患者，先即修营，不拘时限。""不修堤防及修而失时者，主司杖七十。"又根据造成的后果，诸如"毁害人家""漂失财物""由不修堤防，而损害人家及行旅被水漂流，而致死伤"等，分别论罪。还规定自然水体中的物产为公共所有，不得有权人霸占，"诸占固山野陂湖之利者杖六十。"这些明确规定了山林河湖为公共资源，私人不得霸占，否则会受到严厉处罚。

2. 宋《河防通议》

宋金元三代治理黄河的工程规章制度。这些规章制度在施工实践中应用了300多年。

原著者沈立，在宋庆历八年（1048），搜集治河史迹，古今利弊，撰著《河防通议》。原书久失传。现存本系元代色目人赡思（清代改译为沙克什）于至治元年（1321）根据当时流传的所谓"汴本"，其中包括沈立原著和宋建炎二年（1128）周俊所编《河事集》，以及金代都水监所编另一《河防通议》即所谓"监本"，加以整理删节改编而成。《元史·赡思传》称作"重订河防通议"。共上、下二卷，除赡思自序外，分为河议、制度、料例、工程、输运、算法六门，分别记述河道形势、河防水汛、泥沙土脉、河工结构、材料和计算方法以及施工、管理等方面的规章制度此书流传版本有《四库全书》本等，较通行的有1936年商务印书馆《丛书集成》本、中国水利工程学会《中国水利珍本丛书》本。《农田水利约束》又称《农田利害条约》，它是由北宋时期杰出的政治家、改革家、文学家和思想家王安石作为其变法的主要内容之一主持制订的，于北宋熙宁二年（1069）由中央政府颁发，是我国历史上第一部比较完整的农田水利法，也是第一个由中央政府正式颁布的农田水利法令。据《宋会要辑稿·食货》载，全文共分8条，1200余字。

《条约》拟定前曾拍八名官员到全国各处调查水利情况，同时指令各地方政府指出建议并分设勘察本地的专官。王安石把这些结果和有关的意见汇总、归纳，并结合自己二十几年的探索总结，制订条文，以法令形式颁布全国。其主要内容分为如下几个方面：

有关土地耕种方法和某处有应兴建、恢复和扩建的农田水利者核实后奖励，并交州县负责实施，"其言事人并籍定姓名事件，候施行讫，随功利大小酬奖。其兴利至大者，当议量材录用。内有意在利赏人、不希恩泽者，听从其便"。各县要上报境内荒田面积、原因和开垦办法，以及应修浚的河流，应兴修或扩建的灌溉工程，并做出预算及施工安排，河流涉及几个州县的，各县都要提出意见，报送主管官吏；各县应修的堤防、应开挖的排水沟渠要提出计划、预算和施工办法，报请上级复查后执行。还有各州县编造图册的人员不得借故向百姓索取贿赂，从中贪赃钱财的，"自从重法"；根据州县的报告，主管水利官员要和各路负责官员，提刑或转运使协商，复查核实后，委派县或州负责施工；关系几个州的大工程要经中央批准；工程太多、任务太繁重的县，县官不胜任的要调走或设置辅助官吏。再有，私人垦田和私兴水利用费太多时可向官家贷款，"民修水利，许贷常平钱谷给用"，民户一次还不清的，允许分两次、三次归还。州县也可劝谕富家借贷；凡出力出钱兴办水利者，按所费劳力和所获效益，给予奖励，或录用为官吏；所修水利不合规定的官吏要督促改正并罚款，罚款充作工程费；根据各县官吏兴修水利的政绩大小升赏，"量功绩大小与转官，或升任减年磨勘循资，或赐金帛令再任，或选差知自来陂塘圩埠沟洫田土湮废最多县份，或充知州通判令提举部内兴修农田水利"。

这些规定在实行过程中又有补充，特别是对官吏兴办水利的考核和赏罚等。熙宁四年（1071年）补充了这样一款规定：凡兴修农田水利的官员，分别按灌溉田亩千顷以上、五百顷以上和百顷以上三个等级予以褒奖。该法颁行后，出现了一个"四方争言水利"的局面，并形成了熙宁年间的水利建设高潮。据《宋史·食货志》记载，"兴修水利田，起熙宁三年至九年，府界及诸路凡一万七百九十三处，为田三十六万一千一百七十八顷有奇。"

此外，宋仁宗天圣二年（1024）颁布的《疏决利害八事》是用以专门解决水事纠纷的法规，对排水工程的规划、施工及对可能出现的问题的解决措施都做了详细规定。

4. 金《河防令》

《河防令》为金朝泰和元年（公元 1201 年）修订的《泰和律令》二十九种之一，于泰和二年（公元 1202 年）同《泰和律义》同时颁行。它是在宋及宋以前防河法令的基础上编订的，是一部关于黄河和海河水系各河的河防专门法规。据《金史·刑志》记载，《河防令》十一条，现存于元代沙克什重订的《河防通议》一书中，所录只有十条，说明经过删节。此令是现在能见到的我国最早的防洪法规。

据史料记载，江河防洪堤防至迟在西周时期已经出现。关于防洪法规，目前所见最早的是 223 年 9 月 15 日颁行的蜀国诸葛亮的护堤令，"丞相诸葛令，按九里堤捍护都城，用防水患，今修筑浚，告尔居民，勿许侵占损坏，有犯，治以严法，令即遵行。"

其具体内容有：每年由户部、工部都要选派一名政府官员沿河视察，一方面监督检查都水监派出的分治都水监及州县的河防工作，另一方面督促沿河州、府县落实河防措施，加固堤防；水利部门可以使用最快的交通工具"驰驿"传递防汛情况；州县主管防洪的官员每年六月初一到八月底要上堤防汛，轮流"守涨"。不得有误，这一段时间被定为黄河的"涨水月"；平时，分管官员也要轮流上堤检查；沿河州县官吏防汛的功过都要上报；河工埽兵有规定的公假，还有请假制度；河防军夫的医疗也有保障，若有疾病则由都水监送州县医治；堤防险工情况要每月向中央政府上报；若遇有险情等情况紧急时可增派夫役上堤；卢沟河有县官与埽官防守，差官督查，重大的犯令行为要按刑律处分等。

《河防令》的颁布曾对金代的黄河、海河水系的防洪工作起过重要作用，对后世的河防管理也产生过积极影响。这部法令在我国古代水利史上有着重要的地位。

5.《大明律》和《大清律例》中的水利条款

明清时期是中国社会发展突飞猛进的时期，这一时期的封建主义达到了顶峰，并逐渐开始衰落，资本主义也开始萌芽。由于长期以来自然经济的发展，人口此时已大量增加，导致了水资源紧缺的情况。因此，从法律上规范用水成为必要。《大明律》和《大清律例》中就有许多关于水管理法规。

《明律》将有关水事违法条文编入《工律》，分《营造》与《河防》两卷，其中《河防》是首次创立。《营造》是关于非法营造、虚费工力采取木石而不堪用、造作不依法、冒领物料、以私料令官局代造缎匹、造作过限期、官吏不按规定在官房办公等方面的刑罚规定。《河防》分为三条，分别是盗决河防条例、失时不修堤防条例、侵占街道条例等。在盗决河防条例中，对山东、河南等地盗决河防的行为处罚等都做了明确规定，如"凡故决、盗决山东南旺湖，沛县昭阳湖、属山湖，安山积水湖、扬州高宝湖、淮安高家堰、柳浦湾及徐邳上下滨河一代各坦岸，并阻绝山东泰山等处泉源，有干漕河禁例，为首之人，发附近卫所，系军调发边卫，各充军。其闸官等人，用草捲阁闸板，盗泄水利，串问取财，犯该徒罪以上，亦照前问遣。"对于失时不修堤防的行为，要求"凡运河一带，用强包揽闸夫、溜夫二名之上，捞钱铺夫三名之上，俱问罪。旗军发边卫，民并军定人等发附近，各充军。揽当一名，不曾用强生事者，问罪，枷号一个月发落。"所谓侵占街道，即是"京城内外街道，若有作践掘成坑坎，淤塞沟渠，盖房侵占，或傍城使车，撤放牲口，损坏城脚……"等行为，给予"枷号一个月发落"的处罚。

从上述内容来看，此时河防的重点已是山东、河南等黄河流域附近以及运河两岸，足见黄河防洪安全在明代的重要位置。另外，与《唐律》等前朝律例相比，将盗决、故决堤防罪，改为盗决、故决河防罪，保留失时不修堤防罪，增加了"盗决扞岸破塘"罪、"不修灯岸及修而失时"罪，也反映了黄河防洪安全的重要，同时也是为了适应南方农田水利发展的需要。

《清律》其篇目条项，多因《明律》。《工律》篇中《营造》9条、《河防》4条，共13条。其中《河防》门包括盗决河防、失时不修堤防、侵占街道和修理桥梁道路四条。参照《大清律集解附例》，将之与《明律》对比，发现前者除了照搬其具体条例，还附加了内容。比如在"盗决河防"一文中，根据不同的盗决行为及造成的不同结果，处罚也不尽相同，"凡盗决官河防者，杖一百。盗决民间之圩岸，陂塘者，杖八十。若因盗决而致水势涨满，毁害人家及漂失财务，淹没田禾，计物价重于杖者，坐赃论。罪止杖一百，徒三年。……漂失计所失物价为赃重于徒者，准窃盗论，罪止杖一百、流三千里，免刺。"对"不先事修筑河防，及虽修而失时者，提调官吏，各笞五十。"若"其所居自己房屋穿墙而出秽污之物于街巷者，笞四十，穿墙出水者，勿论。"这些法律都比《大明律》中的更为详细。第四条即修理桥梁道路是《大明律》中所没有的，它规定"凡桥梁道路，府、州、县佐饵官，职专提调，于农隙之时，常加点视修理，桥梁务要坚完，道路务要平坦，若损坏失于修理，阻碍经行者，提调官吏，笞三十。此原有桥梁，而未修理者。若津渡之处，应造桥梁而不造，应置渡船而不置者，笞四十。此原未有桥梁，而应造置者。"

此律在雍正年间作了修改，但律文并没有改动，只是律文后增加了注释。乾隆时期又将律后注删去，律文保持不变。只"盗决河防"条新增例一条："凡盗决河南、山东等处临河大堤，为首者发近边充军；盗决格月等堤，发附近充军，因而杀伤人者仍照律定拟。"律文之所以变化不大，是因为工律主要是规定工程技术性规范，一般不涉及意识形态内容，内容更多是技术性而非伦理性的，所以相比其他诸律更具客观性。

上述是明清时期国家律例中有关水利的条文规定，除此之外这一时期水利方面的法规也很多，如：苟坡、都江堰、山河堰、关中引径渠、宁夏引黄各渠等都有专项规定，至于黄河堤坊、长江荆江大堤、江浙海塘，朝廷和地方官府都颁布过一系列管理法令、条例。比如自明代中叶，长江大堤的修防也开始有了系统的管理制度。1566～1568年，荆江知府赵贤主持修江堤后始立《堤甲法》，即每千丈堤老一人，五百丈堤长一人，百丈甲一人，夫十人，职责是"夏秋守御，冬春修补，岁以为常"。清代时荆江堤防修守制度又进一步。1747年荆江堤防溃决，损失惨重，恢复重建后制定了十二款修守章程。

清代，除刑法中规定有水利条款外，关于典章制度的专书，更有详尽的水利条文，同样具有法律意义。光绪年间（1875～1908年）撰修的《清会典》一百卷和《清会典事例》一千二百二十卷。《清会典事例》中河工占十九卷，海塘占四卷，水利占八卷，共计三十一卷之多，条文规定得相当细致。从分期上看，这一时期已属于清末，属于近代范畴，故会在近代部分专门论述清末的水利法规。

除了上述几个比较主要的水法规之外，我国古代还有许多专项法规，比如元代李好文著的《长安志图》下卷《泾渠图说》，其中的《洪堰制度》和《用水则例》就是关于工程维修和用水管理的内容，属于灌溉管理法规。再有中国古代城市发达，城市供水成为统治和管理的重要内容，在古都长安、洛阳、开封、北京等都有管理极严的供水、用水水规，但多数详细法规已散佚。元、明、清时期加强了对运河尤其是京杭大运河的管理，制定了一系列相关政策和规定，仅漕运制度就有《漕运全书》《漕河夫数》《漕河水程》等规定。

可见，中国古代的水法规是一个庞大的法律管理体系，对水的使用、管理、所有权等一系列问题都做了详细规定。这些与完备的水官制度相结合，更加充分体现了中国历代对水的重视和利用管理。

二、近代中国对水利的认识

中国水利事业起步很早，早在先秦时期就已经有了卓越的水利工程，而且历朝历代都重视水利兴修，对水利的重要性已有了深刻认识。但到了近代，对"水利"二字从更科学、更专业的角度给予了定义和解释，对水利、水利建设作用的认识也逐渐深化，并且通过研究古代水利和西方水利成就，为近代水利事业提供借鉴和经验，推动中国水利的发展与进步。

（一）近代关于水利概念之认识

"水利"一词最早见于战国末期问世的《吕氏春秋》中的《孝行览·慎人》篇，但它所讲的"取水利"系指捕鱼之利。约公元前104～前91年，西汉史学家司马迁写成《史记》，其中的《河渠书》是中国第一部水利通史。该书记述了从禹治水到汉武帝黄河瓠子堵口这一历史时期内一系列治河防洪、开渠通航和引水灌溉的史实之后，感叹道："甚哉水之为利害也"，并指出"自是之后，用事者争言水利"。从此，水利一词就具有防洪、灌溉、航运等除害兴利的含义。由于近代社会经济技术的发展，人们对"水利"二字的认识不断深入，其内涵也在不断充实扩大。

近代许多人都对"水利"作了更为科学、确切的定义。如所谓水利，"因水以为利"，或"因水之用以为利于人类是矣"，或"一切有关于人生之水之利用"，即通过人为活动免除水害，利用河流、湖泊等水体发展生产，造福社会。故水利范围很广泛，"凡利用水之功用及治理水之祸患等事业均谓之水利"。这也就涉及水利工程的种类问题。在孙中山所著《建国方略》中，将水利建设分为三种，即开发交通，灌溉土地、发展水力。而且20世纪初期，对于水利工程的分类，一般认为分防洪、航路、灌溉、排水、筑港、淤灌、水电、给水等。近代水利专家郑肇经先生就将"水利"解释为积极和消极两方面内容，"水可以灌溉农田，增加农产，又可以发展航运，便利交通，并可以开发水力，推进工业，都是直接兴利方面的。如修筑堤防，遗迹一切防洪的设备，那是使洪水不致成灾，用以保障人民的生命财产，这可以算是防害方面的。"之后的水利专家薛笃弼也将水利事业范围分为积极和消极两方面，"在消极方面是祛水患，在积极方面是兴水利"。兴利方面的便是积极的水利，防害方面的便是消极的水利。这也即是水利应包括的内容。20世纪40年代有人提出："凡对水所做之工程即水利工程"，因此不仅包括海港工程、水道工程、灌溉工程、水力发电工程、给水工程、排水放淤工程等，还包括污水工程、水土保持等。这种分类，将污水处理、水土保持等加入，扩大了水利工程的范围，更加关注水资源的保护。由此可见，随着科学技术的发展以及西方水利科学知识的传入，近代中国对"水利"这一概念的认识逐渐深入和全面。

其实在20世纪二三十年代，各界人士对水资源的保护问题并没有关注，更不会将其列入水利建设事业中。三四十年代，一种新的水利观念形成了。它认为水利不单是指灌溉，更应重视雨水的保存和利用，这种新的水利制度，也叫作水土保持。这就是说对于水，"即使是落下来的雨水，也应尽量保存在地面里，让农作物慢慢吸收，而不是让雨水流走之后，再兴办工程去引回来灌溉……"当然，这一概念是1935年由美国专家提出传入中国的，这也是中国学习西方，接受先进思想的重要体现。当时很多人积极提倡水土保持这一新观念，认为在"尤其是西部一带更为重要，盖黄河中上游之治理，必须水土保持工作与治河工程互相配合"，才可使河流得到彻底治理。"水土保持"一词在今天看来非常普遍，但在技术相对落后、思想相对保守的近代社会，这一概念的提出对水资源利用、水利建设有着重要的启发意义。

中国的农业，一般只讲求耕种，而忽视畜牧、森林的使用。水土保持则要求各种土地利用适当，必须改变旧日的农业和土地利用方法。森林与水利的关系，在20世纪初期从未被注意。随着西方治水思路的发展和变化，许多新思想传入，人们才开始关注森林在水利建设中的作用，逐渐意识到森林对水土保持保存有重要作用。加之，20世纪30年代，水患严重，国人则认为是"无林之结果"。因此，森林与水利的关系成为研究的主题。

森林除生产木材供人使用外，还有储蓄天然水源与节制河川流量的功效。关于森林防水的原理，有文章分析认为，"考林木之树干枝叶，有蒸发水分增多雨量之功能，林地之败枝落叶，经久腐败，又能涵养水分，其树根蟠结地下，使土中变成蜂房状，亦能停蓄多量雨水，是以山地造林，尝足以阻水流之直冲，纵令暴雨下降山水流势仍缓，不至泛滥为害久晴山水亦得广续，灌注于河流，而不至有渴涸之虞，于农田灌溉，舟楫交通，两得其利，故森林与水利至关重要。"此外，近代社会对于国外造林防水成功的事例也有介绍。据当时文章介绍，法国南部山区在19世纪时滥伐林木，导致山洪暴发，流沙遍国，但1814年工程师舒赫氏制定"根本制法在营林"计划，通过强制造林，防治水患，取得巨大成功。这证明了森林在预防水患、保持水土上的功效。这些观点说明了当时已经对森林与水利的关系有了正确而深入的认识。因此，积极鼓励推进全国大规模造林，不单看预防水旱灾害，还可保证木材之供给，促进国家富强。

另有关于森林与水利关系的专著。如《森林与治水》一书便是专门论述森林与治水关系的著作。作者首先说明了为什么中国被西方人称为是"世界水灾最重之国"。又分析了水灾发生的原因，分为两种，即水量的暴涨和河道的淤塞。作者总结了历来中国的治水方法，主要包括筑堤、穿渠、疏河、徙民。虽然除此之外还有植杨护堤等办法，但始终以筑堤为主。之后作者分析了疏河、筑堤及穿渠三种方法失败的原因，"中国治水失败的原因，不在组织不好，也不是做事不专，实在只怪法子专在治标，不太彻底"所以必须改变治水方法。针对中国水灾发生的原因，森林是治水的重要方法，可以防止沙流，"森林存在，便绝对不致有沙流，这是一种极普通的明显的而又是机械的作用。"另外，森林还可以吸收水量，防止水量暴涨，即森林有保持水土的作用。"森林存在，一方面既能根本防止沙流的构成，一方又与暴涨以相当的限制，换言之便是我们治水的根本原则充分实现，于是河道既不致淤塞，水量亦无暴涨，夫然后堤防疏导在可及的范围以内才能收效。"文后作者又简要介绍了法国理水防沙保安造林史，用实例论证了森林对治水的重要作用。

上述均为近代社会对水利认识逐渐全面且加深的表现。如同水政建设一般，人们对水利认识的不断加深，也是由于水旱灾害频发的刺激。所谓"前事不忘后事之师"，因为水灾的影响，人们感觉到了水利建设的重要。1935年黄河、长江、珠江三大流域相继决口，洪水漫溢，灾害遍及南北，给民众带来了极大灾难，其灾情之凄惨，范围之广大，为近代所罕见。但"推其致祸之源，半由于天灾之为祸，半由于人事之未臧"。所谓人事，即为当时未能积极从事水利建设。面对复杂的形势，"今后中国能否与列强分庭抗礼，全赖吾人能否急谋建设，而建设之要者，又以水利建设为先决条件……"近代形势也促使国人认识到了水利的重要性。

（二）近代关于水利作用之认识

"发展水力，以兴工业，疏浚河流，以便航运，筑堤泛水，以防洪涝，开渠灌溉，以利农田"，此皆水利之功效。我国古代在水利建设方面取得辉煌成就，主要是因为中国自古就是农业大国，与农业发展密切相关的水利建设受到了历朝统治者重视。但到了近代，由于近代中国特殊的环境以及水利建设的诸多缺点，如不能直接生利、不易显著成绩、工程大而费用多等，水利建设成为无暇顾及的领域，逐渐被荒废。但是对于发展水利的重要意义及作用却受到近代社会有志之士、水利专家的重视，呼吁加强水利建设，从政治、经济、文化各个角度论述水利的重要作用。

1. 水利与政治

一般而言，提及水利多考虑到的是经济建设，如水利建设可以增加生产，促进经济发展，而不知水利对于国家治安、建设的重要作用。

近代中国饱受西方列强的蹂躏，救国图强成为近代社会有志之士的重任。而一般人认为救亡图存的唯一途径是努力发展生产，提出诸如"复兴农村""开发西北"等口号。但这两个口号的实现，都必须从与农业密切相关的水利着手。故有人提出了水利救国的方案，代表人物是著名水利专家周宗莲。他认为"农业上需改进者颇多，但调剂水旱，以免大灾，乃基本要国，故水利尚焉。"近代以来，因政局动荡，官守失常，民众又无力自治，所以各地水利失修，"旧工已毁，新工未立"，导致各流域水旱灾害不断。之所以出现这一问题，也是由于近代水利建设中出现的错误造成的，如水政建设事权不一，财力、人力分散，河流治理失当等。针对这些问题，周宗莲认为必须拟定新方案，统一全国水政，实现对水利的合理开发。因此，周宗莲认为当时中国的病根是穷与弱，但是"若水利有了头绪，这病根是去了一大半"。水利建设才是"目前挽救危亡计，为将来强胜基本计"。反过来，只有国家政治安定了，才能有更多精力投入到水利建设上，只有"国家政治安定，财政有了办法以后。否则，所谓水利建设，所谓天然环境和改良天然势力以达到繁荣之目的，是不可能的。"可见，水利与政治是互相影响的。

水利是一项重要的国家建设，对社会经济发展有重要意义。因此，很多人谈论了水利对于建国以及国家建设的重要意义。抗战胜利后，中国面对的便是建国这一重大问题，水利也受到了关注，"为保持农业立国精神，则必须大规模举办水利，富民生，增农产。"《水利与建国》一文就从多个角度论述了水利的重要性，不仅回顾了古代水利建设事业，对未来水利建设也提出了发展看法。文章最后一部分还提出"水利与民生"问题，即将水利看成是实现民生主义的重要途径之一，再次强调了水利对于建国的重要意义。

其实关于"水利与民生"问题，之前就有进步人士提及。我国自古以农立国，农业生产关乎国计民生，"中国民生之本在于农，当不是一种过甚之辞"。而水利建设又与农业紧密相连，且可治理水旱灾害，免除百姓痛苦，所以水利与民生有着密切关系。如《水利须知》一书中关于水利与民生的关系有专门一节内容探讨，作者认为水是"可以操纵民生，增减四大需要的材料"。水利建设不仅可以解决与农民密切相关的水灾问题，还可发展灌溉、航运，"先使下游的水，有了着落，不至泛滥，然后上游的水也有了储蓄，可以灌溉，沿河再多挖几条沟，涝的时候把水放去，旱的时候把水引来，并且多造森林，叫他蒸发水气，涵养泉源，减杀流力，团结土壤。"除此，还可以发展航运、渔业、水力等，"算起来，交通事业、文化事业、社会经济，等等，没有不靠着水利做帮助的"。这些方面的发展，便是民生实现的重要内容。

此外也有文章提出"民生建设，实为救亡图存之要着，而是振兴水利，又民生建设之始基也已。"孙中山提出的民主革命纲领"三民主义"是国民党的基本纲领，也是进行民主革命的基本纲领。其中的民生主义是孙中山的社会革命纲领，旨在发展资本主义经济，实现中国的近代化，"故对于振兴水利，经确定为民生主义施政最重要之一项"。

2. 水利与经济

政治与经济是密不可分的，政治的稳定可以为经济发展提供良好的环境，经济的发展又可为政治的稳定提供坚实的基础。水资源丰富的地区，农业自然发达，因此河流与国民经济有密切的关系，"凡河流多即物产丰，国民经济自必充裕；河流少即物产稀，国民经济自必窘迫……"水利对政治、经济的作用更是如此。近人一再强调水利对农田、农业发展的重要作用，"水利者，农田之命脉；农田之不可无水利，犹人生之不可无空气也。""中国素以农立国，国民经济，根本建立于农田之上，农田之丰歉，系乎水利之兴废。"近代中国仍旧以农业立国，"农业实为最适合我国固有之根本性者"，而农田水利又是国本之所在，故"今欲发展农业，必先研求水利"。如水利荒废，确会动摇国本，关乎国计民生，"水利一兴，水力得用，航运既便，农产比增，文化借以沟通，工商赖以繁盛，其本一固，其枝自荣，国家之治，更何待言！……若不善言用，水利逐废，水害遂兴，害生则农困，农困则国乱矣。故中国之治乱之由，与水利之兴废，实互为其因果也。"灌溉工程等的建设，既可免除旱灾，又可增加生产，足见水利与农业的关系是何等重要了。故水利事业是关系农业生产、经济发展的重要因素。近代工业渐兴，并逐步进入电气化时代。工业的发展所需原料为煤炭，但煤炭的产量在近代并不能满足工业发展的需要，所以必须开发使用新动力。天然的水力资源可用于生产，解决工业发展的动力问题。"水力云者，因水就下之性以发力。"因其完全是自然力，无须耗费任何原料，故水力被认为是国家天富之一。我国水力资源丰富，主要在黄河上游、中游，珠江上游及支流，扬子江中上游等处。其中最丰富者为扬子江，据20世纪20年代一位英国工程师的调查，自重庆至宜昌的扬子江江水"高度差四百七十六英尺，在重庆流量平流时每秒约七十七万四千立方英尺，约计能发四百四十万匹马力，较世界最大之乃古拉瀑布所发者盖多百分之三十云"。在各种调查和政策的影响下，近代建立了许多水力发电站，水力在近代得到利用和发展，为经济发展提供了动力。

水利的建设发展使河道畅通，航运事业得到发展。"水上交通，最便于运输，同时运费较之铁道公路低廉"，货物可以得到顺畅运输，带动商业的繁荣。还有著作探讨了航运事业与商业、农业、文化的密切关系，如航运便利的地方商业之所以发达，有两个重要原因，"一航运脚价特别便宜。二河海相通"。航运还可以加快农产物的运输，"从此看来，可知发展航运，实为维持人民生计和调剂农民经济的重要政策。"文化的发展也与航运有密切的关系，不仅大河流域是文化的策源地，还会影响文化中心的转移。所以航运是"应该急起直追力图振兴的一种最紧要事业，论水利的人，不可忽略了这种关系"。

另外，水力的开发和使用在农业生产中也占有重要地位，可用以农田灌溉。时人对近代中国国情有清楚的认识，"我国经济，正在枯竭之时，断非一举可就"。因此，结合各种建设在经济发展中的作用，水利是应首先发展的，"先兴水利，庶实业之建立有恃，农村经济亦以生产发达而复兴矣，故总理于物质建设，专列水力一项焉。"

1937年可以说是中国近代史上一个关键时期，之后的五年抗日战争更使中国陷入内外交迫、经济困窘的特殊时期。但这场战争同样也使国人认识到"中国的国民经济已趋向于国防与民生的合一"，中国拥有独立自由的地位之后，必须将工业化作为当务之急。但不仅要促进工业，达到工业建国的地步，更要使之与国防建设相配合。二者的实现，必须与水利建设相辅相成。将水利对经济发展的作用具体化，可以发现水利与农工商业、卫生、遗迹国防都有密切的关系。"排水备旱溉田放淤浣碱都是有关农业，给水有关卫生，便利水运有关商业和交通，发展水力是有关工业，筑港是有关国际贸易及国防，防洪更是与各方面都有关系。"水利事业发展了，工农商业都会随之发展。

总之，水利建设与经济建设关系至为密切，只有水利建设成功了，才能达到全面经济建设成功的前提。这也成为近代国人的共识。

3. 水利与文化

文化可以说是政治和经济的表现和反映。只有社会稳定，经济发达的地区，人们才会有时间和精力运动脑力，创造文化。近人对水与文化的关系进行了研究，一般来说，文化发达的早晚和快慢，常与交通的方便与否有很大关系。而河流在水运交通中扮演重要角色，它"一方可以贯通各处的风气，容冶各处的习俗，而促进其进化和发展，一方可以为大量的输入输出而促其交易的发达与工商的繁盛……"可见，河流对文化交流、经济发展的重要作用。

在一篇名为《水利与文化》的文章中，作者探讨了河流、水利与文化的关系，简单用图式来表示河流与文化之间的关系为"河流 经济 文化"，而关于水利与文化的关系，则表示为"水利 经济 文化 经济 水利"，即三者之间是相互影响的关系。我国是河流丰富的国家，但至近代仍不能完全利用，反而连年遭受水旱灾害。对于这一现象的原因，作者将其归结为文化，即"在旧文化（思想或思想所主宰之行动）未能尽量控制河流之结果"。但随着近代中国与西方交流日益加深，"我国百年来之文化，显然已与欧美文化（现代文化）相交流，此与水利工程之改进状况中，亦至明显者也。"由此可见，近代水利的发展受到传统文化和西方文化的双重影响，既没有摆脱旧文化旧思想的束缚，又接受了西方先进科学文化，在水利技术方面得到发展，并且后者的影响越来越大，"由文化（大部分为外来者）推进水利，发展经济，昌明文化"。

文化的传播得以借助交通的发展。近代各国努力进行文化竞争，对交通工具的要求也日益精准，主要是铁路、公路、飞机三种，水道似乎逐渐失去其效用，越来越不受重视，但其实不然。发展文化，应功多方面进行。"况在往昔，先民为吾人建立之文化基础，当时所凭借者，惟陆路与河流"，并且前文已提及，水运可载重行远，运费低廉，作为精神文化的载体的商品便可更多、更远地传播到别国，从而推进文化的传播。

水利在国家建设、经济发展、解决民生等方面有重要作用，但也不能夸大水利建设的作用。有人便提出，"民国以来之兵祸匪祸共祸，直接间接，殆皆由水利造成之矣。"这种说法将近代社会所有的祸乱都归结为水利建设，显然是不正确的。

尽管大部分认为水利建设对近代各项发展有积极作用，但也有人提出反对观点，水利建设虽然可以使不毛之地变成良田，增进农业生产，但由于缺乏经费，工务主持人员缺乏必要的专业知识，诸多水利建设并不能取得理想效果。即使带来了实利，收益的也不会是广大的贫农阶级，而是少数地主和资本家。"过去的事实告诉我们，这一类的水利建设工程将要完成的时候，附近田地就会被地主收买一空。"此外，帝国主义者和金融资本家在中国水利建设中也发挥了巨大的推动作用，也是水利建设的受惠者。由此，有人认为"中国水利建设的前途是很渺茫的……对于增进农业生产和提高农业生产力，一份利益，恐怕也不会有什么很大的成绩。"这虽然是近代中国水利建设中的现实问题，但从长远来看，水利建设确会推动国家建设和社会经济的发展。上述观点不免目光短浅，有失偏颇。

（三）近代关于水利建设之认识

对于如何加强水利建设，兴修水利，社会各界人士也提出自己的意见和建议。

19世纪末20世纪初，我国一些有志之士将一些先进的经营思想和生产方式运用到兴修水利上，使我国水利建设呈现出新的发展局面。清末民初水利改革的最大特点是一些商人和士绅以赢利为目的投资兴建水利工程，改变了过去官办或民办水利的性质，是我国水利历史上一个划时代的新兴事物。"以公司兴水利"成为当时很流行的兴办水利方式。这一方式的流行也是西方先进文化传入的结果。"以观泰西文明之诸国，地力尽，人巧该，天工奖其成，莫不有于商是资焉。"各项事业的发展莫不依赖商业。发展水利事业，亦是如此。"西国则有引水润地公司，讲习其工程者为专门，而农家兴商家俱得所利。"20世纪初期，对于河流的治理还提出了区域治理方案，即按照河流形势将全国划分为多个水利区域，分别设就、机构管理。

关于近代水利事业不振的原因，有人分析认为主要有三点，即组织之不备、经费之不充及人才之缺乏。故对于如何兴办水利，便提出了相应的措施。首先应当培育专门人才，其次统一水利机关，最后充实水利经费。培养水利人才、提倡水利学术成为近代发展水利事业急不可缓之事。在这一方面，有人建议应首先设立水功学院或恢复1915年设立的河海工科大学，直接培养水利专门人才；其次设立水功试验场，使其成为倡明学理及实地试验的场所；第三设置水利图书馆，存储有关水利之书籍，将数千年来中外先哲著述之各种学说、工程之记载、水工之技术等内容全部网罗。也有人提出"欲兴修水利，必先筹备经费与人才"。而关于如何筹备经费和人才，则需要国家的和平统一，需要国家预算列入水工经费，需要向民众宣传水利工事之重要，需要奖励个人或团体投资水电工程，等等。关于水利人才的培育，中央国民经济计划委员会于1936年由李仪祉和李书田起草《水利人才训练方案》，规定了水利人才应肩负的任务及人才种类，该方案还规定了水利人才在不同阶段应接受的教育内容。另外，水利专家郑肇经也提出了发展水利的六项措施：调整水政系统、规定整个计划、宽筹水利经费、训练技术人才、利用民众力量、厉行管理考成。

可见，时人已经认识到了水利技术人才、水政统一、水利经费是阻碍近代水利事业发展的重要因素，解决上述几个问题，水利建设便会得到发展。这也为当今水利建设提供了经验。

此外也有文章指出了兴办水利之程序，"曰调查，办法表式调查，并派员履勘；曰测绘，河流之平剖而图；曰考验，雨量流量蒸发量均需考验；曰博询，征集水利意见；曰设计，寻得资料、设计规划；曰实施工程。"这一程序成为水利工程建设必须执行之程序，它突出了对河流水文情况的测量和资料的搜集，参考多方面意见，慎重实施水利工程。任何一项水利工程之成功，必须注重各项基本工作，《如何推进水利工程之基本工作》一文对水利工程基本工作做了说明，注重查勘工作。一般水利工程的基本工作包括水道测量、水文测验、水库测量、河流挟泥测量以及水土保持试验。灌溉工程还有特别测验项目，如农作物需水量之试验、渠道渗漏损耗之测验、渠道安定流速之测验等。总之，这些谨慎、科学、严谨的方法和态度是近代水利学者难能可贵的治水品格。

（四）近代关于古代水利之研究

中国古代水利建设有着辉煌的成就，但近代中国水利建设却陷入低谷，不仅水旱灾害频发，而且在水政管理、水利工程等方面也漏洞百出。所以，研究、借鉴古代水利成就和经验成为今人挽救近代水利荒废境遇的重要途径。

1. 古代治水及水利建设之研究

虽然专制时代实行残酷统治，但关于水利问题，历朝历代较为贤明的君相，都极为重视。许多人都积极从事古代水利事业的研究，周馥便是其中之一。

周馥自 1861 年入李鸿章幕办文案，直至 1901 年李鸿章病逝，前后 40 年管理李鸿章直隶总督及北洋大臣的官印，同时协助李鸿章办洋务及治理水患。他是当时公认的具有丰富经验的治水专家，因为他充分利用地形优势控制河流，变水患为水利，当他拥有了 30 年治水经验后，于是撰写了《治水述要》一书。在其自序中便说"馥往年于役永定黄运诸河，日视工作，夜阅编籍……"纵览古今治水方策，积累了大量治水和管水经验。该书分为十卷，将自《禹贡》中关于导水的记载至光绪三十三年（1907）开凿夏镇新运河，几千年间的各河流河道变迁、兴修水利工程、河决概况、河工设置、河患治理方法等作了详细记载和论述，是关于古代水利史、河患史的重要著作，具有重要的研究意义，也是对古代治水经验的总结，对后世河流的治理、水利的兴修有重要启发和借鉴作用。

在《中国历代水利述要》一书中，作者张念祖认为古代治水在近代确有可借鉴之处，但必须与时代进步相结合，做到古今兼备，"知古而不知今，则泥而不化，不切于实用；知今而不知古，则古人已行之成法，尚以为新，古人已阐之学理，尚以为创，亦用力多而收功少。水利者工程科学之一也，古人只用人工之拙，诚不如今人兼用机械之巧；古人只研究水流水势之粗，诚不若今人兼研究水性水力水质之精……"这也是本书撰写的目的，借鉴历代治水之经验，结合近代先进之科技，发展近代水利事业。全书将古代分为八个部分，分别论述了上古及周秦之水利、两汉之水利、魏晋南北朝隋唐五季之水利、宋之水利、辽金之水利、元之水利、明之水利、清之水利，各朝代又按照水利人物、治水专家分别论述，包括其主办的水利工程、治水方法等内容，较容易凸显个人的水利思想和治水功绩。

《中国水利史》是近代水利专家郑肇经的又一代表作。作者首先按照流域，即分黄河、扬子江、淮河、永定河、运河五大流域，分别论述了各河流的变迁、历代的治理等。第六章则对各省历代灌溉事业的发展作了概述，第七章则介绍了江苏、浙江两省的海塘建设和发展概况，最后一章是对历代水利职官的介绍。这已经显示出近代水利流域治理的普及和发展，另外历代水官的介绍也对近代水政的发展有重要借鉴意义。

《古今治河图说》也是对历代黄河治理的总结和概括，按照六次黄河大迁徙的顺序，分别论述了各朝代黄河概况、河决情况、河患以及各水利专家对黄河的治理。黄河河患严重，"中原大陆蒙其害者，何啻万万。此万万人者，厝火积薪，曾不知根本排除河患，安其危而利其灾。"将黄河河患的不治归结为历代名人治河方略的错误，"或谓治河专家之学未易，责诸人人即进而考，诸治水名家如明清潘靳诸公，其始又何尝胸有成竹熟审河之利病而后治之哉。"古代治黄主要介绍了贾让、王景、贾鲁、潘季驯、靳辅等人的治河方略。对于近代黄河，则专有一章"近代大河"，对近代大河的形成、河患及塞治方法、河防行政等做了说明和研究，其中也附有地图，如《近代大河形成图》《清光绪三十年郑工决口形势图》《民国二年濮阳决口形势图》《民国二十四年董庄决口灾区图》等，与文字论述相结合，图文并茂。之后通过分析黄河河性、水流、泥沙等水文特征，指出黄河利病，提出黄河治法。作者认为近代治河应有别于古，"河性虽无辨乎古今，而古今人认识之范围，有广狭精粗之不同，则今人治河，当于古人所得之外，百尺竿头，更进一步。"，所以对于黄河之治理，"上穷昆仑，下极沧溟，皆与河有息息相通之关系，而未可忽视也。"而对于近代黄河之治法，应分流域治理，"治本在上游，治标在中下游；至于海口之治导，抑其次也。"但由于当时技术、经费、人事等问题限制，黄河之治理仍在维持现状，从事中下游之治标而已。作者表露出了不满。

张含英的重要著作《历代治河方略述要》是近代关于古代治河经验的重要总结。此书是将中国历代治河名人的治黄思想进行论述和分析，主要包括古代的大禹、贾让、贺鲁、潘季驯、陈潢以及近代水利专家李仪祉的治水行为和治水方法，"治河之方策代有演变，颇具历史之背景"，如两汉以贾让三策为中心，宋代以南北分流为争点，明代则趋于分黄导淮之辩议，近代以来则主要以水力之原理、科学之方法作标本兼筹之探讨。通过比较，作者发现凡治河之主张，"皆为因乎自然，顺乎水性，古今如一也。"对于古代治河之法是否可用于近代，作者则认为"盖以形势变迁，需求更易，而学术有进步，器材有新兴也。故古法可采而不可泥，新法可施而不可滥。要在识时应劳，蓄为运用而已。"即近代治河须在参考历代治河之策略的基础上，利用科学知识和设备，才能根治黄河。在第八章"余论"部分，作者还探讨了黄河与文化、经济、政治的关系，"欲恢复黄河流域之经济建设，首当治河，治河而后民得安居，农业以兴，交通以复，工矿开采，实藏发掘，北方之文化政治自可蒸蒸日上也。"对于近代治河，作者也提出几点建议，如"组织健全而有力之机构""统筹充裕而时济之财源""确定远大而适应之目标""计划安全而节约之方案""勿图近功勿损小效"等。另外，在书的最后，作者附录了刊载于美国土木工程师协会会刊上的一篇文章《防洪策略》，为中国防洪水利建设提供参考和建议。

近代各类报纸期刊中也有关于古代水利的研究。如《论三吴水利》一文便对唐、宋、元、明时期三吴地区的水利建设作了介绍，解释了"唐以前有水利无水害，宋以后有水利有水害"的原因。《燕赵水利论》一文则分节叙述了燕赵地区的水利史、水旱灾害、地势等。《中国水利史料略》则介绍了中国古代历朝历代水灾及水利建设，包括河防、灌溉等水利工程以及著名治水专家等内容。《江南水利之历史及其治法》对江南三吴地区水利建设及治理办法进行了研究和论述。《河北水利史概要》是关于由古至今河北省各河流变迁及其治理纪要，不仅包括各河流的水文记录，也包括了水政演变、治水概况等，是一部较全面的河北水利史。总体来看，由于历史的局限，我国历代所从事的水利建设主有三项：河流的防治、漕运的治理、农田水利的开发，农田水利主要包括防洪排水及灌溉两种。《四川水利史略》将四川省自夏朝至近代，几千年的水利史简要论述，涉及水利工程、治水方法与技术、水政变迁等诸多内容。近代中国十分重视西北的开发，其水利历史也有诸多研究成果，如《历史上的西北水功水利》和《关中水利与西北盛衰之史的研究》等，不仅记载西北水利工程史，还研究其与西北盛衰之关系，对近代西北水利建设以及其作用认识的提升有重要意义。

近代学者通过对历代水利事业兴废的记述，分析了水利与社会治乱的关系。如郑肇经就曾说："我们在史籍里略为留意，便可知道水利的兴废，与时世的治乱，实在是互为因果。就是治世多讲求水利，乱世不讲求水利，反过来也可以说，讲求水利则治，不讲求水利则乱。"这就指明了治乱与水利建设的关系，二者是互相影响、互相反映的。比如透过分析唐朝和宋元明三朝的河患多寡，便可知道朝代的治乱。唐朝二百八十八年中，黄河决口三十二次，平均每九年有河患一次；宋朝三百十七年中，黄河巨口一百四十七次，平均每两年有河患一次；元朝一百零八年中，黄河决口九十一此，平均每一年有河患一次；明朝二百九十六年中，黄河决口二百三十八此，平均每一年九个月有河患一次。唐朝是中国古代社会的昌盛时期，重视水利建设，故水患较少。总之，透过分析古代治乱与水利关系，意在说明水利与国家、社会的关系，兴修水利的重要与迫切。故在农村衰落、国势危急的时代，欲求努力生产建设，更应认识到振兴水利重要，"国人应当加以深切的注意"。

2. 古代水利人物之研究

古代治水专家甚多，他们不仅著书立说，阐述治河思想，而且还参与实际的治河工作。近代对这些人的治水思想和治水工作也有研究。如提及治水，必先想到治水始祖——大禹。

大禹是夏朝的开国者，也是最早从事水利建设的领导者，近代人将其称为"中华民族的救星""圣人""治河之鼻祖"等。因为他"不仅平治了江淮河汉的水患，而且开通了九州的道路，辨别了土性，分配了贡赋"，给后世留下了许多神话传说，并且大禹治水遗迹也遍布全国各地。"大禹乃兴人徒，行山表木，定高山大川，三国家门不入，卒使江淮河济，水由地中行，然后民安其居。"更有文章将几千年治水时期以大禹治水为界，划分为两部分——大治与小治，"大治者，神禹是也。小治者，神禹以后之治水者是也。""神禹之治水与神禹以后数千年之治水比而观之，一筹全局，一筹局部；一谋永久，一谋目前；一兼防水溢，一徒救旱干；一为根本之解决，一为表末之蛮动。"可见，对大禹治水评价之高。

此外，中华民族的另一位祖先黄帝，播百谷草木，并且经土设井，大力发展生产。近代社会对这两位神话历史人物赞美有加，歌颂大禹治水、造福百姓的伟大功绩。"黄帝经土设井，使民得农田之惠；夏禹排洪归流，使民得水利之惠；故民也，心悦诚服，乐从其命，国之政基，藉以永奠。黄帝夏禹更以泽利久远，虽历百世，民尤不忍或忘，盖黄帝经土设井，实我国古代农田灌溉之初模，夏禹排洪归流，则不特裕农收，抑且有利民行。"大禹之所以取得天下，建立中国历史上第一个王朝，也是由于其治水有功，"这在人民生活上，是一种不朽的大功"，获得了支持，建立了夏王朝。

许多文章都对大禹治水之事进行了深入探讨。如《大禹治水》一文用简单的白话文，以叙述故事的方式向读者讲述了大禹治水的神话传说。《大禹与黄河》一文则是水利专家郑肇经先生对大禹治理黄河的历史性考察。其中既包含大禹治理黄河的区域范围，也涉及了黄河的变迁。《大禹事功述略》详细介绍了大禹世系、大禹治水经过及工程、大禹治水的经济和政治收获等内容，最后总结出大禹三大精神，即尽忠职守之精神、虚心研究之精神和节约建国的精神。而面对近代社会亟待发展的迫切要求和孙中山提出的事业计划，号召全国的水利工程师"以大禹治水之精神，兼用现代科学之技能"实现之。《大禹治水述略》一文则对大禹治水功绩简要叙述，最后颂扬了大禹全力治河精神，表达敬仰之情。除上述观点外，近人评价大禹，还认为"大禹之治水，可谓以精神克服物质"。但到了近代，科学昌明，技术日进，所以应大力发展科学技术，以求水利事业的进步，故今后的水利发展，应是"以科学克服自然"。这也是中国步入近代之后，科学逐渐发展，深入人心的重要体现。

对于大禹治水，并不是所有人都是赞扬的态度。近人也提出了一种看法，即黄河成为中国历史上的灾患，是因为大禹的治理，即黄河是大禹治坏的。无疑这种观点是缺乏科学分析的，也是个别人的观点，不足以影响近代人们对大禹的崇敬和赞美之情。

除此之外，对于古代其他水利专家，如李冰等人均有文章记述、研究。之所以赞颂古时治水英雄，意在强调治水对国家安定、社会发展、百姓拥戴的重要作用，主张加强水利建设。

3. 古代水政之研究

近代水政较为混乱，直到 1934 年全国水政才日渐统一。在水政混乱时期，人们不得不回顾古代水政的实施情况，以期有所借鉴。《中国水利掌故与书籍》一文简要说明了中国古代至 20 世纪初期黄河、运河掌故的变迁，文末还列出有关古代水利、水政的古籍，高度评价了《行水金鉴》一书，"惟《行水金鉴》一书，总历代志大成，考前后之得失，诚研究中国水利之唯一书籍"。《历代水利官志》一文就将自尧舜时期至清的历朝历代水官一一列出，介绍其出处、设置沿革、主要职责、人员、待遇、地位等情况，如汉代水衡都尉，"《汉书》百官公卿表列水衡都尉于九卿之末，应劭汉官仪，卫宏汉官旧仪，皆不详其秩。以杜佑《通典》考之，则二千石也，其属有都水七官长丞。成帝以都水官多置左右使各一人，刘向息夫躬皆领都水，冯参领左冯翊都水。又有河隄使者，河隄都尉，见《沟洫志》。成文帝又因何武议，改御史大夫为大司空。至哀帝建平五年，又罢大司空置御史大夫，嗣后罢置不常，而大司空位居三公，所统者广，已不专治水土矣。"在另一篇文章《历代水利官制概述》中，作者同样按时间顺序，介绍了上古时期至明清的水官情形。但与前者不同的是，这篇文章中加入了对历朝水官制度的评价，如关于秦汉水政，"其水官之制，较为完备……"，至唐代，"唐之水利，当时颇能注意其官制，亦属完密"，而至清朝，"清代河官之密置，又非前朝所及也"。

对于清朝水官与前朝不同，以河道名官，则分析其源流，"实本于明之水利道，管河道，元之河道提举司。"最后，对历代水官的设置分布情况又有分析，"历代水官之设，多分布在黄河左右，其一因河患较烈，二因建都多在北方，三因漕运所关，故重北而略南也。"在另一篇文章《中国的治水事业与水利工事：中国水利事业之史的考察》更是深入探讨了中国古代政治对水利建设的影响以及历代政府对水利工事组织的管理，"中国古代政府对于灌溉组织的干预以及最原始天文学的创始，常由那时代的政治状况可以表现出来，只不过在其本质上有所不同就是了。"之后作者考察了历朝的水官设置，"由周代旧官制的复活，以及此种官制承袭千三百年间之久的事实来看，只要不外为实际上由国家施行一定水利工事作业组织的管理表现，所不同的，只是各国所采取的方法与其完成的结果就是了。"但到了晚清和20世纪初期，中国的治水水利工事因为经济上、政治上诸关系的混乱，完全陷于危险的状态，不能更好地发挥作用，只能在艰难中挣扎。由此可见，近代对古代水官除了史实的记述，已有了深入的研究。这对近代水政的改革、水官的设置有重要的借鉴意义。

对于研究古代水政、水利建设的意义和作用，水利专家郑肇经曾在文章中提及"我们考查史册，从禹贡周礼，以至各代河渠水利等书，关于历代水利都有详细的记载。虽然我们在书上看到的，还只是事实已经表现的一部分，但是我们可以推想当时对于组织方面、计划方面、人事方面，一定都于事前有一番严密的规划。"以史为鉴也会促进近代水利的发展。

古代水利家或河员的品质也有赞扬。如《水利家之廉明》和《河员之勤谨》分别介绍了清代水利官员的贤明和勤奋，既是对古代官员高贵品质的颂扬，也是对近代官员的勉励。

另外，关于古代水利书籍，近代也有专门整理。中国治河之书，肇始于《禹贡》，数千年来，各种河工之书不断涌现，形成了丰富的水利史籍书库。《中国水利旧籍书目》一文便将历代主要的与水利有关的书籍进行了分类整理，总共二百八十二种。1935年由国立北平图书馆出版的《中国河渠水利工程书目》一书整理了由古至今出现的主要水利书籍，分为甲乙两项。甲项为历代河渠书目，包括清以前的河渠工程、河工奏议等书；乙项为现代水利工程学科之书。在该书《书评：中国河渠水利工程书目》中，作者根据自己的研究，又对其作了补充，增加了部分水利之书。

（五）近代关于西方水利之介绍

近代是由传统向现代转变的过渡时期，因此不仅古代水利建设经验值得学习，西方的水利建设也有很多值得借鉴之处。

水利足以兴国，对于世界各国中有"以水利兴而国治"的典型事例今人也有研究。古国埃及水利事业在其政治史上占有最重要的一页，尼罗河的成功治理，使其河之两岸，尽为沃田。如与近代中国有着相似境遇的印度，在19世纪末也渐兴水利。《印兴水利》和《印度水利》两篇文章介绍了印度水利发展近况。

国家和百姓都获益甚多。近代新兴国家荷兰水工之建设，从未间断，疏浚运河、筑大船闸、填海工程等正方兴未艾。法国水利之建设可追溯到公元1605年，耗费大量人力财力，使全国所有运河成为国内交通主道，加强了联系和发展。再如德国，其水利事业未尝落后于法国，全国水道运输发达，促进其财力智力的蕴蓄。如1902年一篇《论德法兴修水利》介绍了当时德国和法国兴修水利的情况。德国根据最新颁布的法律，整顿国内水利，重点发展水路，以促进贸易、农业的发展。而法国多年来"亦不惜巨资，兴修水道，添筑运河"。此外，美国也十分重视水利的作用。19世纪末20世纪初，美国水利兴起，"脊地之变为陬区者，其面积殆在六千万亩以上。若将新设之运河合而计之，其长殆可绕地球两周，工程之费多至九千万圆。然因此而收获之费两倍于每年用款。"水利建设促进了美国工农业的发展，使之收获颇多。

西方各国自第一次世界大战结束之后，都普遍关注河道的建设和利用，如"德国数十年来，努力不懈，凡从前河渠建筑，以四百吨至六百吨为标准者，今则以一千吨至一千五百吨位标准。美国奥赫一千英里之闸渠告成，哲姆士且助其功不下于巴拿马运河……"《美国水利考》记述了美国四方面的水利发展情况，分别是民生日用之水、水力、航运、灌溉。许多水利专家或前往欧美等国考察水利建设，或到西方各国留学，学习先进水利技术、治水思想等。《考察欧美水利报告》则记录了荷兰、法国两国水利建设情况，既包括两国主要河流、水道之介绍，又包括两国重要水利工程概况介绍。其中最值得中国借鉴的便是一项被忽视的海塘、海堤之建设，许多治理方法和技术的运用都会推动国内水利技术的发展与进步。而《考察荷兰水利工程报告》是对荷兰北运河水利、水道之开发、须得海围垦工程、幽鹿阿娜运河工程、排水工程等作了介绍，其中既有荷兰自然地理的介绍，又有水利技术、治理方法的说明。《由美国看水利对农业的重要》一文对20世纪中期美国进行的密苏里河水利计划作了介绍，包括修筑水闸、贮水池、电力厂以及堤坝等，可以改变全国四分之一的经济状况，促进农业的发展，显示了水利对农业的促进作用。20

世纪 30 年代，苏俄也开始大兴水利，计划开通一大水道，使里海及伏尔加河各区沟通黑海及顿河，另在顿河修建大水闸，成为一人造大湖，增强蓄水能力。

西方水利技术一直是近代中国学习的重要内容。《美国的水利技术》一文便以波德水闸为例介绍了美国先进的水利技术，鼓励中国水利工程师向其学习、交流。

此外，对于西方水政也有介绍。如一篇名为《世界最早之水利法典》一文就介绍了世界最早的法典《汉马拉伯法典》（现译为《汉穆拉比法典》），其中包括几种水利法规，对当时使用及管制江河的方法等有极重要的意义。

但是对于只注重学习西方的做法有人提出了异议。对于西方先进的科学技术可以借鉴吸收，但不能全盘西化。在建设技术领域，中国也有许多强于西方之处。如"詹天佑发明自动接车机，宋希尚在南通之水坝计划，胜于西人……"，故"中国各项建设，除技术或科学上可请外国顾问协助，若一切建设计划则以外人不悉中国情形与历史沿革，故外人所拟计划大半不可靠，非待吾人自己努力不可……"这说明近代国人并非一味学习西方，在学习西方基础上，结合国情发展自己，培育自己的科技力量。

三、近代全国水利建设之研究

水利对政治、经济、文化的作用尽人所知，"然而知之尤在乎行之"，所以必须积极进行水利建设。20 世纪初期的水利建设发展缓慢，国内人士也都普遍关注水利事业。在这种潮流的带动下，全国各地水利渐兴，其发展情况也受到近人的关注，提出各种水利建设意见。

西北和东北地区在近代有着特殊的地位。西北地区深居大陆内部，地广人稀，经济落后，亟须开发；东北地区虽经济发达，物产丰富，但自 1937 年后便成为日本控制范围，主权遭到严重侵犯。所以近代中国临近边界的两大地区都面临着困境，时人已经意识到了西北和东北问题的严重，"东北业已版图变色，西北又岌岌可危。为免使西北为东北之续，固急宜从事开发，巩固西防；即为收回东北失地计，西北之开发，亦惟当务之急……"所以西北和东北水利问题也受到重视。

（一）近代关于各省水利建设之研究

1. 西北地区

西北一词，始见于《元史·地理志》的《西北地附录》。清代谢济世撰写《西北域记》一书，则是一本西北舆地图志。孙中山提出的《建国方略》中有关西北铁路系统及扩张西北铁路系统的内容。西北逐渐受到政府的重视，认识到西北的兴衰关系着中国的兴衰，关系着国家和民族的生存问题，必须加快西北建设。

关于近代西北的范围应首先明确，但说法不一。"以政治统治属言之，为陕西、甘肃、绥远、宁夏、青海、新疆，一般人所指为西北也。或且汜设计察哈尔。"或以陕西、甘肃、宁夏、青海、新疆五省为西北，或以甘肃、宁夏、青海、陕西、新疆、蒙古为西北；也有专家将其分为内西北、外西北，或叫近西北、远西北，如陕甘可称之为内西北或近西北，新疆可称之为外西北或远西北。1928 年南京国民政府基本统一全国后开始加强对西北的关注。之所以开始重视西北，是由特殊的历史背景造成的。当时的中国，面临被帝国主义瓜分的情形，"东南一带，虽称富庶，但均成了外国帝国主义者之势力范围，东北半壁河山，业经沦亡。榆关既失，中国板荡虎视眈眈欲乘隙而谋染指者，日贼之外，西南之英法，西北之外俄内共……"所以西北成为维护政权的重要阵地。抗战胜利后，蒋介石也曾经昭示"建国之基础在西北"。并且随着社会的发展进步，关于开发西北问题，逐渐从感情的呼吁转向理智的探讨和科学的建设中了。

西北特殊的地理位置，使得西北地区对于国防建设有重要意义。提及近代国防事业，莫不以东北、西北为重，但比较二者，又以西北最为重要。"盖东北久经苏、日及国人之经营，交通经济早具规模，已达相当工业化之程度，且人口密集，农业兴盛，交通经济早具规模，较之西北之人口稀少，一片荒凉，交通阻滞，经济落后者实不足以道里计。"足见西北地区在国防事业中的地位。此外西北还是国防上的后方，为战争提供支援的后方。但是西北国防却面临着诸多严重问题，"地广人稀，荒地多而耕地少，粮食不能自给，益以旱灾荐至，救死不暇"解决这些问题，只有依靠兴修水利，振兴农业。可见水利建设的重要地位，所以西北地区的水利建设成为国防之本。

由此可见，近人对西北水利建设的作用已有了充分认识。因此，大力发展水利事业成为大势所趋。对西北地区发展有重要意义的水利建设不能忽视，甚至有人将近千年来西北之荒凉，归结为水利事业发展不足，"是人力对于西北财富之开发所为不足，其中尤以农田水利一项为甚。"西北地区在古代有着繁荣的文化和经济，但由于近代水利失修，生产逐渐衰落。水利之所以对西北经济有如此重要之关系，是由西北特殊的自然环境决定的。首先，西北土壤多黄土，而黄土肥沃与否，全在水量之多少。第二，便是西北地区雨量少，严重影响农业发展。《西北水利探源》一文便对西北地区水量情况进行了调查分析，研究了该地区"地广水稀"的原因。只有了解了水源、降雨量等信息，才能制订出水利计划。上一节已述，今人将水利建设分为积极和消极两方面：积极方面为兴利，如提倡农田水利、发展航运、水力等；消极方面为治水，如防洪、防旱及筑堤等。西北地区地势高，降雨量少，土质坚硬，故西北的水利建设应当注重在积极一方面。不过，也有人将西北水利事业分为治河与灌溉两种。"治河以防沙为本，其方法须着重水土保持与固定河槽……灌溉事业之发展，亦必须以水文地形土壤等测量为着手计划之先决条件。"在发展农业，振兴农村的现状下，应以灌溉水利为先，"西北农田设能尽得灌溉之利，则地利可兴，民生充裕，势不难以农利之余"。但诸多水利已被古人作过，近代水利建设不过就是在古人成绩的基础上，则其可开发者开发而已。

西北发展水利事业也有诸多困难，最大困难便是自然环境，主要是该地区雨量稀少、水源不足，以及沟壑纵横，缺少平旷之地。针对这些难题，有人提出了解决方法，首先是缜密设计工程计划，使西北少量水源得到充分利用；其次是平治土地，因地制宜，建设小规模工程。对于如何加快发展，也有人提出建议，如加强水文测验、地形及土壤测量和水工试验等基本工作；推动水利人才培养，设立研究机关和高等院校；提倡使用适宜的工具与机械，保证工作效能；提倡农田水利合作；努力提倡宣传，提高民众对西北水利的认识等。对于如何促进西北水利研究，有人提出几点研究注意事项，如注意水的经济使用、注意研究其他与水利有关事业间的联系、注意水利事业企业经营等。针对各省区不同的自然环境和历史背景，提出了不同的发展水利的措施。

（1）陕西

近代陕西水利成绩显著，可以说是西北水利最发达的省份。在农田水利方面，修筑有多个水渠，不仅利用旧有水渠，还根据当地发展之需要创造新水渠。旧有水渠多在汉江支流，用以灌溉。1929年陕西大旱，国人便开始注重该省水利建设，开发诸多新渠。新建水渠以1930年所开泾惠渠最为有名，此外还有渭惠渠、郡惠渠、洛惠渠、黑惠渠、汉惠渠等。这些灌溉工程极大地推动了陕西灌溉农业的发展，也推动了整个西北水利事业的进步。除农田水利外，水力开发也卓有成效，其最著名为黄河之壶口、龙门，渭河之宝鸡峡，洛河之湫头与汉水各处。这些地方水力资源蕴藏丰富，如能全部开发，则可用于全陕工业之所需。所以必须大力发展工业，开发水力资源。《陕西省水利事业述要》《陕西水利概况》《陕西水利事业现况》《陕西水利》等文章都对近代陕西水利建设进行了总结和概述。

（2）甘肃

甘肃省内分河东、河西两部分，由于地势不同，水利发展情况也不同。河东地区降雨量每年均在三百毫米以上，尚有旱地存在，灌溉区域多在黄河、洮河、泾渭两河沿岸，主要发展抽水灌溉，可设法开渠。而河西雨量多在一百毫米以下，耕地必须灌溉，20世纪40年代时灌区约四百余万市亩。因河西的水源主要是祁连山北麓的雪水，融化时往往山洪暴发，冲刷土地，所以治本办法为柱库蓄水。该省新建的水利工程主要有洮惠渠、通惠渠、湟惠渠、溥济渠等。后由于黄河水利委员会也积极参与该省水利建设，制定多项修建水库计划。该省办理灌溉事业，最合适的经济方法就是"沿河川地之各片段，分别设置引水机械，以引水上升"。但该省发展农田水利面临诸多问题，如水源问题、材料问题及推行问题等，解决好上述问题，农田水利便会得到发展。

该区域水利发展前景广阔，除开发地下水、河渠及高山雨雪用以发展灌溉外，甘肃航运和水力亦有发展希望。由于各河流均坡陡流湍，多险滩，水道运输发展前途较小，但航运运价低廉，可通过整理河道，建筑闸坝，发展工业和林牧事业。其水力主要蕴藏在境内的黄河及其支流上。根据当时的勘察记载，享堂峡、洮河岷县水力、洮河口茅笼峡水力及黄河朱喇嘛峡水力蕴藏丰富且易开发，可建设水电站，发展工业。

除了建设水利工程，也有人针对甘肃近来经常发生水灾的事实，提出"本省水利工程的第一步，是应该注意在如何蓄积过水，而不一定要着急去开辟水源的"，防治的方法便是筑堤束水、筑闸筑坝以调节流水、筑蓄水库以蓄水。

（3）绥远

绥远省包括今内蒙古自治区南部地区。原在清朝为归绥道，属山西省，1914年袁世凯政府将之分出山西，与兴和道建立绥远特别区，1928年改称绥远省，省会为归绥（今呼和浩特），1954年并入内蒙古自治区。绥远面积宽广，可耕之地亦散布四处，但由于降水稀少，必须依靠灌溉来发展农业。故该省水利事业起步较早，多是开渠灌溉，使河套地区成为"天府之国"。许多人也认识到，"欲发展此广大面积的农业，当以开挖河渠，引用河水为唯一而最有希望之方法也。"该省水利可直接利用黄河灌溉的水渠，如永济、刚济等十一道。《绥远水道概要》一文将绥远水道及其水文概况做了说明。近代也多计划开水渠，发展灌溉农业。但由于战争原因，水利发展受到极大影响。此外，该地区山区森林面积广大，对水利发展又重要作用。

（4）宁夏

宁夏全省可耕地面积较少，但灌溉事业发展较早，汉唐时就已修筑渠道。宁夏灌溉区域内有九大干渠，包括汉渠、汉延渠、惠农渠、大清渠、美利渠、星渠等，但因管理不善，各渠已渐荒废。近代宁夏的水利建设已初具规模，1946年前后灌溉面积已达二百六十余万亩。宁夏发展水力发电可利用黄河之黑山峡和青铜峡，黄河水力委员会宁夏工程总队当时已拟在青铜峡筑坝，发展灌溉及水电。另有文章如《宁夏水利壮观》一文论述了宁夏河渠历史，不仅包括河渠工程，还有河渠工程制度的演变，并结合当时政府的渠政改革，制定了开凿新渠的计划，对宁夏水利发展作了规划和展望。再如《宁夏水利》等对宁夏水利现状，包括行政机构、渠流概况、水利工程、水利经费等作了介绍和分析，并对宁夏水利发展前景作了展望，提出了改进措施，使整理灌溉、排水管理科学化。在《宁夏回族自治区农田水利改造问题之我见》一文中，作者在研究原有农田水利概况的基础上，提出了发展灌溉农业意见，如改良灌溉制度、整理渠道、改良斗门节制用水等；关于排水则制订了详细计划，如河东区排水计划、河西区排水计划等。上述文章对宁夏水利发展既有总结，又有规划，指导着近代宁夏水利事业的发展。

（5）青海

青海境内多山，只有少数城镇位于河流沿岸，不适宜发展灌溉农业。该省的水利肇始于西汉，汉武帝时曾在此开渠灌田。但直到近代该地水利建设的规模依旧为过去的遗迹。《青海水利调查》一文对20世纪30年代前后青海省各县及蒙番各部水利建设情况进行了叙述，大体反映出其水利概况。《青海水利灌溉调查》一文则对青海各县水利沿革及水利现状、计划等做了说明，并提出兴修水利办法，如各县设立水利局、疏浚河道等。《青海水利视察报告》首先分析了青海的地形、气象及农作物等，对青海灌溉、航运及水力等水利建设进行了详细论述，全面反映了当时青海水利概况。另据1943年西北考察团的调查，青海当时有渠约一百八十余道，灌溉面积仅为六十三万余市亩，可见农业发展前途极为有限。但是青海水力蕴藏丰富，主要位于大通河、湟水和黄河上。所发之电，可用于灌溉、工业等。故青海水利"不在灌溉而在水电也"。对于重视青海水利建设，也有人提出相反意见，认为 20 世纪 30 年代前后无须计划水利，并列出五点理由，主要有当时青海粮食产量足以供给人民生活之需，西北建设经费不足，可发展畜牧业等。虽然上述理由均为事实，但对于水利建设的作用不能忽视，应结合实际情况，适当进行水利建设。

（6）新疆

新疆位于中国西北边界，深居亚洲中部内陆，远离海洋，雨量稀少，大部分地区为戈壁沙漠，仅有少数绿洲。因此水利事业的发展位于首要，"新疆倘无水利，则将完全成为一片大戈壁，毫无生产可言。"但该地水利建设须与当地自然条件相结合，适应当时国防和民生的需要，发展水利事业。晚清时林则徐提倡坎儿井，左宗棠提倡挖渠，于是水利大兴。至 20 世纪 40 年代，新疆地区的水利建设经过各朝各代的努力已取得不少成绩，如灌溉方面，"自民国二十七年至三十二年共完成灌溉工程十五处，溉田一百五十万余亩，用款新币七百五十五万余元……"在航运方面，额尔齐斯河、塔里木河、布尔格河等均可航行。1944 年八月，阿克苏专员公署派队试航，由阿克苏经塔里木河、渭干河等以达尉犁，航程一千余里。在水力方面，仍有很大发展空间，当时水力之利用多为小规模磨面厂。因此，未来新疆地区水利之发展仍需重视，"必须以整个国力建设之"。很多文章都关注新疆水利建设，如《新疆之水利》《新疆维吾尔自治区之水利建设》《新疆水利前途之展望》《新疆水利问题》《略论新疆水利建设》，等等，都针对新疆特殊的地理环境，分析其水利建设的特殊性、存在问题及发展前途。此外，还有许多关于新疆坎儿井等水利技术的文章。除上述提及文章外，还有很多关于西北水利开发的文章。西北水利问题还引起了诸多水利专家的关注和研究，如水利专家沈百先先生的《考察水利报告》、李仪祉先生的《西北水利问题》等，多是研究西北自然条件、河流降水状况及各省水利修建概况等，在此不一一说明了。

2. 东北地区

东北是相对于西北而言的。近代水利专家李仪祉先生曾在文章中指出，"西北之名，殆因东北对待而起也。"且前文已述，东北与西北在近代边防中都有着关键作用，故对东北水利的研究也不容忽视。东北河流纵横，土地肥沃，农产、林矿、水力蕴藏丰富。《东北的水利工程》详细介绍了东北地区的河流、湖泊，并对 1931 年九·一八事变之前以及之后十四年的水利发展事业做了对比说明。虽然事变之后，日本侵略者占据东北，但为了掠夺，对各项经营不遗余力，制订各种发展计划，特别重视水利的发展，故这一时期在河工航运、灌溉事业。港埠开发、水力开发等方面取得成绩。

《东北水利概说》一文便是在水利建设高潮时期，对东北水利进行了概括介绍。东北地区的河流主要有辽河、松花江、黑龙江、乌苏里江、鸭绿江等。各水系都有防洪系统，建有护岸工程、蓄水工程、堤防等。并且各水系均有不同程度的水力资源和航运能力，对水电利用和发展交通、经济有重要意义。该文章难能可贵之处在于，文章最后对东北地区的港埠进行了介绍。港口是发展海运、促进贸易的重要窗口，重视和加强港埠建设，可推动地区与外界的交流，促进经济的发展。东北地区除旅顺、大连两港外，辽河与北部水系也有港口。

1948 年的《交通部津浦区铁路管理局日报》也连续刊登了《东北水利》系列文章，记述了东北水利发展沿革、河流和湖泊分布以及主要水利工程等，全面反映了东北水利的历史与现状。

但是关于辽宁、吉林、黑龙江三省水利建设的研究不多。总之，近代东北水利发展迅速，尤其在水力发电方面取得显著成绩。其水力资源的开发，在详细的调查基础上，配合重工业的发展趋势，实施了许多水利工程，如小丰满工程、水丰工程、镜泊湖电厂以及鸭绿江水力开发工程等。

3. 其他地区

近代其他地区的水利建设也卓有成效，各类社会人士也对当地水利发展进行总结、研究，或提出发展建议。以下仅就几大主要省份的水利建设进行简要论述。

（1）华北地区

近代对华北地区范围的界定，主要是指河北、山东、山西和河南四省。华北地区多是平原地区，降水丰沛，河流较多，水资源较丰富。而且由于华北在近代社会中的特殊地位，水利建设自然不能忽视。可以说水利是繁荣华北的重要条件。华北水利是以河北水系为主体，仅就天然势力来说，河北水系几乎遍及山西、河南、山东、热河等区域。《华北水利初步设施蠡测谈》一文分析了当时华北地区主要河流黄河、运河及海河的治理措施及功效。《华北之水利》一文则首先介绍了河北水系概况，主要包括滦河、北塘河、永定河、百合、大清河、子牙河、漳河等河流的自然水文。《十年来之华北水利建设》对 20 世纪二三十年代华北河流的特性、治水方针、工程实施等作了分析论述，全面反映了当时华北水利概况。此外，另有文章如《四十年来之华北水利》等都对华北水利建设成果进行了综合论述。

近代华北地区设有多个水利组织，并在水利建设中发挥的积极作用。如 1918 年成立的顺直水利委员会以及之后改组成的华北水利委员会在河道测量、地形勘测、水文监测、气象观测，以及制订水利工程计划与实施等方面都有较大成绩。在前章"水政"中已有论述，在此略去。近代华北地区的水利建设主要以农田水利为主，各主要均开渠引水，发展农田灌溉。在航运方面，则因河道淤浅，发展不利。至于河北水力的开发，也仅黄河之壶口和龙门二处最为重要。此外，近代华北地区各主要省份的水利建设也有文章作了记述和研究。如关于直隶水利建设，直隶地区位于中国之东北，由于长期水利失修，灾患频仍，尤其是 20 世纪 20 年代，"雨多之时，则患潦，雨少之时又患旱，水之利未见，而水之害则已独著矣"。人民虽深受旱涝之困苦，但仍不明修治水利之迫切，故有人号召积极加强直隶水利之建设，充分利用直隶地区河流众多之优势，发展航运、灌溉及水力事业。

河北在华北地区有着重要的地位和作用，有人认为"繁荣河北省，亦无异是繁荣华北"，这不仅因为河北水系流域广泛，更因为河北频海，近代社会的发展非有海口不可，故"要图谋华北的繁荣，亦只有利用河北水系，发展河北水利之一途。"这足以证明近代社会中河北的重要。该省主要有五大河流：北运河、永定河、大清河、子牙河、南运河，此外还有滦河、漳河等。历史上的河北水灾较多，有文章分析出四种原因：该地属季风气候，降雨量集中且分布不平均；河北省地形西高东低，河水易泛滥；河流较多，蓄水能力差；河流含沙量大。对于治理，也有提出相应措施，如在各河上游建筑水库；整理下游入海河道等。另外在《河北省河流水利之规划》一文便对河北水利建设提出发展措施，如在上游培植森林、堰溪蓄水等，对五大河流也分别制定了水利规划，不仅有工程建设，更有河政改革。

山东是中国东部重要省份，黄河、运河等重要水道都经过该省。自1855年黄河铜瓦厢改道以来，截断运流，淤塞各湖，导致水系紊乱，湖泊变迁，急需修治。"所有鲁省各河道。均应详勘源流，熟筹利害，何者宜疏，何者宜塞，何者宜蓄，何者宜泄：尤须随地制宜，因势利导，酌度情形，兼筹并顾，方足以去水患，而兴水利。各县密迩河流，自必洞悉真情，力谋治理，同一疏域，尤须泯除畛域，共策进行；庶水害永除，水利以兴。"故针对黄河、运河，提出了不同的治理方案和措施。在黄河治理上，首先应组织治河机关，分析以往治河经验，修筑疏水、排水、灌溉工程等。对于南北运河，则积极疏浚河道，修筑河堤等。同时，利用湖沼河道开渠引水灌溉，积极筹划凿井蓄水池等，发展灌溉事业。此外，在水力、航运等领域，山东同样具有发展优势。在海港方面，青岛、烟台两港位置优越，常年不冻，其他可开发港口尚多，如日照、威海、荣成、即墨、利津等都有巨大潜力，有助于推动山东发展。

（2）华南地区

江南地区地势低洼，被称为"蓄水之区"，有诸多湖泊、河流、湿地等。这些水体便于农田灌溉及交通航运。所以江南地区的治水之术，"不外蓄泄水行其道，则流自畅，所以济其宣泄之功也。"对于"江南水库"太湖，由于久失浚治，湖床日高，极易造成水患，必须计划兴修水利。

湖北、湖南两省的水利建设在近代也有所进步。近代湖北水利建设主要以汉江、洞庭湖为主。许多专家学者对湖北水利发展提出了意见和看法。如《整理湖北水利刍议》和《湖北水利意见书》都对20世纪20年代末30年代初湖北水利建设提出了发展建议和规划，包括防洪、航运、灌溉各方面。另外对于洞庭湖的治理也尤其重视，提出诸多治理计划。而湖南位于扬子江中部，周围河湖众多，水利问题至关重要。但也正因为水系复杂，工程浩繁，各种议论纷纭。1931年，湖南省政府设立水道测量队，对洞庭湖以及湘资沅澧各流域进行勘测。在《湖南水利问题之研究》一文中，作者便对湖南省水系及洪水泛滥区域、各种治水主张、废田还湖之讨论、疏浚湖南水道之建议，以及整理堤工办法等作了全面论述，详细反映了当时湖南各项水利建设的实际情况，对日后该省水利建设有重要指导意义。其实湖南省得水利建设与全国形势一样，在水利设计方面有诸多努力，但由于经济等原因，付诸实践的并不多，且存在诸多问题，如水文雨量等观测不足、缺少水利人才及仪器等。这些都是近代水利建设亟须克服、解决的难题。

江西水利发展问题也受到了关注。民国前期，政府虽极为重视水利建设，只是困于当时的政治环境与经费问题。但抗战胜利后，在中央的号召下，水利建设日渐提上日程。《发展江西水利之我见》一文便对战后江西水利发展提出了意见。对于农田水利建设，应改良原有灌溉方法；利用密布的河流，运用现代科学方法，修筑堰渠，或修筑蓄水库，调剂盈虚。对于航运，积极治理坡陡滩险之处，疏浚河道，整治水道。对于水力，科学选择水力开发之地，以充分利用。最后在水文测验、气象观测和水道地形测量方面，应加强测验和记录，设立水文监测站、气象观测站，加强各机关之间的合作，科学运用分析监测结果和数据。

安徽水道也不少，"最大之水道，厥为江淮，南部中贯以大江，北部中贯以长淮。江淮之交，又各有多数之细流，来与之会，以成支干衔接之势，经纬错出之形，四达旁通，水陆辐辏，斯固天府之雄也。"《安徽水利问题之研究》对安徽河流及其蕴藏水利作了分析，指出"疏江导淮为安徽水利问题之最大者"，江水之患，在于多筑堤；淮水之患，在于少筑堤。但该文并没有提出相应对策。自1931年大水灾后，安徽水利建设提上日程。透过《安徽省已办之水利工程述略》一文便可窥见灾后安徽省水利之修建概况。《今后安徽之重要水利建设》一文对该省水利建设提出了发展建议，"除仍修整堤防，疏浚淤塞，以资蓄泄而免沉灾外，应尽量利用水之功能，以资灌溉、航运及水力、发电等项"。《抗战中的安徽水利事业》则对安徽农田性质及分布情形、抗战时期的水利建设作了分别论述。

广西河流以西江为主干，其支流主要有郁江、黔江、桂江。20世纪三十年代，广西地区水旱连年，农业受到严重影响，所以不得不急速举办水利建设。该省似乎向来不注重水利建设，几乎不见先代遗留下的水利工程，直到近代以来才渐渐直到进行人工灌溉，但所做的也只是小水坝和人力水车。只在三十年代之后，机械灌溉才渐渐被利用。该省水力可开发利用之处甚多，但关于水力的开发，虽制订了实施计划，但由于资金缺乏没能实现，导致广西工业、交通事业不发达，经济落后。因此，有人提出了发展广西水利的建议，发展灌溉水利、工业水利、交通水利。建设各种水利事业，是为促使农产增加，农村繁荣。另有《考察广西水利报告》对1935年中国工程师学会入桂考察各项工程建设之水利建设情况做了说明，包括广西的地理、河流、气象等自然条件，还有当时航运、灌溉、水利发展概况以及河道整理问题。《广西之农田水利》一文对抗战后广西农田水利发展概况作了论述，取得了较好发展。

四川省的主要江河是长江及其支流岷江、沱江、乌江和嘉陵江，后四者便是省内除长江以外的大江，这也是四川得名的由来。四川得河川之利显而易见，"所以水利事业，对于四川省的经济荣枯，比之其他省区有着更密切的关联性。"四川是水利事业发展得很早的地方，尤其在灌溉方面，最著名的便是都江堰。由于特殊的地形，四川河流蕴藏着巨大的水力，在古代水力便已经很普遍，如水碾、水磨等遍布全省各地，运用于粮食加工工作等。近代尤其是抗战开始后，以四川为基地，包括各种水利机构在内的各政府机关都退进四川，这也推动了四川水利建设的开展。新修的灌溉堰渠如郑泽堰、龙西渠、天星堰、醴泉渠、鸿化堰等，改善了灌溉条件，扩大了农田面积，带动了农业发展。仅在十四年抗战期间，四川省便"完成了三十一处灌溉工程，共溉田 443470 市亩，完成堵水坝 244 座，共溉田 118346 市亩，凿塘 3876 口，共溉田 161162 市亩。"航运在近代也得到了较好开发利用，主要航运工程集中在川江和金沙江上。水力利用方面，制定了诸多开发计划，并建成多个水力电厂，如雅安水力电厂、灌县西川水力电厂、成都永济水力电厂等。在发展农田水利方面，最受近人重视。有人提出发展建议，认清当时制度和技术上的缺点，发展农村间的合作，保护堤岸，改善旧堰等。在另一篇文章《发展四川省农田水利之途径》中，提出六点发展途径，即增开水源、整理原有之灌溉系统与区域、改良技工、防洪护田、发展农村水力。《普遍发展四川农田水利刍议》一文更是对四川发展农田水利的重要性及发展措施展开了论述，包括扩大农田水利利用对象、建立一元化的农田水利工程机构、加强人才训练等。

此外，近代社会关于个别城市的水利建设也有研究和介绍。如《潮州水利的研究》《宁波水利》等。《潮州水利的研究》主要对广东潮州市水流概况、水利的开发、方法和措施等进行研究，旨在引起潮州人的注意，"大家共同起来研究如何来利用水力，所得的水力怎么用他。希望一般人，勿在人的世界争权夺利，转变眼光，向物的世界，去寻找我们的利益，同时把一个被大自然征服的潮州，变成征服大自然的潮州，使大众生活的需要，不受自然灾难的威胁。"这既是对潮州人的鼓舞，更是对近代社会的鼓舞，希望通过人力改变世界，减少灾难，征服大自然。

（二）近代关于各流域水利建设之研究

1. 总论、通史类著作

在近代诸多关于水利建设的书籍中，有许多关于中国各主要河流水利建设的论述。

《行水金鉴》是中国古代水利史重要文献资料，成书于清雍正三年（1725），为清代傅泽洪主编，郑元庆编辑。全书共 175 卷，约 120 万字，所收资料上起《禹贡》，下至康熙末年（1721），包括黄河、长江、淮河、运河和永定河等水系的源流、变迁和施工经过等，按河流分类，按朝代年份编排，使各条互相证明，首尾贯穿，很有参考价值。编辑这样的资料书，在当时是创举，其体例多为后世所沿用。之后，清黎世序、潘锡恩、俞正燮、张井等仿照其体例，主编《续行水金鉴》，全书共 150 卷，所收资料从雍正初年至嘉庆末年（1723—1820），首冠以图，次河水 50 卷，淮水 14 卷，运河 68 卷，永定河 13 卷，江水 11 卷。各水先述原委，次载章牍，殿以工程。两书所收资料为我国历代水利文献之集大成者，号称"水政之完书"，是研究我国水利史、工程技术史的重要基础性资料。

而 20 世纪初期武同举等人主编的《再续行水金鉴》则主要包括清道光至宣统朝（1821 ~ 1911 年）的史实。包括长江、淮河、黄河、运河、永定河干支流和与之相通的重要湖泊（如洞庭湖、鄱阳湖、洪湖、巢湖、太湖等），以及海河、珠江、辽河等的自然情况和治理历史。它是应 20 世纪 30 年代相继编制流域防洪规划的需求，由附设于全国经济委员会的整理水利文献编纂委员会汇总并陆续补充整编至今。清代最后 90 年间主要江河都发生过重大的改变，例如 1855 年黄河大改道，由夺淮河入黄海改为北徙渤海，并逐步固定在今天黄河下游的位置；由于黄河的淤积，淮河原本的入海通道被堵闭，改由里下河区入海和由运河一线入江。在此期间，长江和黄河还发生过千年一遇的洪水。其中黄河在道光二十三年（1843 年）出现过 3.6 万立方米每秒的流量，并成为小浪底水库的设计依据。长江在同治九年（1870 年）出现过 10.5 万立方米每秒的洪水，成为长江三峡工程的设计依据。这期间已经开始引进西方治河技术和材料，如开展了主要江河的水位测验和地形测量，设置了电报、电话专线，引进了挖泥船、钢闸门和水泥等器材等。可见，这份历史遗产对于研究今天的治河问题，了解江河变迁规律和制定防洪规划，具有重要的参考价值。

《中国水利问题》一书则是近代几位著名的水利专家合著的成果。该书主要是按流域研究水利问题，任命各流域治理专家对各流域水利问题进行深入探讨、研究，各章节如下：李书田自任撰著此书第一编"中国水利问题概论"，华北水利委员会委员兼总工程师徐世大先生撰著第二编"华北水利问题"，黄河水利委员会委员兼总工程师张含英先生撰著第三编"黄河问题"，曾任中国水利工程学会会长和陕西省水利局局长兼总工程师李仪祉先生撰著第四编"西北水利问题"，导淮委员会总工程师须恺先生撰著第五编"导淮问题"，前扬子江水道整理委员会委员兼工务处长宋希尚先生撰著第六编"扬子江水利问题"，前太湖流域水利委员会常务委员兼技术长孙辅世先生撰著第七编"太湖流域水利问题"，前整理运河讨论会总工程师汪胡桢先生撰著第八编"整理运河问题"，广东治河委员会工程科长黄谦益先生撰著第九编"珠江流域水利问题"，全国经济委员会水利处长郑肇经先生撰著第十编"中国水利行政问题"。由此可见，该书对黄河、淮河、扬子江、太湖、运河、珠江等几大流域的水文概况、治理计划、工程实施等都进行了详细介绍，可以说是当时比较完备的水利计划。最后一编"中国水利行政问题"既回顾了中国历代的水利行政，又对20 世纪初期以来的中央和地方的水利行政变化作了简要介绍，重点突出了当时中央委员蒋介石、黄绍竑提出的统一全国水利行政提案及相关条例的颁布，将水政的统一视为近代水利行政建设的重大事件。通过对古今水利行政的叙述，关于未来水利行政的推进和发展，作者提出几点建议：加强水利机关之间的联系、统筹水利计划、确定水利经费、训练水利人才、利用民众力量、严订官吏之考成等，这样才能"得水之利而去水之害"。

郑肇经是近代著名水利专家，《中国之水利》一书是其重要著作。该书首先介绍了中国的历代水政；之后便对黄河、淮河、扬子江、永定河、珠江等五大河流的概况、沿革、治理计划、工程实施等作了介绍；最后几章则对水利的主要功效灌溉、航运、海塘、海港与水力等在近代发展的情况作了介绍和说明。

此外，钱承绪所著的《中国之水利》则主要取材于当时国内外工程人员考察中国水利的报告，或者是作者平日的研究心得而著。作者认为水利"因水之用以为利于人类是矣。水之为利于吾人者，约有三端，一曰灌溉，二曰航运，三曰水力。灌溉所以兴农，航运所以兴商，水力所以兴工。然则水利之振兴，维持国家文化之先导也。此外犹有防制水灾，除害即所以兴利。"对于近代中国水利发展情况，作者总结说："只知因袭成利，不思预防弊患，甚且新固不能进求，旧亦无以自保。……虽然政府非全不知水利河工之重要也，顾主其事者，大体不知河工为何事，视供职如做官领俸之工具而已。又何怪临双手足无措。"足见近代中国政府对水利建设的忽视。对于近代水利不振的原因，作者认为有两点，即经费之不充和人才之缺乏，而其根本之原因，则仍在政府人民之忽视也。总之，作者本着"水可兴国"的观点，对全国水道、水利问题进行了研究与论述，为近代水利的发展提出了宝贵建议。

2. 专著类著作

近代关于各主要河流水利发展、河道治理的专著、文章也不少，以下仅就黄河、长江、淮河三大河流简要论述。

（1）黄河治理与水利研究

《豫河志》是由吴筼孙主编的河南省内黄河的第一部水利专志，成书于1921年，共28卷，包括了源流、工程、经费、职官等，收入了整个清代有关黄河的资料。1925年陈善同接续编辑《豫河续志》27卷及外编，补叙前志缺漏及20世纪初期以来的资料。1931年，陈汝珍等又开始续编《豫河三志》14卷，所收资料至1921年6月，同时开始注意搜集现代水利科技资料和各种图纸。

《黄河志》是在近代科学昌明，需改变治河之道的20世纪初期在政治家戴季陶的号召下延聘海内专家完成编修的。全书分为七编，分别为气象、地质、水文与工程、人文与地理、文献、动物、植物，"举凡有关于河者无不包容而有之"。其中与水利有关的便是第三编"水文工程"。中国河患严重，尤以黄河为甚，历代都致力于黄河的治理。近代治理黄河的情形更加严峻，"今则时代演变，科学昌明，治河之道随之而异，实为历史中转变之大关键也。"此书中对黄河水文、河道、灌溉等诸多内容都进行了论述，对于各章节的安排，作者在该书《自序》中便做了说明："既而以治河之道，首贵辨识水性，次当明察河势，乃于本编之首，先之以水文，次之以河道。又以兴利为治河之目的也，故次之以灌溉、垦殖、航运之利；防患所以达兴利之途径也，故又次之以防溢、护岸、引导、挑浚、分疏、蓄水、堵口之策；然辨水性、察河势、兴利防患皆有赖乎人事，故以官制修防殿焉。"作者其实很注重水文记载的应用，只是认为"无数十年之水文记载，不足以供研究而定水性；无数十年之工程实施，不足以辨优劣而资抉择。"足见近代水利学者对水文勘测的重视以及具有严密的科学精神，这也是有别于古代治水靠经验的重要内容。

《黄河之河性》是一部关于黄河水文概况的论著。作者不仅介绍了黄河上、中、下游及其支流的水文情况，还根据监测数据，统计出黄河流域的雨量、水位、流量、含沙量、河床变化等，分析了黄河水灾的性质及1933年大水灾的成因，总结出了黄河三个河性，"甘肃以上，上游河道，行于山峡之中，河床起伏不一，水势奔突怒号，其性'湍急'。宁绥一带，中游河道，水行平地，其性'平稳'。山西以下，下游河道，溃窜无定，其性'迁徙'。"针对黄河三大河性，作者介绍了古今中外各种治河理论，提出了当时较为先进科学的治河理论,即横坝固槽法。

《黄河治本论》是关于黄河治理策略的论著。书中前两章是对黄河及其流域基本情况的说明,主要包括西北黄土区的生成、黄河的生成、上中下游的地形及其形成及黄河河道等。不仅从地质史的角度分析黄河形成原因,还从水文学角度说明了黄河流域特征,如作者分析黄河的河性,认为有两点:"一是含泥量特多;二是涨落之差过巨"。关于河道本身,则分别对上中下游的流量、含沙量等作了比较,提出不同的开发利用方案,如上游的施治方案在于扩张灌溉面积与整理航道,下游则侧重于预防河患。作者更意识到了黄河不治对国家和民族的深远影响,"普遍的水旱灾害,已数数见,而局部的水旱灾害,则在平时,有沉沦于水底者,有赤地千里者,其地居民终年无色,救死不瞻,言力既不如人,言智更为低劣,如此民众何以立国……"故必须治理黄河。之后,作者还对当时各种治河方策作了介绍和评价,如关于"上游坡岭普遍造林说",认为最无道理,既因为经济上的困难,也因学理上毫无根据,"森林足以治河防旱,森林家言之可也,政治家言之可也,一般无水利责任者言之可也,水利专家言之耻也。"对于李仪祉先生的沟洫主义,作者也并不完全赞同,对其提出改良,"沟洫制度之产生,原是为了救治坡岭之旱与平原之涝,这两件事实是一个原因——即坡地泄水,故倘对于坡地之蓄水不成功,则沟洫制度,对于治河之效益几希矣。"最后,作者又阐述了自己关于黄河治本的唯一良策——山沟筑坝淤田。

除了上述主要论著外,近代各大期刊中也刊登有关于黄河水利、水患治理的文章。关于黄河水利,如《黄河水利初步规划》一文则是对未来黄河水利建设的展望,对各项水利建设提出了规划。《黄河水灾与黄河水利》则主要针对 1933 年黄河水灾引发了人们对黄河水利的关注,通过总结古代治黄的经验,认为"治水的目的,一方面固然在求灾害的免除,而同时对于水利的发展、恢复与利用,更应该有切实的办法;然后才使人民避免灾害的损失,得到实际的利益。"同时还必须统一全国水政,加强对灾患的抢救与整治。《黄河水利与中国建设》一文既从历史、文化、经济角度说明了黄河水利的重要性,"修治黄河是当前中国急需的任务。"对于黄河水灾的成因,则指出五点原因,河底淤塞、沿河无湖泊、缺乏森林、河防不固、交通不便等,并针对当时的社会现状,指出了修治黄河的做多困难,如土匪问题、中饱问题等。《黄河水利问题》一文论述了黄河的重要性、黄河水文特征以及历代对黄河的疏治,对当时政府的治黄策略做了总结,认为当时的治黄政策是标本兼施,不仅修建各种堵口工程、沟渠等,还设立研究水利机关,搜集资料,取得重要成就。在《黄河水之利用》一文中,作者张含英建议"仅修堤,实不足以除黄河之害,亦不足以兴其利,因其土质疏松,年年培修,用费既大,筹措又难。故灌溉与水电为最易主办且至关重要之兴利事业,此又可为下游防洪工事之设施增辟财源……"。

关于黄河治理的文章也很多,如《整理黄河意见书》一文在分析河流性质、修治方法后,对当时黄河管理情形进行了评析,并对整理河道提出了建议。《治理黄河之先决问题》是近代著名水利专家沈怡的文章,对治理黄河所应了解的黄河流域的雨量、流量、含沙量、河道形势等水文特征进行了分析,认为只有了解了黄河的水性,才能提出根治措施。《怎样治理黄河》为时任内政部视察专员王应榆在视察利津后提出的治理建议，认为"此次视察下游，应于利津入海处无堤束缚，水浅而流缓，冲刷力小，致口门淤沙日多。……余对于下游之意见，主张添修大堤直至海口，以束河水，并铲除芦苇，以畅水流……"《黄河治标治本办法》一文将大堤、险工、决口、稭料、石料、种柳、修堤、防汛等称为黄河治标之法，治本之法则为专管、改组。李仪祉的《黄河治本的探讨》从修筑河防、整理航道等方面论述根治黄河的策略。《黄河水灾与治黄方案》一文论述了黄河的地理位置、历代黄河的变迁，分析了黄河成灾的原因，即泥沙含量过多、水势缓急之悬殊、水量多寡之不均、森林稀少、河堤不坚等，评析了近年治黄的有力主张、治黄工程和政治组织，对日后各项治黄工作的展开有重要意义。在《黄河为害及其治法的检讨》一文中，作者在分析黄河南北岸决口的危险及原因之后，探讨了治河口与攻沙的治理方法。

国外学者对于黄河的治理也十分关注，如《西客谈治黄河法》中提出："治黄水要策即不使土沙淤塞，下游致尾闾宣泄不畅，于上游多筑套堤，使浊水灌入，缓流澄清也。"日本学者本多静六便撰写《黄河之根本治水策》一文，在概括黄河问题及古今治水策的基础上，提出了自己的治水方法，"要言之我的根本治水策，是先在黄河峡谷处建筑堤堰，一方面防止土沙的流出，同时贮积水流，利用之发电以为治河资本的辅助。其次在水源地一带，以简易的方法从速完成造林计划，如此培养水源，调整水流，排除水患，开渠灌溉，农产既得以增加，且利用水力发电，工业亦因以振兴。"

此外，《治理黄河之意见》《黄河问题》《治理黄河方法之商榷》《黄河治本计划概要》《认识黄河与治理黄河》等文章也都是关于黄河治理措施、方针的制定，对黄河水利建设有指导性意义。

（2）长江水利之研究

晚清时期，关于长江治理的著作逐渐增多。如范鸣龢于光绪间撰写《澹灾蠡述》上下篇，记述鄂城（今武汉）修建樊口闸坝，上下游江道及邑内梁湖情形，并提出治理意见，论证泄江水之必要，申说修樊口闸坝之利。倪文蔚于光绪二年（1876）著的《荆州万城堤志》2卷，总结了作者在荆州任官八年兼修防经验和有关文献，成为第一部荆江大堤专著。1896年，荆州知府舒惠纂《荆州万城堤续志》2卷，增补了部分史料及详图。

20世纪初期关于长江的专著如《扬子江水利考》一书，即为介绍古今扬子江水利概况的专著，分为五编：江流概略及水灾统计、各省水利情形、历来修疏工程、前代水利讨论、最近之设施与计议。此书中既有扬子江水文概况的记载，沿江各省水利发展概述，还有历代所修浚治、堤防、埽工、堰闸、拒溜等水利工程，以及历代治水之方法、策略等，总结了当时治理扬子江的计划与草案，如水电计划值拟议、扬子江根本治理之提议、整理扬子江干隄之提议、修浚洞庭湖之提议等，"足为治水利文献者之一助"，对今后扬子江的治理也有借鉴性意义。

尽管关于近代扬子江水利建设的论著不多，但还有关于其发育历史的研究。

《扬子江流域地文发育史》是专门介绍扬子江流域水文、地文特征的著作，全书分为九章，分别论述了扬子江及其分区、扬子江上游、四川赤盆地、扬子江中游、扬子江下游、扬子江三角洲、区域的比较、扬子江地文发育史之鸟瞰、冰川问题。虽然此书是从地文学的角度进行研究论述，但对了解扬子江的成因、发育史有重要作用，对采取更合理的治理措施也有借鉴作用。

近代报刊中也有关于长江流域水利研究的文章，如《论长江水利》研究了各时期测量队对长江水道的测量结果，分析长江水性，"长江性质与黄河不同，河道廓清，无泛滥之患，旁多小山，水流不易迁易，惟弯曲之处，小有变动。"

《扬子江最近之情势及整理意见》一文对扬子江上、中、下游的各支流、湖泊等水文特征作了论述，并提出相应的治理措施，如对于扬子江出口泥沙堆积问题，建议"修浚中水道，闭塞南北二水道，庶可根本解决泥沙问题，兼顾及上海道路，诚属一举两得。"《沿江湖泊之整理及利用与扬子江水利问题》是关于华阳工程与扬子江整个水利关系问题的探讨，列举了该项工程计划的原则及扬子江水利问题，包括扬子江的航运、农田等，认为"现今扬子江防灾与兴利之急要，在利用湖泊消纳盛涨并整理沿江之农田水利"，故关于扬子江水利之计划有二项，即关于整理及利用沿江湖泊问题与关于沿江干堤问题，最后要积极发展支流内河的航运交通。

（3）淮河水利与导淮事业之研究

自张謇倡立导淮事业并设立江淮水利测量局，之后改名为导淮测量处，沈豹君便始终主其事，测勘苏淮及泗沂沭河等河流，对淮河有深入了解，并提出许多新观点，并撰写论著《堪淮笔记》。武同举曾高度评价沈豹君的观点及其为治淮事业献身的高贵品质，他在序言中就评论说："豹君论淮源，独以新义矫正旧说，发前人所未发。……吾固知豹君心力之瘁，而谅之者希，甚矣。治绝学之难也，然笔记不朽则可断言。"其新观点如"碛石荆涂揭淮之吭壅而不宣，金以为病，豹君独以为不然，举河床与峡口之宽度比知病在河床，而峡口非病，则图治必在河床……"再如"豹君独以为非计谓当浚河筑堤如其容量，支口建牐，操纵由人，则淮不可病。然其最大之关键为中游平衍，下游高仰，淮不能出，水不顺下，治亦亡功……"这些观点在该书中都有体现。《堪淮笔记》主要包括对淮源的勘察、淮河河道的变迁、淮河水文的监测等内容，并对治淮提出了自己的观点。书中还有各河段水势插图，如《淮源现势图》《息县至三河尖淮河现势图》等，对日后治淮事业有指导性意义。

《淮河流域地理与导淮问题》一书是关于淮河流域水文及治理的专著。作者宗受于认识到了淮河在中国的重要作用，"淮河流域实吾族农业立国之根据地""淮河流域者，全国之中原。淮域不治，中国不得治也。"全书分为上下两编，即上编为淮河流域地理，下编为导淮问题。在"淮河流域地理"部分中，对淮河流域位置、区域、周围山脉及淮河各河段及其支流的水文特征等，包括洪泽湖、颍河、濉河、运河等，并论述了淮河流域地理的变迁。在"导淮问题"部分，主要针对20世纪初期提出的导淮计划，进行了论述分析，既有入江计划，又有入海计划，也有江海分疏计划，并对美国工程团和导淮委员会提出的导淮计划进行了研究。但作者认为"尚无统筹全淮导治之计划,惟就现有水势求消异涨耳。"导淮委员会所编《导淮工程计划释疑》对导淮计划中的问题和疑问进行了解答。

淮河下游流经江苏省,所以江苏北部分为淮南淮北,两淮地区的水利研究的主要成果如《两淮水利概论》,对淮河流域各河流的水文特征、水利建设概况作了论述。还有一篇文章《两淮水利与导淮事业》既介绍了江苏全省水利概况,有对导淮工程及组织、经费、设备等问题做了分析,对导淮工作提出了建议,认为"今后建设,仍应于入江入海同时并行。入江之要,首在整理水道,修治三河坝,使淮水有操纵之机,节制之法。入海之要,取道淤黄,并非上策,应在淮南觅一相当地处。"

导淮工程是近代水利建设的一大事业,所以近代期刊杂志中关于淮河水利的内容多是关于导淮工程的建议、实施与评价的内容。如在《导淮损益议》一文中,分析了疏导淮河的利弊,对淮河治理提出建议。而另一篇文章《导淮辨》则认为导淮完全没有必要,不仅因为修建水利工程须耗费大量钱财,而且"黄之害重,淮之害轻,直隶数十万哀鸿望除水患而难,容片刻者所在皆是,朝廷数十万之财富失去征收已逾多年,以南北大势而论黄患,有关于三省淮灾仅及于下河,先其所急治黄为要。"这种看法显然是不对的,河流不论大小,河患不论轻重,水利建设都应重视。而随着淮河水患的日益严重,导淮事业迫在眉睫,人们对导淮的认识也更加科学,如《导淮的利益》一文在分析了导淮全局竣工后,带来的直接利益,"河湖支干两岸,可涸出腴田,约在四百八十万亩左右,因而受益者,殆不下二万万亩。收入农产,每岁率可增至五六万万元以上;而所免逐年水害之损失,与运输交通工商文化之间接利益,尚不可以数计,且导淮所用人工,每日可用十万人,际此人工过剩,谋食维艰之秋,以之提倡导淮,诚一举而数善备焉。"还有文章专门探讨了导淮与国民经济的关系,如《导淮与国民经济》一文通过对比淮河、长江水利,预算导淮前后不同的粮食、棉花等产量,论述导淮事业对国民经济的深远影响,"行见导淮完成之后,今日淮域一片荒凉之土地,必变而为膏腴沃野。今日破坏不堪之农村,必变而为家给户足。今日之盗匪充斥,必可消除。今日与江南对比落后之文化,必可提高。"

因为近代社会的特殊环境,以及国民政府的内忧外患,使得国民政府没有足够的资金用于导淮事业,不得不向美、俄等国借款,就会涉及政治问题。《导淮与外患》一文郑重声明"中国的河道是必需中国人疏浚,是绝对反对任何列强染指的。"《导淮问题与政治》也分析了向国外借款的弊端,"借款导淮之流弊,不但像十三日北京晨报所言,十分要不得;即果借美款实行导淮,将置沿淮三省之地于美国势力支配之下,那更是加倍的二十分要不得。"

"导淮有两大原则,一为农利,一为交通。"故关于导淮的具体方法,各有不同。如《导淮论》一文则表现了作者对淮河水利事业发展的重视,认为"今之淮非昔之淮也,今之泗沂亦非昔之",并提出了疏治泗、沂水与疏导淮河相结合的方略。武同举在《导淮入江入海刍议》一文对导淮入海、入江两策分别进行了议论,认为"淮自古入海,未尝入江,导淮既不宜独流入江,势必独流入海,此断然之规划也。"在其另一篇文章《导淮罪言》

中不仅对关于导淮的两种看法，即赞成派和反对派的理由进行了论述，讨论了导淮路线，包括入江路线、入海路线。治淮专家宗受于在《论导淮》一文中提出："夫导淮非若科学之深奥也，苟顺水之性以出低下之海口，则中高之障阻，自可借上游水力之冲刷，与人工之濬导，以成一有规则之新淮河。"水利专员须恺的《导淮工程之实施及其功效》一文论述了工程计划纲要，以图表形式展现了已兴办的工程项目，并肯定了已完成所带来的工程在航运、灌溉、防洪三方面的功效，鼓励兴办导淮工程，"有一份之财力，即可施一份之工，收一份之效。"陈果夫的论文《导淮之过去与未来》认为"导淮之目的，曰防洪灾，便航运，裕农利，而发水电附之"，总结了 20 世纪初期提出的五种导淮计划，对以后导淮事业发展的规划，包括工程项目、经费等作了详细说明。《导淮入海工程概述》则是对导淮入海工程进行详细论述，既包括入海水道的开辟、工夫的任用，也包括了新河的养护方法，对交通、灌溉的影响等。此外，还有《导淮计划之要旨》《导淮计划意见书》《导淮略考》等文章都对导淮计划进行考证，提出了治导建议，推动了导淮事业的发展。

除了有上述专著和文章论述各流域水文特征和水利发展概况外，还有个流域管理机构的月刊也是重要水利资料。如黄河委员会所编的《黄河水利月刊》便主要涉及近代对黄河水文的视察、关于黄河治理的研究，以及沿河各省对黄河的治理和水利的开发计划，以及各级政府公布的各种公牍、法律法规等。如该月刊曾刊载《关于治河之准备》《黄河水文之研究》《造林不足以防洪》《利津以下筑堤不如巩岸论》《后汉王景理水之探讨》《密西西比河之防洪》《林被物与蓄水库》《黄河治本的探讨》《密西西比河治理之历史》《蓄水》《河流模型研究之真实价值》《森林与泉水》《沙荒之进展》《河中泥沙之研究》《中国黄土之分析》等文章，既有古今关于黄河治理方策的论述，也有欧美各国河流治理的介绍，都是对近代治理黄河的宝贵意见和建议。扬子江水道委员会主编的《扬子江水道整理委员会月刊》《扬子江水道月刊》以及扬子江水利委员会创办的《扬子江水利委员会季刊》也主要针对当时扬子江的勘察测量工作，刊登一些工作报告和包括治理建议、水利概况等内容的文章。华北水利委员会主编的《华北水利月刊》多刊登的则是关于华北地区的水利规划、相关政府文件、会议纪要、工作报告、查勘报告等内容，如《河北民生补救之方案》《华北五大河十八年洪水之情形与十三年洪水之比较》等文章，有利于华北水利事业的研究与发展。

此类水利报刊还有《珠江水利》《太湖水利季刊》《导淮委员会半年刊》《陕西水利季报》《江苏水利建设》《江苏水利协会杂志》《水利月刊》《水利通讯》《水利特刊》等等，都是对流域、各省地区水利建设情况的介绍，既记载了许多重要的水文资料，又提出了诸多水利计划，对了解近代水利建设有重要作用。

近代水利工程建设取得诸多成果，因此对相关水利建设的研究也很广泛，上述仅就主要省份、流域的水利建设研究进行论述，从中可以窥见近代水利事业的发展，水利理论的成熟，水利技术的进步。在下一节中将专门探讨近代水利技术的发展。

第二节　水利水电工程施工与管理现状

对水利工程施工进行有效管理是水利建设过程中的重要环节，决定着水利工程能否顺利进行，所以，一定要对施工管理工作给予足够的重视。但是影响水利工程施工管理的因素有很多，各个影响因素常常会出现变化，水利工程的施工管理过程较为复杂。为了进一步提高施工管理水平，就需要对施工管理的目的有充分的了解，在短时间内提高施工效果，确保施工质量，以最少的成本投入取得最大的投资回报。本节主要研究水利水电工程施工管理存在问题，探讨水利水电工程施工管理策略，为我国水利水电工程在施工管理方面的进一步开展提供借鉴。

一、水利水电工程施工管理存在问题

（一）施工人员素质有待提高

对于我国很多水利水电工程来说，施工人员的入职门槛较低，很多施工人员未受到过专门的培训与教育，也没有进行后期的技术培训，导致施工人员的素质普遍不高，不能满足现代化水利水电工程施工的需要，导致施工过程中出现这样那样的问题。在施工的过程中，很多施工人员没有认识到施工的重要性，没有明确自身的责任与义务，不具备施工要求的专业素质与施工技术，导致不能按照要求开展施工，降低了工程施工的质量，甚至给工程留下了潜在的隐患。现阶段，随着农民工数量的逐步增加，很多不具备水利水电工程施工专业知识的农民工进入到施工队伍中来，导致施工队伍不能满足现代化水利水电工程施工的需要，给水利水电工程施工管理工作带来了很大的难度，施工方案无法得到有效的执行。

（二）施工技术水平较低，无法满足现代化工程建设的需要

随着我国社会经济的逐步加快，水利水电工程行业得到了飞速的发展，但是在施工的技术水平方面还处在一个较低的层面，无法引进和研发先进的技术，施工理论和施工技术都不能满足现代化水利水电工程施工的需要。具体表现在，很多施工单位往往将主要精力放在成本预算、工程设计、竣工验收等几个阶段，忽视了研发新型的施工技术，也无法有效地引进和推广先进的管理经验，导致技术水平止步不前，无法为现代化的水利水电工程提供技术支持。对于工程建设项目来说，只有让水利水电工程的施工人员掌握更先进的施工技术，提高水利水电工程的技术含量和技术水平，才能整体提升水利水电工程的质量与层次，否则再先进的设计方案和施工方案都是空谈，无法在施工的过程中发挥切实有效的作用。

（三）水利水电工程施工监管不到位

当前，在很多水利水电工程的建设过程中，存在着监管不到位的现象，相关监理单位不能有效履行监督与控制的责任，不能深入到施工现场当中，无法及时发现工程建设过程中存在的问题，导致问题长期得不到解决，给工程带来了很大的负面影响和经济损失。与国外发达国家相比，我国的水利水电工程监理工作还有很多不健全的地方，监理的水平与质量有待提高，无法实行全方位、全过程的监督与管理。因此，在水利水电工程施工管理工作中，相关单位要切实负起责任，及时发现施工管理中存在的问题，积极吸取先进的监管经验，采取有针对性的监督与管理办法，切实有效地开展施工监理工作。

二、水利水电工程施工创新管理策略

（一）严把水利水电工程施工过程质量关

在实际的水利水电工程施工过程中，施工企业要想提高施工质量，就必须要严把工程施工质量关。严把施工过程质量关，可以从以下几个方面入手：淤制定出质量解决方案。质量问题贯穿到水利水电工程施工全过程中，质量问题很难一次性解决，只有对于水利水电工程施工进行阶段细分，分阶段有针对性的解决，才可以进一步解决施工中的主要质量问题矛盾，通过各个部门之间的合作，制定出质量解决方案。于严格把守人才关。水利水电工程施工企业在进行人才聘用时，需要从综合素质、业务能力、身体健康、政治素养等多个方面，对于选聘的人才进行审核，提高人才的管理与运行综合能力，做好质量审查。水利水电工程施工质量审查需要从细节入手，包括施工材料、施工设备、施工工艺、施工计划、质量检测方法等具体环节入手，通过建立完善的水利水电工程施工质量监督管理体系，从而最大限度提高水利水电工程施工质量。

（二）落实责任，确保质量安全

水利水电工程施工管理是一个全方位、多层次、宽领域的系统复杂过程，是一个极其庞大的工程，其中包含着各种各样的承包关系。要想提高水利水电工程施工质量，就必须要将关于质量的管理目标分解到水利水电工程施工的各个阶段以及各个部门，确定出不同施工阶段以及不同部门的质量管理责任目标。对于重点的施工管理环节以及施工管理部分，施工企业需要区别对待，加强对其的重点管理以及重点控制。同时，实行水利水电工程施工技术交底制度，确保各个施工部分人员明确施工目标。加强水利水电工程施工单位、管理单位、监督单位、检测检查单位等之间的沟通，加强其相互合作，强化彼此之间的信息沟通与合作，实现水利水电工程施工各个部门之间的施工关系协调。

（三）加强进度控制，确保工程项目如期竣工

在进度控制方面，要根据施工方案和建设目标，结合具体的施工条件，合理确定施工的进度计划，对施工各环节的进度进行控制。在具体实施的过程中，应尽量将施工进度进行细化，包括施工进行之前的准备、施工工艺和施工方案的选择、施工人员和施工环节的相互配合等各方面，使各工序的施工人员都能够密切配合，使施工的各种资源得到优化配置，有效控制各环节所需的时间。另外，很多新工艺和新技术也可以起到节省施工时间的作用，可以在施工过程中积极引进和使用新的施工工艺和技术手段，有效解决传统的施工管控中的难点与关键点，解决施工过程中的技术性难题，有效控制施工时间，确保水利水电工程如期竣工。另外，如果采用了新工艺和新技术之后，原先的施工方案和施工工序也需要做出相应的调整，对每一道施工工序的时间做出合理的安排。

（四）加强施工质量管理，打造优质水利水电工程

施工质量是水利水电工程施工企业的生命线，也是施工管控工作中的重中之重，是整个施工过程中的重要控制因素。因此，在施工过程开展之前，要建立健全施工管控方面的规章与制度，建立施工监督与管理的完整体系，并将各方面的权利与责任落实到位。在水利水电工程的设计阶段，应当确立工程施工的管控目标，对施工质量与施工工艺做出明确的要求，组织相关人员开展施工质量和技术的交底工作，并为每一个施工班组下发作业指导书。除此之外，要严格控制施工材料的质量，加强对原材料的检查与控制，将不合格的材料杜绝在施工现场之外。另外，要建立健全施工的责任制度，对具体的环节做好落实，使每一个管控环节都有专人管理，提高相关人员的责任意识，有效开展施工工作。要明确各环节技术人员的责任，使每一个环节中的技术人员都能够权责明确、各司其职，将施工管控的责任落实到位。

（五）大力推进水利水电工程企业文化建设

做好水利水电工程施工企业在现场质量监督管理，大力推进水利水电工程企业文化建设至关重要。通过利用水利水电工程施工企业信息化平台，努力构建水利水电工程施工企业核心价值体系，举例来讲，水利水电工程施工企业可以根据自身需要，围绕奉献、创新、诚信、责任等方面进行水利水电工程施工核心价值体系构建。另外，企业还可以开展一些水利水电工程施工文化建设活动，在开展文化建设活动时，需要严格按照三个统一（工程施工管理标准统一、发展目标统一以及价值观念统一）开展。企业通过开展水利水电工程施工文化建设活动，通过构建水利水电工程施工核心价值体系，不仅仅可以起到引导水利水电工程施工员工思想的目的，而且还可以进一步凝聚员工力量，增强水利水电工程施工员工工作的信心，促进员工积极性与主动性的提升。除此之外，水利水电工程施工企业还需要开展学习型团队建设，并且尽量将学习型团队建设作为水利水电工程施工企业文化建

设的重要组成部分，通过做到与时俱进，不断丰富企业文化内涵，进而为水利水电工程施工企业的发展提供源源不断的动力。

　　水利水电工程通常是很宏大的工程，项目工期长，影响因素繁多，要做好工程施工管理是比较有难度的。想要做好工程施工管理需要多方共同努力，既要建立健全相应的规章制度，又要做好文化建设、人性化建设，此外，还需各职能部门间相互积极的配合，只有这样才能让整个工程建设高标准、高速度的顺利完成。深入研究当前水利水电工程施工管理存在问题，创新水利水电工程施工管理策略，是今后水利水电工程企业施工管理创新方面的重要课题与方向。

第二章　土方工程施工

第一节　土方开挖技术

近几年，随着我国经济社会的不断发展与城市化进行的逐渐加快，人们对于水资源的整体数量与质量都提出了较高要求，因此国家加大了水利工程建设力度。水利工程具体施工环节，土方开挖施工无疑是其中较为重要的构成部分，其组织设计又涉及各方面工作内容，例如清理场地、对开挖渣料进行处理、设置排水系统、具体开挖施工以及完工后的工程验收等。

一、水利工程土方开挖施工的基本现状

当前，水利工程土方开挖施工还存在着各种问题，主要体现在以下诸多方面。第一，场地清理环节存在问题。在正式开挖之前，必须对场地进行仔细清理，即清理植被以及表土。但是，在清理中，许多施工单位并未做好相应的保护措施，不仅使林业资源造成极大破坏，也影响了周围的自然环境。而且在对清除物进行焚烧时，并未按照相关要求掩埋焚烧物，而是将其任意的排入到河流当中，使水资源受到极大污染。此外，针对开挖出的大量有机土壤，也未对其进行规范性存放，降雨过后因被冲刷而导致土壤大量流失。

第二，开挖渣料处理环节存在问题。针对开挖出的大面积渣料，并没有进行严格的分类堆放，且对于其堆放位置与堆放方式均未进行科学规划，导致许多能够加工使用的渣料都变为废渣，资源浪费现象突出。同时，不科学的堆放导致渣料不能接受到有效保护，进而被严重污染以及侵蚀。

第三，排水措施存在问题。水利工程土方开挖的排水措施还存在着明显的缺陷，地下水与路表水排放不畅，就可能会大量流入到开挖区域内，使土方开挖施工无法顺利开展。

第四，围护体开挖存在问题。部分围护体在开挖时，均未达到既定的设计要求，强行开挖的后果就是开挖已严重超过标高。再加之未执行先撑后挖的要求，致使基坑出现严重变形。而如果无法有效控制开挖坑里土坡的实际高差，就可能会对立柱桩产生影响，使其倾斜，甚至使基坑整体坍塌。

二、水利工程土方开挖施工的组织设计要点

（一）对开挖场地进行有效清理

对水利工程土方开挖施工场地进行深入清理，主要可以从三个环节实现。其一，清理植被。将植被清理的具体区域设定为开挖施工的规划范围内，在满足开挖条件的前提之下，需延伸至开挖边线最大值外侧的三米以外，而清理内容则包括枯枝杂叶、废弃物、杂草以及植物根须等。同时，在实际清理过程当中，还需对周围植被或者林区进行有效的保护，以防场地清理给周围环境造成不利影响。当植被已经成功焚烧之后，还需在设定地点对其进行掩埋，以此方式降低对土壤和水资源造成的污染。

其二，表土清挖。主要对象为植物表层所蕴含的大量有机土壤。根据相关规定设置开挖深度，将挖出的土壤堆放至指定位置。通过该环节的有效实践，可有效避免因雨水对有机土壤形成的冲刷力所致的流失。根据相关环境规划内容，可对有机土壤进行深入改造与利用，力争最大限度节省资源、保护环境。

其三，科学处理开挖渣料。根据渣料的具体特征与基本性质，对其可利用成分进行甄选，提取其中具有利用价值的部分，再按照其不同类别进行堆放。对于堆放方式与堆放地点，需综合考虑工程环境之后，再进行合理规定，在确保堆放边坡具备较高稳定性能的同时，实现对可利用渣的有效保护，从而避免其受到严重污染以及侵蚀。

（二）水利工程土方开挖施工环节的具体设计内容

水利工程土方开挖施工环节的具体设计内容包括排水设施、开挖施工的组织设计以及安全措施等。安设排水设施。土方开挖施工需在无水环境下进行，所以在正式开挖施工之前需安设排水设施。于开挖施工的横断面位置设置排水沟渠，作为暂时性排水设施，同时在开挖施工现场附近的低洼区域安设抽水泵，用以抽取开挖区域的地表水。

开挖施工的组织设计。开挖施工通常会经历四个环节，其一，配置足够数量的器械设备，并根据工程情况选择相符合的设备型号与规格。若开挖施工对整体效率提出较高要求，可以考虑联合应用推土机、自卸汽车、挖掘机以及装载机等器械；若施工条件较优，地势平缓且深度较低，则可选由铲运机进行直接作业；若开挖对象为大型河流的水下部分，则可选择拉铲机；若水利沟渠水量较多，需选择多斗式挖沟机与开渠机等。其二，根据图纸内容，再综合监理人员提出的要求进行开挖作业，以保证底层高、测量放线以及平整度等都与具体要求相符。其三，以器械设备联合人工开挖的方法进行交叉式开挖，并在正式开挖之前对土层厚度与性质等进行全面了解，进而制定出最佳施工方案。而在开挖环节，必须控制开挖线实际范围，同时对边坡标高、断面尺寸以及基坑标高等进行准确测量。其四，按照出渣道路与挖掘器械，计算出土方开挖实际分层厚度。安全措施。首先，按照开挖深度与施工地的地形地貌确定开挖坡度，将其上报予监理部门请求审批。其次，对护面进行

严格保护与加固，避免雨季与夜晚作业，开挖施工需一次性完成，以免雨水造成土层流失。再次，针对测量操作，需准确选择观测点，并于开挖施工环节对边坡变化情况进行实时观测。最后，对施工情况进行同步记录，一旦发现滑动与裂缝等问题，及时停止作业，并采取相应的措施进行补救，将现场情况上报予监理部门。

（三）开挖施工的相关验收操作

在正式开挖施工之前，应由监理人员对测量剖面进行认真复查，结合图纸内容，对开挖放线的剖面进行测量，再查看防洪措施、水利排水措施是否完善。在正式开挖环节，还需定期放线测量开挖平面标高与平面尺寸，同时复测检查边坡平整度与实际坡度。当开挖施工正式结束之后，需进行全方位验收工作，直至验收合格之后，才能正式实施下一道工序。

水利工程土方开挖施工具有工程量较多、面积大以及专业性较强等特征，无疑增强了施工难度。鉴于此，要求水利工程土方开挖施工单位在正式作业之前，依据施工现场实际条件，再结合自身情况，科学合理的开展组织设计。通过对开挖场地进行有效清理、仔细研究水利工程土方开挖施工环节的具体设计内容，以及在开挖完工后进行严格的工程验收，在保证施工进度达到既定要求的同时，最大限度地提升水利工程土方开挖施工的整体质量。

第二节　土方填筑压实技术

土石坝坝面作业施工工序包括卸料、铺料、洒水、压实和质量检查等，由于坝面作业具有工作面狭窄、工种繁多、工序复杂、机械设备多等特点，为搞好坝面作业应进行妥善的施工组织规划。

一、土石坝坝面作业施工组织的规划和方法

为避免坝面施工中的干扰，防止延误施工进度，土石坝坝面作业宜采用分段流水作业施工。流水作业施工应先按施工工序数目对坝面分段，然后组织相应专业施工队依次进入各工段进行施工。对同一工段而言，各专业队按工序依次连续施工；对各专业施工队而言，依次连续在各工段完成固定的专业作业。

卸料和铺料有进占法、后退法和综合法三种。一般采用进占法，厚层填筑也可采用综合法，以减小铺料工作量。进占法铺料层厚度容易控制，表面容易平整，压实设备工作条件较好。铺料应保证随卸随铺，确保设计的铺料厚度。

按照设计厚度铺料平料是保证压实质量的关键。为保证铺料均匀，需用推土机或平土机制料平料，很多工程采用算方上料、定点卸料、随卸随平、定机定人、铺平把关、插杆检查的措施，使平料工作取得良好的效果。

坝体压实是土石方填筑最关键的工序，压实设备应根据土石料性质选择。碾压遍数和

碾碾速度应根据碾压试验确定。碾压方法应便于施工，便于质量控制，避免出现欠碾或超碾。坝体分期分块填筑时，会形成横向或纵向接缝。这部分在坡面上有一定厚度不密实，应采取留台法或削坡法进行处理。对于汽车上坝或光面压实机具压实的土层，应进行刨毛处理，以利于层间的结合。通常刨毛深度为 3 ~ 5cm，可用推土机改装的刨毛机刨毛，不仅工效高，而且质量好。

二、土石坝各种结合部位的施工方法

土石坝坝体的防渗体土料不可避免地要与地基、岸坡、周围其他建筑物的边界相结合，由于施工导流、施工方法、分期分段分层填筑等的要求，还必须设置纵横向的接坡、接缝。以上各结合部位，都是影响坝体整体性和质量的关键部位，也是施工中的薄弱环节，质量很难控翻。对于结合部位的施工，必须采取可靠的技术措施，加强质量控制和管理。

（一）坝基结合面的施工

对于基础部位的填土，一般采用薄层、轻碾的施工方法，不允许用重型碾或重型夯，以免破坏基础结构，造成渗漏。对于黏性土、砾质土坝基，应将其表层含水量调节至施工含水量的上限范围，用与防渗体土料相同的碾压参数压实，然后刨毛深 3 ~ 5cm，再铺土进行压实。

对于非黏性土坝基，应当先进行压实，再铺第一层土料，含水量为施工含水量的上限；采用轻型机械压实，压实干表观密度可略低于设计要求。与岩基接触面的坝基，应先把局部凹凸不平的岩石修理平整，封闭岩基表面节理、裂隙，防止渗水冲蚀防渗体。若岩基干燥可适当洒水，使用含水量略高的土料，以便容易与岩基或混凝土紧密结合。碾压前对岩基的凹陷处，应用人工填土压实。不论是何种坝基，当填筑厚度达到 2m 以后，才可使用重型压实机械。

（二）与岸坡、混凝土建筑物结合施工

填土前先将结合面的污物冲洗干净，清除松动的岩石，在结合面洒水湿润，涂刷一层厚度约 5cm 浓水泥黏土浆或水泥砂浆，其目的是为了提高浆体凝固后的强度，防止产生危险的接触冲刷和渗透。涂刷浆体时，应边涂刷、边铺土、边碾压，涂刷高度与铺土厚度一致，注意涂刷层之间的搭接，避免出现漏涂。要严格防止泥浆干涸或凝固后再铺土，这样对它们之间的结合非常不利。

防渗体与岸坡结合处，宽度 1.5 ~ 2.0m 范围内或边角处，不得使用羊脚碾、夯板等重型机具，应以轻型机具压实，保证与坝体碾压搭接宽度在 1m 以上。混凝土齿墙或坝下埋管两侧及顶部 0.5m 范围内填土，必须用小型机具压实，其两侧填土应保持均衡上升。岸坡、混凝土建筑物与砾质土、掺和土结合处，应填筑 1 ~ 2m 宽塑性较高而透水性较低的土料，避免直接与粗料接触。

（三）坝体纵横向接坡及接缝施工

土石坝施工中，坝体接坡具有高差较大、停歇时间长、要求坡身稳定等特点。在一般情况下，填筑面应力争平起，斜墙及窄心墙不应留纵向接缝，如临时度汛需要设置时，应进行技术论证。防渗体及均质坝的横向接坡不应陡于 1：3，高差不得超过 15m。均质坝的纵向接缝，宜采用不同高度的斜坡和平台相间形式，坡度及平台宽度根据施工要求确定并满足稳定的要求，平台高差不大于 15m。

坝体接坡面可用推土机自上而下进行削坡，适当留有保护层，配合填筑上升，结合面削坡合格后，要控制其含水量为施工含水量的上限。坝体施工临时设置的接缝相对接坡来讲，其高差比较小，停置时间短，没有稳定问题，通常高差以不超过铺土厚度的 1 ~ 2 倍为宜，分缝在高程上应适当错开。

三、反滤料、垫层料和过渡料施工技术和方法

反滤料、垫层料和过渡料一般方量不大，但对其要求较高，铺料不能分离，与防渗体和一定宽度的大体积坝壳平起上升，压实标准也较高，分区线的误差有一定的控制范围。当铺料宽度较宽时，铺料可采用装载机辅以人工进行。根据防渗体土料和反滤层填筑的次序、搭接形式的不同，又可分为先砂后土法、先土后砂法、土砂平起法。

四、土料压实的主要影响因素

土料压实试验证明，土料压实的程度主要取决于机具能量、碾压遍数、铺土厚度和土料的含水量等。土料是由土粒、水和空气三相组合而成的，通常固相的土粒和液相的水是不会被压缩的。土料的压实就是将被水包围的细土颗粒挤压填充到粗土粒间孔隙中去并将空气排出，使土料的孔隙率减小，密实度提高。一般来说，碾压遍数越多，则土料越密实。当碾压到接近土料极限密度时，再进行碾压则作用很小。

在同一碾压条件下，土的含水量对碾压质量有直接的影响。当土具有一定含水量时，水的润滑作用使土颗粒间的摩擦阻力减小，从而使土易于密实。但当含水量超过某一限度时，土中的孔隙全由水来填充而呈饱和状态，反而使土难以压实。试验证明，土料在最优含水量的条件下，压实所得到的土料密实度最大。

第三章　施工导流

第一节　施工导流与截流

一、水利工程中导流技术

（一）导流条件分析

水利工程施工环境比较复杂，很多外在的因素都会对其施工造成影响，比如地形地貌、水文地质、枢纽因素、等等。

1.地形地貌，主要是水利工程建设地点的地形环境，不同的地形环境就应该选择与其相应的导流方式。如果地形平坦，属于平原地区，就可以采用分期导流或者明渠的导流方式。如果地形比较崎岖，属于山区，就应该结合当地的地形地点，选择合适的导流方式。所以，地形地貌的因素对导流方式具有决定性的作用，必须结合实际情况综合选择。

2.水文地质，与导流施工有着极为紧密的联系，在施工过程中，必须首先分析水流量的大小，水流的特点，含沙含泥量，结合这些重要因素，确定具体的施工工序。比如在夏季，大量的降雨以及冰川会增加河流的水流量，一旦遭遇河道狭窄的情况，就有可能有大量的河水涌入基坑，导致基坑遭受水淹，如果水流的泥沙含量大，就会使得基坑的标高受到影响，基坑变浅，影响继续施工，所以，为了保证基坑不被淹没，必须采取合适的排水方式，比如明渠或者河床。

3.枢纽因素，主要是指枢纽的使用材料，使混凝土或者土建，材料不同，导流的选择也必须相应的不同。假如枢纽为混凝土建设而成，则可以选择分期导流；如果枢纽为土坝，就可以选择拦截导流，主要是防止坝体被大水冲毁。对于高水头的枢纽，应该采用分区分段的方式进行导流，一般来说前期使用隧洞导流，而后期可以利用泄水孔进行导流。

（二）导流技术

在水利水电导流施工过程中，最主要的就是根据现场的实际情况，选择合适的导流方式，然后选择导流流程，对于整个导流施工具有指导性的意义。

1.结合现场的施工条件以及施工环境，确定明确的导流方案，并对方案进行综合分析技术指标和经济指标，以此对待选方案进行比较，选择最佳方案。如果方案确定是一次性拦截，就应该选择渡槽、明渠或者涵管的方式进行施工，施工结束的时候应该对基坑进行检查，保证基坑没有被河水淹没。如果方案确定分期导流，就应该综合考虑多项因素，认真分析施工中可能出现的问题，并做出预防性措施。

2.选定导流方案以后，还应该针对细节的部分做出进一步的细化，尽量涉及施工中的所有环节，比如对施工设备的选择、施工进度的安排、施工劳动力的入场计划、预计投入的施工成本、可以获取的经济利益以及社会效益、等等。当然，最重要的是应该对导流方案进行可行性的分析，否则即便一切安排妥当，方案不可行也是白搭，而且耗费人力、财力，浪费时间。总之，对于导流施工方案，越详细越好。

二、水利工程中截流技术

（一）平堵截流

采用平堵截流的方法，施工之前应该现在河床中架设浮桥和栈桥，然后将截流材料运至浮桥或者栈桥，接着将运过来的材料抛进水中，投抛中注意应该均匀、逐层进行抛填，直到投抛材料露出水面。一般情况下，当采用平堵截流时，龙口的流速都会比较小，同时水流量分布均匀，可以选择质量较轻的截流材料。采用汽车对材料进行运输，同时汽车可以自由在浮桥或者栈桥上行车，全线都能够实现截流材料抛投，大大地节约工期，降低施工成本。但是，在河道上架设浮桥或者栈桥对航运会造成非常大的影响，增加施工工程量。我们最常见的平堵截留施工技术一般情况下都会用在浮桥、栈桥以及缆道等工程中。

（二）立堵截流

立堵法导截流，简单地说，就是将截流材料从龙口往中间抛投进占。正常情况下，如果采用立堵法导截流，则不需要架设浮桥，施工准备工作简单，施工成本较其他方式较低，这两项优点的存在使得该方法受到欢迎。但是，立堵法截流的缺点也非常明显，截流施工时，对于水力条件十分不利，龙口单宽流量也非常大，同时流速也相对较大。除此之外，水流绕过截流堤的端部，会引发十分强烈的立轴旋涡，导致水流紊流，引起河床被冲刷，另一方面，由于其流速分布不均匀，所以必须抛投质量较大的截流材料。

立堵法截流的施工方式，对于流量较大、岩基或覆盖层较薄的岩基河床比较适合，加入河床属于软土，就必须针对现场的实际情况采取合适的施工措施。

水利工程的导截流施工是非常重要的一部分，其施工质量的好坏，对于导截流方式的选择，对于整个水利工程来说至关重要，不仅影响整体质量，而且关系着施工进度能否顺利进行，甚至影响着施工成本，对于水利工程后期的运行安全也有着十分关键的作用。任何一个环节的施工处理不善，就会埋下质量隐患，甚至引发安全事故，对人们的生命安全造成威胁。所以，必须制订周密的施工计划，做好施工准备，结合现场的实际情况，选择合适的导截流方式，保证水利工程的施工质量。

第二节 围堰及基坑排水

一、围堰技术

水利水电工程建设施工环境通常比较特殊，为降低施工难度，避免水土对施工作业的影响，很多情况下会选择设置围堰结构，其作为一种临时性围护结构，可以有效阻止水土进入到工程施工位置，对提高水利水电工程建设施工效率非常重要。

（一）水利水电工程建设中主要的围堰结构形式

水利水电工程建设中的围堰结构形式主要有：（1）土石围堰。第一、过水土石围堰。水利水电工程导流作业时，如果基坑允许被水淹没，则设置的围堰就要求过水，同时还要对围堰堰脚和下游坡面进行合理的防护加固处理。其中，常见加固方法如钢筋石护面、加筋板面、混凝土板护面等。第二、不过水土石围堰。如果水利水电工程基坑不允许被淹没，则搭设的围堰不得过水，应选择用不过水土石围堰。此种围堰形式取材更为方便，可以选择用废弃的土方或者材料，不仅可以降低施工难度，同时可以节省施工成本，对后期拆除作业的实施也有很大的便利性；（2）木板桩围堰与木笼围堰。第一、木板桩围堰。其深度不大，面积较小的基坑可采用木板桩围堰。为了防渗漏，板桩间应有榫槽相接。当水不深时，可用单层木板桩，内部加支撑以平衡外部压力。水较深时，可用双壁木板桩，双壁之间用铁拉条或横木拉紧，中间填土。其高度通常不超过 6 ~ 7 米。第二、木笼围堰。在河床不能打桩、流速较大，同时盛产木材和石料的地区，可用木笼做围堰的堰壁。最常用的形式是用方木做成透空式木笼，迎水面设多层木板防水，就位后，在笼内填石。为减少与河床接触处的漏水，一般用麻袋盛土或混凝土堆置在木笼堰壁外侧。近代也有用钢筋混凝土预制构件装配的笼式围堰；（3）混凝土围堰。混凝土围堰形式在实际施工中应用较多，与其他形式相比，具有更高的抗冲击和防渗透能力，并且有较高的挡水位置和较宽的底部，能够更好地与水利水电工程正式结构形成一个整体，并且允许过水。一般选择应用此种围堰形式时，多设置成横向围堰，特殊情况可以选择用重力式纵向围堰。

（二）水利水电工程建设中的围堰施工要点分析

水利水电工程建设中的围堰施工要点主要表现为：（1）围堰施工准备要点。围堰施工的出口窄，施工过程干扰比较大，工期比较短，所以就对施工队伍提出了很高的要求，并且施工前的准备工作也一定要相当充分。为了保证堰体工程的整体质量，尽快填至设计高程，帮助出口段的施工顺利；选择建筑材料时要十分谨慎，在开工之前要保证各种材料及时到位，提前选入黏土料和堰体土石料等；（2）围堰基坑排水施工要点分析。围堰基坑排水主要包括以下两大部分内容，即：围堰基坑的一次性排水以及围堰形成之后基坑的经常性排水；其中围堰形成之后的基坑经常性排水又分为了基坑经常性排水和围堰内侧的基坑一次性排水。围堰基坑的一次性排水，待堰体填筑形成后，基坑内排水工作开始执行，其中所排水类型主要有渗透水、内积水以及施工废弃水。基坑内经常性排水，此部分所排水主要包括了施工废弃水、渗透水以及天然降水等；（3）围堰连接施工要点。水利水电工程建设中的防洪墙围之间的连接情况，将会对水利水电工程的正常施工带来重大影响，所以相关施工单位管理部门就需要对施工过程中围堰防汛相互之间的连接给予高度的重视。在对围堰进行施工之前，首先需要相关工作人员能够对施工现场周围环境进行一个全面的考查。另外，在连接过程中要实时的检查连接情况，做到问题的及时发现；一旦出现了连接问题，则需要立即进行填充黏土袋或沙包等操作；如果在水利施工过后中的挖掘作业中出现了大量的河沙已经严重制约到工程进度正常进行的，同样需要及时地采取有效策略进行处理；（4）围堰拆除施工要点。水利水电工程建设完成后，需要进行围堰拆除工作，要借助水泵的作用向围堰周围区域注入充足的水，通常情况下都是以围堰内外水位达到一致为标准，该水位一般都维持在 6m～9m。在拆除过程中，需要施工单位能够结合相应的工程投标文件，对施工现场进行勘察，其次，工作人员还需要沿着导流洞的方向进行退挖出渣，并将其运输到弃渣场，并做好后期清理工作。

（三）水利水电工程建设中的围堰施工策略

1. 科学编制围堰施工方案

围堰施工方案编制需要结合岩土工程勘察结果，对比施工图纸，并对施工现场环境进行实地考察，对各施工要求做到心中有数，对于不合理的部分要进行适当的调整，保证可以为施工作业提供正确指导。施工方案设计是否合理，在很大程度上影响了整个水利水电工程的安全性与稳定性。一般在确定施工方案无问题后，需要在围堰顶端设置观测点，保证各观测点间距一致性，并定期做好观测工作。根据观测到内容的实际情况，分析围堰结构搭设效果，必要时还需要配备挖掘机等大型设备对周边区域进行处理。

2. 合理设置围堰平面

围堰施工时的围堰搭设要做好各项因素的综合分析，结合工程施工方案设计要求，以及水利水电工程整体构造，来对围堰施工方案内容进行适当调整，保证施工活动可以顺利进行。为便于围堰内排水作业的开展，以及各项交通运输和材料堆放要求，要求围堰结构主体应与基坑保持 20m～30m 间距。并在基坑开挖时，根据工程施工点地质环境，来确定边坡大小。

3. 严格围堰施工质量控制

为了确保水利水电工程围堰搭设质量，需要严格按照专业流程来进行，不得随意更改工序。即测量放线、护坡木桩设置、人工堆码袋装黏土、铺设彩条布、钢板桩支护与填充堰体、清除淤泥。第一，测量放线。施工前建立相应测量控制点与施工标志，确定堰体施工轴线，对施工方向和堰体砌筑范围进行控制，提高堰体断面砌筑准确性。第二，设置护坡木桩。围堰搭设时，其底部位于水中较深淤泥中，为避免其出现滑斜情况，需要在堰体两侧设置护坡木桩，提高结构稳定性。第三，人工堆码袋装黏土。选择黏土或黄土，组织人工装袋，装填为编织袋容量 1/2 ~ 1/3 后，用铁丝或者细麻缝合，平放后上下左右错缝在一起，利用木杆钩工具将水中土袋放置到位并逐渐增加到设计高度。

4.加强围堰结构的细节处理

针对水利水电工程围堰结构防渗漏、防冲击与接头进行处理，最大限度上来发挥围堰结构所具有的功能。在针对围堰防渗漏施工时，需要遵循前中后施工原则，在围堰开始搭设时，就要对其进行防渗漏检测，及时对存在渗漏隐患的部分进行处理。在针对防冲击处理时，要分析建设环境水流特点，因为水利水电工程建设周期比较长，围堰受水流冲击影响大，要着重分析进度因素，通过合理布置来提高围堰结构性能。

水利水电工程建设中的围堰作用是防止水利水电工程在施工过程中受到水的干扰，在水利水电工程周围设置一个临时护栏，对水利水电工程施工进行有效保护。并且合理的围堰施工及其措施能够有效提高围堰建筑的稳定性以及安全性，从而对水利工程施工进行全面保护，有效提高了水利水电工程施工质量。

二、基坑排水

地下水位要低一些，因此容易出现渗水、基坑降雨积水等问题，给水利水电工程建设造成很多问题。解决好上述问题，基坑的排水工作是一项非常重要的工作。

（一）基坑排水分类

在水利水电工程中，基坑排水工作占据着十分重要的地位，基坑排水工作的施工质量事关整个水利水电工程的施工质量和施工进度。水利水电工程基坑排水工程可以依据排水工作的施工进度和排水时间分为两种类型：①在建基面开挖之前对基坑进行排水。这种排水方式既要排出基坑的积水，还要采取有效的手段把基坑周边出现渗水的地方进行堵漏、防渗处理，以保证水利水电工程的基坑满足于地施工要求，从而保证水利水电工程的施工质量；②在基坑开挖过程中或是在建筑物施工过程中对基坑进行排水。这种排水方式时常是在水利水电工程施工过程中，施工人员要对基坑内积水进行排除，防止基坑内积水或水位上涨影响施工。

（二）基坑排水技术的工作重点

基坑开挖工作是水利水电工程施工的重要环节，及时经常的排水可以保证水利水电工程的施工质量和施工进度，消除基坑施工中存在的安全隐患，有效提高基坑施工的速度和质量。

1. 基坑排水的作用及目的

对基坑排水进行合理的应用，能够有效保障水利水电工程整体的施工质量，在基坑开挖的工程中，应合理的利用各种开挖技术，做好相应的基坑排水工作，以保证在基坑开挖过程中，最大限度地降低可能存在的安全风险因素，从而使基坑开挖工作能够顺利地进行，使水利水电工程的整体施工质量得到有效的保障和提升。基坑排水工作是水利水电工程施工重要的施工项目，通过基坑排水，能够有效地排除基坑中的各种积水，可以给基坑开挖创造一个良好的环境，合理应用基坑排水技术，可以提升基坑工程的施工质量，从而提升整个水利水电工程的建设质量。积水容易出现软化效应，会对基坑建基面质量造成一定影响，针对这一问题，需要对基坑进行有效的排水处理，从而使得基坑工程建设更具安全性与稳定性。在水利水电工程施工中，通过基坑排水，可以将基坑内的积水、雨水以及渗出的地下水彻底排除，避免因水的软化作用降低基坑工程的稳定性，从而保证基坑处于一个相对干燥的施工环境中进行。

2. 基坑的初期排水

在水利水电工程施工过程中，施工人员通常采用在围堰合龙闭气之后排除基坑内部的积水与雨水，从而保证水利水电工程的基坑开挖施工在一个干燥的环境下进行，这一施工措施被称作初期排水。基坑初期排水的效果将直接影响到基坑工程施工的整体质量，如果初期排水效果好，基坑施工将会在一个良好的环境中进行，因此，基坑排水处理工作要做在最前面，排水的时间一定要在围堰合龙闭气之后。

3. 排水量的组成及计算

基坑工程初期排水，首先要求计算排水量，详细了解排水量的组成并计算出总排水量；同时，要有效掌控水位的降落速度以及排水时间等问题，这些工作能够保证基坑排水工作更加顺利地进行。

对于经常性排水，需对围堰渗水量进行计算，并要清楚的了解排水量的组成。对基础设计过程中所产生的渗水量进行全面的计算，根据计算结果，可以得出覆盖层所具有的含水量以及排水施工中所产生的降水量，这样即可得到整个工程的弃水量。分析基坑工程排水量的组成的过程中，必须严格的关注降水量，以日最大降水量作为重要参照依据，以保障在基坑建设过程中，弃水量和降水量不会出现重复计算的问题，导致降水量计算不准确。对基坑的渗水量进行合理的计算，必须严格按照围堰的组成形式和防渗所采用的方法等因素，这样才能得到具体的排水量的组成部分。

4. 水位降落速度及排水时间

如果是土质围堰或覆盖层边坡，水利水电工程的基坑水位下降速度一定要控制在允许的范围之内。通常刚刚开始时的排水降速为 $0.5 \sim 0.8\text{m/d}$，到达临近全部排干时，排水降速可以到达 $1.0 \sim 1.5\text{m/d}$。对于其他形式的围堰基坑，水位降速通常并不是主要的控制因素。如果是混凝土围堰和有防渗墙的土石过水围堰，如果河槽的退水速度较快，而水泵的降水能力不能有效适应降低基坑水位的要求时，围堰可能被其产生的反向水压力差破坏，此时，需要经过技术经济论证，来决定是否需要设置退水闸或逆止阀来矫正这一现象。综合考虑基坑工程工期的时间紧迫程度、基坑工程水位允许下降的速度、各期抽水设备的情况和相应的用电负荷的均匀性等问题，综合确定合理的排水时间。

5. 排水方式

排水方式主要有明沟排水和人工降低地下水位两种方式。明沟排水一般用于渗透系数较大的有砂卵石覆盖面地基中。人工降低地下水位主要由管井排水法、喷射井点法等施工方法组成。在实际工作中，施工人员通过对当地的地质条件、基坑开挖深度等情况进行全面的分析，然后选取合适的排水方法进行基坑施工。

6. 排水设备的选择

（1）泵型的选择。由于离心式水泵可作为排水设备，又可作为供水设备，因此，在水利水电工程经常采用。离心式水泵的特点是结构简单，运行可靠，维修简便。离心式水泵有很多种类型，SA 型单级双吸清水泵和 S 型单级双吸离心泵这两种型号的水泵在水利水电工程中应用最多，特别是在采用明沟排水的排水方式中更为常用。通常，在初期排水时需选择容量大水头低的水泵；在降低地下水位时，宜选用容量小水头中高的水泵，在将基坑中的积水排出基坑围堰外的泵站中，则需选择容量大水头中高的水泵。

（2）水泵台数的确定。初步选定水泵型号后，根据水泵所承担的排水流量的大小来确定水泵的台数。备用水泵容量的大小，应不小于泵站中最大的水泵容量。

（三）基坑排水工作中应注意的问题

基坑排水工作中需要注意的问题包括以下三方面的内容：①对于最为常见的开沟排水基坑排水方式，对排水沟进行开挖时，应注意沟渠的布置尽量避免对工程施工造成干扰；同时，排水沟截面的选择应根据渗水量确定，并且应保持一定的纵坡坡度，以便进行集中渗水；②对于管井抽水设备的选择，不能盲目随意挑选，应在建成集水井之后，根据抽水试验的结果进行合理选择，通常选择流量小、扬程高的水泵，这样便于有效控制抽水量和流速，避免流砂现象的发生。为避免损坏过滤器的缠丝，在集水井正常抽水工程中，必须保证水位降低的高度不能低过第一个取水层的过滤器；③为防止经水泵排出基坑的积水再次回流到基坑，造成反复抽水，应将积水引导到远离基坑的地方，并且要保持排水沟的排水能力畅通无阻，还需要安排专门的工作人员对排水沟进行定期维护和清理。另外，需根据含水层的土质、泥浆使用等情况来确定对抽水井的清理方式。对于成孔时间较长、泥浆消耗量较大的井，可采用活塞、提桶、水泵、空压机等联合洗井方式，以提高洗井的速度，从而保障基坑排水工作更好地进行。

（四）水利水电工程中的基坑排水技术综合应用

在水利水电工程中，有多种基坑排水技术可供选择，这些排水技术应用的目的就是为了提高基坑排水工作的工作进度与施工质量。在基坑挖掘工作进行前，需要对地下水含量做出调查，保证基坑挖掘工作顺利进行，在保证施工进度的基础上，提高施工排水效率，在工作过程中将施工重点进行贯彻。

1. 明沟排水

明沟排水是在基坑排水工作中的常用技术，具有较高的工作效率，排水过程中也不会浪费过多的施工成本。但是该技术的使用对地形有所要求，需要充分利用水利工程中的地形条件挖掘明沟，基坑积水经由明沟集中汇流在水井之中，然后使用水泵抽干基坑内部积水，确保深基坑的排水效果。应用明沟排水技术之前，需要做好排水准备工作，目的是将基坑的排水效果进行清晰划分，在条件便利时，保证施工阶段的排水工作达到最好的效果。

（1）利用地势进行排水工作，在地质条件允许的情况下，利用在高地势的地方建立沟渠，让积水顺势流入水井当中。

（2）如果施工地点的地质环境较差，就需要增加排水沟的挖掘深度，在地形等高线的位置挖掘排水沟，保证引流效果。

（3）结合施工环境，设计排水设施。在地质条件良好的施工地点，可以减少排水设施的使用，降低排水工作量，保证施工过程中的施工进度，提高建筑效率。

2. 人工降低水位

对于渗水系数较高的施工地点，需要采用人工降低水位的方式进行深基坑排水，也就是应用井管排水法，完成排水作业流程。在进行排水工作时，在基坑周围开凿井口，之后抽出井口内部积水。施工操作时需要注意井管的放置方式，做好井管固定工作。当排水完毕后，将管口清洗处理。另外对井馆进行连接固定时，需要保证管口的垂直度，避免在连接过程中产生管口脱节的现象。

基坑排水是水利水电工程项目建设中的最为重要环节，是保证基坑施工质量、施工进度、工程安全稳定的基础。因此，贯穿整个基坑开挖前期到开挖完成的全过程，再到基坑主体工程施工全部完成的整个施工周期过程中，都应认真做好基坑工程的排水工作。基坑排水工程排水方法的选择要切实根据基坑建设所处的不同的地质条件和水文情况，采取相应的排水方法，以确保基坑排水的有效性和高效性，从而保证整个基坑工程施工的安全性和稳定性。

第四章　砌体工程施工

第一节　脚手架

一、脚手架施工的概念及理论基础

（一）脚手架概念

脚手架是确保在施工的进程当中使得施工作业能够顺畅地进行下去而构建的施工平台。根据构建的方式不同可分成外部脚手架、内部脚手架；依照建材的种类能够分成木质脚手架、竹质脚手架以及钢质脚手架；依照形状种类分成立杆式脚手架、桥式脚手架、门式脚手架、悬吊式脚手架、挂式脚手架、挑式脚手架、爬式脚手架。

在 20 世纪的 80 年代初期，由于国内对于脚手架的认识和研究并不多，因此这一阶段主要是学习和引进外国先进地区的脚手架形式，主要有门式脚手架和碗扣式脚手架等几种类型。最先使用和普及的就是门式脚手架，门式脚手架在我国的许多工程中都得到广泛的应用，但是由于门式脚手架在施工中存在太多的安全隐患，从而造成门式脚手架逐步被市场淘汰。在中国开设的许多门式脚手架出产厂商，大多数的产品是根据外商的图纸进行模仿和加工的。随着门式脚手架的淘汰，新型的碗扣式脚手架逐步地发展起来，但是碗扣式的脚手架虽然受到学者的认可，但是在市场中的使用范围并不是很高，只有少数工业工程采用这种脚手架体系。进入 90 世纪，国外的各种先进的理论和脚手架体系不断的传入到我国，我国根据国外的实例，参考学习制作了各种新型的脚手架形式，比如插销式的脚手架、爬架、附着式脚手架、等等。截至 2017 年，我国能够自主研发和生产脚手架的厂家已经达到上万个，各个城市基本上都有脚手架的生产和加工单位。

从科技上而言，国内的脚手架厂商已拥有生产多种用途的脚手架的生产实力。但是中国的市场还没有办法形成成熟的脚手架市场，施工单位对于构造新颖的脚手架整体上的了解和认知较为欠缺。伴随国内诸多的新型的复杂大跨度结构形式的出现，扣件式钢管脚手架也已经慢慢地不再适应这种结构形式的需求，需要研发新型的脚手架形式。因此如何研发适用于复杂、超高层建筑体系的脚手架成为我国当下最主要的任务。实际情况表明，如果采用可靠性强的新型脚手架体系不仅可以增加脚手架的安全性能，还可以缩短施工周期，降低施工材料的使用量，并且脚手架拆卸的效率提升至两倍以上，施工的前期成本显著降低，施工的场地清洁、干净。

（二）施工高度

脚手架的搭设存在一定的高度要求：

第一，当搭设高度的范围在 25 ～ 50 米的时候，必须对脚手架的整体稳定能力在构造层面上进行强化，比如对于纵向剪刀撑应当连续的设置，同时必须强化横向剪刀撑的配置，对于连墙件的强度也有进一步的提交，连墙件不能再按照以往三步三跨的要求，而应当尽量的缩小间距。

第二，当脚手架的搭设高度大于 50m 的时候，必须考虑竖向荷载的影响，可以采用双立杆或者分段卸荷的方式进行施工，在脚手架全高度范围内，用钢丝绳将脚手架和主体结构进行可靠有效的拉结，进而将脚手架承担的一部分荷载顺利的传递到主体结构上面。如果采用分段进行搭设的方式，那么脚手架所承担的荷载就会逐段的被施加到各种悬挑结构中去。

（三）安全管理

建筑施工的安全问题是指：在建筑施工的过程中，由于施工人员或施工管理人员对施工现场的安全生产环境或问题不够重视，再加上施工现场本身所要求的露天高空作业较多，且多个工种的施工工人同时作业，造成人员的流动性大，因此常常会造成物体打击、坍塌、中毒、高空坠物以及触电等现场安全事故的发生。管理工作的一个重要组成内容就是安全生产的管理，它也是安全科学方面的一个十分重要的分支。安全生产管理，即对工人们在生产过程中的安全问题进行管理。安全生产管理需要我们整合有效的资源，依靠我们的智慧和不懈的努力来进行管理活动的计划、决策、组织安排和控制等，进而保证在生产过程中工人和物料、机械设备和环境的安全和和谐。生产安全就是要尽量地减少和控制住生产过程中事故的发生，尽可能地避免生产过程中因为生产事故而造成的经济损失、人身伤害、环境污染等其他方面的损失。

施工企业的有关人员是安全管理的主要对象，这些主要对象涉及施工企业全部的相关人员、物料与机械、财务与信息等各方面。安全生产管理的内容主要包括以下几个：责任制的建立、管理机构和管理成员、安全生产的有关规章和制度、培训教育以及安全生产的档案、安全生产的策划等方面。

（四）脚手架分类

1. 扣件式

优点：

（1）承载的实力较强。当脚手架几何结构和尺寸符合相关的规范要求的时候，一般的状况之下，脚手架的单管立柱的负荷能力能够达到15kN到35kN（1.5tf～3.5tf，设计值）。

（2）拆卸简便，构建灵活。因为钢管的长短容易调节，扣件的衔接简单，所以能够适合多种平面、立面的建筑和构筑使用脚手架。

（3）较为经济，加工简单，前期的投入费用低廉；若精确的设计脚手架几何结构，提升钢管的周转运用率，则建材的使用也能够获得优异的经济成果。扣件钢管架折合每平方米建筑的钢材使用量大体上是15公斤。

缺点：

（1）扣件（尤其是螺杆）丢失情况较多；

螺栓的拧紧扭力矩不能够小于40N•m，且不能够大于65N•m；

（2）节点处杆件之间是使用偏心相互连接，依靠着抗滑力传递荷载还有内力，故降低他的载荷能力；

（3）扣件节点的衔接品质受到扣件自身的品质与作业人员操作的影响明显。

适应性：

（1）搭建多种类型的脚手架、模板与其他的支撑框架；

（2）搭建井字架；

（3）构建坡道、防护棚、看台还有其余临时建筑；

（4）作其他脚手架的附件，增强杆件。

搭设规范：

钢管扣件的脚手架在构筑的时候对于地基的要求较高，需求平坦硬实，加装底座和垫板，要设置顺畅的排水路径，预防废水湮没整体的地基。根据连墙杆的搭建情况还有所承受载荷能力的多少进行选择。准许的修建高度要达到24m。纵向的水平杆要修建在立杆内部，且长度大小不能小于3跨，纵向的水平杆能够使用对接的扣件，也能够使用互相搭接的方式。若使用对接的扣件方式，则对接的扣件要互相的交错排列；像使用搭接相互衔接，搭接的长度尺寸不能够小于1m，且要等间距安排3个旋转扣件进行持久的稳定。脚手架的主要节点（也就是立杆、纵向的水平杆、横向的水平杆，三个杆相互依靠的扣接点）处必定要衔接一根横向的水平杆并且使用直角扣件扣接而且禁止拆卸。主节点处的两个直角扣件之间相互的中心距离不能够超出150mm。在双排的脚手架之中，横向的水平杆靠着墙一处的延伸长度尺寸不能够超出立杆横距的0.4倍，并且不能够超出500mm；作业施工层上非主节点处横向的水平杆，要按照支承脚手板的需求来进行距离的安排，最大的距离不能够超出纵距的1/2。工程当中的作业施工层的脚手板需求铺满、铺平稳，并且要远离墙面的距离要能够达到120～150mm；狭长形的脚手板，例如冲压钢的脚手板、木脚手板、竹串片脚手板等等之类的脚手板，要安置在三根横向的水平杆件之上。当脚手板的长度大小低于2m的时候，能够运用两根横向的水平杆来采取支承，但是要把脚手板的两端还有其采取可靠的稳定加固，防止翻到。宽型竹笆脚手板要依据他的主竹筋垂直于纵向水平杆方向来采取构建，互相之间要能够对接平铺，四个角要使用镀锌钢丝稳固在纵向的水平杆之上。每一根立杆的底部要构建底座或者垫板。

2. 门式钢管

优点：

（1）门式钢管脚手架其几何结构趋向指标化。

（2）搭建的构造适宜，承受能力较强，充足的运用钢材的强度承受能力，承载实力较高。

（3）施工当中安装拆卸比较的容易、构建的速度较快，省时省力、安全性能较强。

缺点：

（1）部件的尺寸没有一定的灵活性，结构的尺寸的任意改变都需求更换另一种型号的门架和配件。

（2）交叉支撑在中铰点处容易产生断裂。

（3）定型脚手板的重量超出承载能力。

（4）价格较为昂贵。

适应性：

（1）构建定型脚手架。

（2）作梁、板构架的支撑架构（承受竖向的载荷）。

（3）建立活动的工作平台。

搭设规范：

（1）门式脚手架其基本的底面必定要经过大力的夯实，要设置通畅的排水坡，预防积水湮没地基。

（2）门式脚手架的构建的流程是：基本的筹备→放置垫板→放置底座→竖两单片门架→设置交叉杆→搭建脚手板→且由此为基本反复的安装门架、交叉杆、脚手板工序。

（3）门式钢管脚的手架要从一端起始，向另一端进行构建，上步脚手架要在下步脚手架建设完成之后采取下一步搭建。构建的方向和下步相反。

（4）每步脚手架的构建，必须要先在端点的底座上安插上两榀门架，且要立即加装交叉杆进行稳固，锁好锁片，随后构建之后的门架，每搭一榀，立即加装交叉杆与锁片。

（5）脚手架要安设和建筑物相互依靠的衔接。

（6）门扣式的钢管脚手架的外部要安设剪刀撑，竖向与纵向都要连续的进行安设。

3. 碗扣式

优点：

（1）多功能：可以按照详细的作业要求，形成各种不同型号，不同规格的网架尺寸，这种外形上面可以承受双面的受力，既可以承受竖向的压力，还可以抵抗横向的风力。在使用范围方面也比较广阔，能够用在构建施工棚、料棚、灯塔等建筑物。尤其适宜构建曲面脚手架与重载支撑架。

（2）高功效：常用的杆件当中最长的是 3130mm，重达 17.07kg。整架安装拆卸速率比一般的快 3 ~ 5 倍，安装拆卸迅速省时，作业人员使用一把铁锤就能够完成整体的搭建拆卸，规避螺栓操作带来的许多的不方便。

（3）通用性强：主构件全部使用一般的扣件式钢管脚手架之钢管，能够用扣件同一般的钢管相互衔接，实用性较强。

（4）承载力强：由于其连接的方式是同轴心承插，因此在横杆与立杆的连接方式采用碗扣相互接触，接头有着稳定的抗弯、抗剪、抗扭力学能力。且各杆件轴心线汇聚一点，节点在框架平面之内，因此构造稳固可靠，承载能力较强（整架承载力提升，约比同等状况的扣件式钢管脚手架提升 15% 以上）。

（5）更高的安全性能：在进行接头设计的时候，由于将碗扣施加于立杆上面的摩擦和荷载进行考虑，从而生产处具有自锁能力的接头。这种接头形式能够将横杆中的荷载途径碗口输送到立杆上面去，同时下面的碗口也具有很强的抗剪切能力，其最大的剪切力可以达到 199kN。上碗扣虽然无法紧压，横杆的接头也没有办法脱出而产生不必要的事故。与此同时要安放有安全网支架，间横杆，脚手板，挡脚板，架梯。

（6）容易加工：主构件使用 $\Phi 48 \times 3.5$、Q235B 焊接钢管，构造的技艺简便，加工成本合适，可以在对以前使用的各种扣件脚手架进行改造加工即可，加工工序简单。

（7）不容易损失：此脚手架没有零散容易损失的扣件，将构件损失降低至最小的水平。

（8）维修较少：此脚手架的部件取消螺栓衔接，构件通过摩擦，普通的锈蚀不会干扰安装拆卸施工，不需求独特的维护、保养。

（9）容易掌控：部件系列指标化，部件的外表涂橘黄色。部件码放规整，容易场地建材的治理，达到文明施工的要求。

（10）容易运送：这种脚手架形式部件的长度和重量一般很轻，因此在传送的过程中更加的方便快捷。

缺点：

（1）横杆是多种尺寸的定型杆，立杆上的碗扣节点根据 0.6m 间距排列，使得构架尺寸被限制。

（2）U 形连接销易丢。

（3）价格昂贵。

适应性：

（1）构筑多种外形的脚手架、模板与其他的支撑架。

（2）安装井字架。

（3）搭建坡道、工棚、看台还有其余的临时构筑物。

（4）建造强力的组合支撑柱。

（5）构筑的承受横向力效用的支撑架。

（五）脚手架事故分类

1.脚手架安全事故分类

按照上述对于近年来国内的脚手架事件的案例解析，把脚手架的安全事故主要分成以下两大类：脚手架倾翻事故与脚手架掉落事故。脚手架倾翻事故按照倾翻的严重水平又分成脚手架总体的失稳倾翻事故与脚手架的局部坍塌事故；脚手架高处掉落事故按照坠落目标能够分成脚手架搭拆作业人员高处掉落与脚手架上施工人员高处掉落的事故。

2.脚手架坍塌事故

（1）脚手架坍塌事故定义

倾翻垮塌的事故指的是物体在外力与重力的共同效用之下，超出本身的极限而导致的损坏，构造平稳失衡掉落而导致的物体高处的掉落、物体的撞击、挤压损伤及窒息事故。此类事故由于掉落物的自重较大，掉落的范围较大，通常受伤的人员较多，后果较为严重，成为重大的人员伤亡安全事故。脚手架垮塌事故指的是在外来荷载还有自重的效用之下，脚手架的中心转移，总体的失稳而产生的坍塌。

（2）脚手架坍塌事故分类

脚手架的垮塌事故是脚手架安全隐患的首要事故，按照脚手架垮塌的破坏原理与水平分成脚手架总体的失稳垮塌事故以及脚手架部分坍塌事故。脚手架总体失稳垮塌事故又能够按照垮塌的方式分成：脚手架整架平面外丢失平衡而倾翻倒塌，脚手架整架的失去平衡而垂直垮塌；脚手架部分坍塌事故能够分成：脚手架部分单元架体平面失去平衡倾翻，脚手架部分单元架体失去平衡垂直坍塌。

3.脚手架高处坠落事故

（1）脚手架高处坠落事故定义

高处掉落指的是在高处施工当中产生掉落导致的安全事故，高处施工指的是所有在掉落高度基准面2米之上（含2米）或许会掉落的高处采取施工。脚手架高处掉落事故指的是在脚手架上实行施工的人员高处掉落伤亡或者脚手架上的人员、物品从高处掉落，导致脚手架周围区域的人员伤亡、财物损伤的高处掉落安全事故。

（2）脚手架高处坠落事故分类

脚手架的倾翻事故通常导致脚手架上的作业人员与物品的掉落，导致脚手架上的人员伤亡或者地面人员的损害、财物流失，所以脚手架的倾翻事故的后果常表现在脚手架高处掉落的事故后果表象。

稳重指的脚手架高处掉落事故包含两类：一指的是在脚手架安装、拆卸进程当中，因为架工没有根据技术章程安拆施工，或者作业时的安全预防不到位而形成的高处掉落事故；二指的是在脚手架总体的结构牢固安全的状况之下，因为脚手架上施工人员粗心大意、运作不当，或者脚手架上缺少安全预防设备和防护设备不合格，导致脚手架上施工人员、建材物品从脚手架上掉落所导致的伤亡损害状况。

二、脚手架事故原因

（一）脚手架原材料方面的原因

1. 脚手架产品存在质量缺陷

钢管是制作脚手架的主要材料在中国国内的建筑工程中，钢管脚手架有一种扣件式的，这样的款式有周转的次数较多和方便拆卸等优势，已经是国内建筑行业中主要的应用。这种钢管脚手架一般是由立杆、横杆、剪刀撑、水平杆、连墙件、扣件等部件组成。

因此钢管的生产与扣件的生产作为脚手架的主要生产材料。因此我国的各种规范和条例都对钢管脚手架中的构建和钢管的选材有严格的规定。具体有以下要求：产品的合格关于脚手架的规定：碳素钢必须是脚手架的钢管材料，达到GB700-88《碳素结构钢》（GB/T700）中8235-A级钢的国家标准要求。关于钢材的材质报告是生产的公司备案需提供的。钢管质量要时刻关注，不定期抽测，主要在这些方面去检验：抗拉扯力度、弯曲程度、截断后的长度概率、外观的质量、外径、质量、厚度、端面差度之类的。

国内很多生产厂家因为要减少成本和提高竞争力在脚手架的生产过程中所用的钢材未达到Q235-A钢的标准；还有的因为偷工减料脚手架的重量壁厚程度与半径与钢管的力学性能均未达到要求。那么正是由于这些在生产中就不合格的产品大量的出厂，导致这个建筑工程中到处都是不合格产品，脚手架才会危险性越来越高。

2. 脚手架材料进场报验制度未建立

关于脚手架相关材料的选择问题在《建筑施工扣件式钢管脚手架安全技术规范》（JGJ130-2001）中有明确的说明。结构件进入场地都有查验的环节，所以像《规范》应有新钢管方面的查验环节，有以下的规定：

（1）相关产品的质量合格证应持有；

（2）持有必要的质量验检报告，（GB/T228）《金属拉伸试验方法》上的国家规定应是钢管材料的验检标准；

（3）关于钢管的表面需要保证光滑平顺与笔直，不能出现裂缝、有分层、有疤印、有毛刺、划痕严重和深的压痕；

（4）国家规定的钢管的壁厚均匀程度，半径和端面的标准应满足；

（5）防锈漆必须在钢管的外表。

以下是有关旧钢管的检验规定：

（1）外表锈红侵蚀的深度应低于0.5mm。这样的规定应该是每年一次。在检验过程时我们应该在这些旧钢管中选取锈蚀的严重的，在严重的锈蚀钢管中随机抽取三个，取截断的横向的部位检测，如果不符合条件就必须放弃使用。

（2）在钢管变形弯曲的方面应有合理的规范要求：每一个钢管杠件的两端面要低于5mm，钢管立杆的弯曲低于20mm，斜杆和水平杆的弯曲程度低于30mm；

关于验收扣件方面要有以下要求：

（1）新的扣件必须具有厂家的生产许可证和相关的法定检验部门的检验报告以及质量的合格证书；

（2）出现缝隙的，有变形的旧扣件必须放弃使用，我们在使用旧的扣件时一定要检查。像有问题的螺丝必须更换。

（3）防锈这一方面无论新旧扣件都要有。

3. 锈蚀的危害与防护

脚手架扣件与钢管是在建筑工地上不断地重复的拆卸并且在露天环境中长期经受着天气的多变的侵蚀，在这样的过程中有可能出现管壁变薄刚度强度等会降低。扣件也会出现缝隙变形和螺栓的上锈和磨损滑丝这样的严重的安全问题，严重将扣件的连接性和强度降低。因此表面锈蚀深度、弯曲变形程度在旧钢管的利用前必须检查好；出现缝隙的，有变形的旧扣件必须放弃使用，我们在使用旧的扣件时一定要检查。像有问题的螺丝必须更换。有时某一些脚手架租赁公司并没有建立定期检查维修的规定，也没有对脚手架分部件开展相关的抽检、维护和维修活动，甚至有的单位明明发现脚手架质量存在问题，但是仍然继续的租赁和使用，没人发现就行的危险思想在单位中普遍存在，对破损的脚手架不维修不更换，继续使用这样的脚手架，这样的心理这样的行为就给脚手架事故的发生增加了大大的概率。因为经过大量的脚手架事故的发生的案件的分析，我们发现往往这些事故产生的原因都是由于局部的不合格的钢管以及旧的不维修的扣件没有了连接性和强度不足所引发的。

（二）脚手架的安全质量与脚手架设计计算的关系

在工程实际中，脚手架的设计占有十分重要的地位和作用，它无论是支架系统的模板支撑还是当作外围护架来用于工地外围，都需要对脚手架的相关布置问题进行具体的设计和计算。在对钢管扣件式脚手架进行应用和设计的时候，还需要考虑钢管扣件式脚手架的稳定性、钢管本身的刚度以及横向水平杆件的强度等，还有和墙体的链接的稳定性和扣件抗滑移的能力，也要计算脚手架的基础承受能力。对于悬挑脚手架而言，需要考虑脚手架的拉绳受力情况，脚手架基座的承载能力，脚手架具体的搭设高度和强度，因为不同的工程对于脚手架的要求不同，脚手架对于工程的针对性也不同，所以在进行脚手架相关计算的时候必须结合具体的工程实际情况进行设计，在进行搭设计算的时候，必须充分考虑工程本身的荷载以及本地区各种风荷载等自然荷载的影响。比如当地风压值的大小就读脚手架横向水平力的计算产生很大的影响，只有根据工程实际情况才能设计出安全可靠的脚手架搭设体系。但是当前很多工程都照着其他工程项目的构造设计和计算数据或者以前的常规经验来编制脚手架的设计计算书往往屡见不鲜，这种偷懒的方法由于没有按照工程特点和实际工作状况来进行的设计与验算，因此产生设计方案中脚手架的受力形式和范围与实际的并不相符。比如对于脚手架在施工过程中所受的荷载的估计不足，没有考虑过在施工期间天气出现大风或者台风，使脚手架的荷载变大；或者因为对脚手架的排水设计不足，当施工使用脚手架时遇到大雨甚至暴雨的时候，那么就会脚手架的基座地面就会积水下陷，造成脚手架基础不均匀。不同的地域，不同的时间，对于脚手架的影响不同，还有许多不可控的附加的不利因素对于脚手架的影响，这样就会使脚手架的整体不稳定或者造成脚手架的局部单元受损，从而变成整体的坍塌变形，从而整体不稳定造成严重后果。还有钢管和扣件搭设的脚手架一直是国内各个工程施工所常用的，用钢管和搭件设计的脚手架作为模板支架来做现浇混凝土楼板结构的模板时，对脚手架模板支撑的强度和稳定性是需要精确计算的，虽然国内工程也进行计算但是大部分都不够准确，大都凭借经验或者其他工程计算成果进行采用。这种方式对于小型的建筑项目也许可用，但是当遇到大型、复杂的工程项目的使用，在进行具体的设计时需要严格地按照模板的相关要求进行选择数值和设计，这样得出的设计方案才有针对性和参考性，否则生搬硬套只会使得方案更加的不合理。因为经验和以前的工程和现工程不同，脚手架的设计也不同，这种省力的后果就是造成脚手架模板支架的设计内力分析与实际受力情况不符合。这种计算和设计上的缺失和错误在平时是不会显示出来的，但是当计算设计问题遇上材料的质量问题时，这种缺陷将会是致命的，比如当脚手架的钢管材料存在缺陷时或者当钢管与扣件由于多次重复或者长时间使用而发生变形，生锈，管壁变薄，截面缺失，端面不平时，或者当扣件裂缝、破碎时，或者螺栓磨损时等等因为材料而产生的不利因素时，就有可能暴露出本计算和设计的问题，那时的结果可能是毁灭性的。

（三）脚手架施工管理方面的原因

1. 工作人员素质技术不合格

缺少相关的安全培训和素质差是脚手架的相关工作人员的主要原因。我国劳动法上有关于架子工的具体要求，要求我国的架子工的基本文化水平应该是初中文化，但是经普查我国的建筑行业的人员其中百分之六十以上都是农民工，并且有一半以上的人没有参加过岗前培训或者岗前培训的根本没深入人心，因此他们缺少安全技能和安全意识。

2. 施工单位的安全制度不合格

建筑的施工现场环境恶劣，主要是施工单位的安全制度不合格与施行不严格。在现场往往我们抽查时会遇到作业的工人在单位没有安全技术书面留档，工作技术不过关。例如脚手架有时整体性的塌掉是由于一是基础没有垒实，二是应连续铺设的立杆垫板没有铺设，三是工程结构的连接点没有符合技术安全规范。还有的坍塌事故是由于在设置剪力撑或者连墙件的设置时工人出现错误导致失衡。还有的导致工作人员高空坠落这样的事故，一是由于脚手板没有铺满作业层，二是由于安全网的缺失，三是其他安全措施缺少。总结下来导致工作人员的高空坠落和坍塌事件的发生主要原因有：不规范搭建脚手架，安全防护措施缺少，架子工个人技术能力不过关以及其的其他违章作业行为，还有单位的安全管理不到位等原因。

3.脚手架专项施工专业性差与技术交底未落实

专项施工方案要根据施工现场来确定，要有针对的来确定，具体主要包括施工中的环境因素、施工中的方案以及施工中的人员安排、等等，同时要按照国家相关规范和标准的规定来进行防护措施的选择。脚手架施工安全方案应有以下的方面：

（1）首先必须对各种施工的参考依据进行确定。这种参考依据主要包括各种规范文件和指南、图纸以及施工组织设计、等等。

（2）施工工程的具体情况和现场情况。

（3）在方案中必须明确脚手架的基础形式、搭设的间距和范围、搭设的方式以及连接的方法还有各种施工的图纸、等等。

（4）设计计算的目的在于要用落地式的外脚手架来进行搭设，这里面需要确定具体搭设的高度，这种设计的计算内容一般包括：为了确定纵向水平杆和横向水平杆数量的抗滑承载力。为了确保稳定性的立杆计算、连墙件的各种连接强度和稳定性计算；承载力计算是关于立杆地基的。常用敞开式双排脚手架符合构造规定且是规范范围内的构造尺寸也是 50 米以下的，这样的有关杠件就可以不再计算了。但是用立杆地基承载力和连墙件的还要以实际的负荷进行计算的。

应根据《建筑施工高处作业安全技术规范》的规定进行建筑施工高处作业，单位施工工程上应该有专业性的，指导性强的安全技术防护措施关于高处作业方面的方案。像搭设脚手架、施工拆除等危险性较大的高空作业的工程要有完善的安全施工方案。安全施工方案首先必选选择正确的编制和审核人员，编制由施工单位技术负责人、审核主要由施工单位负责人和总监理工程师负责，然后赋予实施。安全施工方案必须要通过施工企业的技术、安全部门和施工项目部的各位员工一起努力才能完成。尤其是施工单位必须高度重视安全施工方案的编制工作，对员工进行先进性培训，让员工的知识能够达到规范更新的要求，让施工时的技术工作者也拥有高处作业技术能力。当前有一些企业项目在建筑工程里施工搭设脚手架和拆除没有制定专门的施工方案，在这之中即使在制定脚手架搭设工程方案，也并没有很全面，没有按照施工现场实情取制定，标准与规范照搬，应付心里，专业指导性不够。同时对于人员的脚手架安全技术的实际情况也是敷衍了事。架子工主要负责拆除与搭设脚手架的，觉得架子工就已经是有资格证的有技术的，不要进行防范安全培训的。就对脚手架上的操作工无视了安全技术的交底工作，又或者交底工作做得不够深入，只是片面地对安全帽等安全设施进行严格的要求，但是对于安全操作人员的具体能力和水平的考核存在很大的不足和缺失，导致了脚手架的工人大多按自己的经验行事，不考虑这样做是否违犯了规范与标准，有时为了自己施工方便将认为障碍的一些类似连墙件、安全护栏以及挡脚板等安全设置拆除，因此才会导致事故的发生。

（四）脚手架施工人员方面的原因

1. 无证上岗违章作业

《中华人民共和国建筑法》在1997年11月10日得到颁布和实施，在这部法律中对建筑施工中的特殊作业人员持证上岗问题进行严格的规定，如果没有特殊作业证件，就没法参加这种工作。在法律文件中专门对架子工的相关要求进行详细的列分，对架子工的证件、架子工的文化程度、架子工的年龄等都有明确的划分。如果这些条件中有一项不符合要求就无法取得架子工操作证书，也就无法从事脚手架的安拆工作。

但是不可否认，当前我国施工队伍中的架子工人员素质是很复杂的，有的架子工水平很高，但是有的则无法胜任，有的有相关的操作证件进行工作，有的没有特殊作业证书的也进行安拆工作。根据相关统计表明，我国建筑业从业的人员中，有三分之二的工作人员及以上都是农民工，还有50%～60%的基数是我们广大的农民工兄弟，他们认为没有必要的岗前培训，认为这种培训完全是浪费时间和金钱。

2. 安全意识淡薄

在工作人员从事脚手架搭设以及在脚手架拆除的时候他们没有按照正常工作程序去佩戴必要的安全帽以及安全带，有些人认为自己的胆子非常大，或者是技术非常熟练，觉得比较麻烦，所以就不戴安全帽和安全带，只认为自己如果小心一点就可以了，或是拆除作业技术规程，和现场的安全技术交底作业。《规范》还有规定：脚手架一定要配合施工的进度搭设，高度有要求不能超过相邻的墙架以上第二部，每次打完之后都应该及时地去校正杆与杆之间的纵距横距还有他的垂直程度在搭设的过程当中，许多人为了省事一次搭设高度超过了要求，并且也不能及时地去校正它的水平度与垂直度会使得脚手架部分严重超出标准或者总体搭设的偏差过大。除此之外，还有规定要我们搭设脚手架的时候，每次隔六跨。在设置的时候一直到连墙件安装稳定后才可以根据当时的情况下来。当整体连墙件构造点的时候搭设的立杆还有纵向的水平杆以及横向的水平高不可以马上撤掉马上设置连墙件，所以在实际搭设的时候，尤其是底层。我们在工作的时候往往会采用抛撑以及支撑还没有连墙件构造点儿或是在安装固定的时候造成整体或是局部的失稳倾覆。

而脚手架的拆除，也要求拆除作业的时候，必须做好一定的准备，由于负责人进行拆除技术交底的时候一定要清除脚手架上面所有的杂物以及地面低障碍物。在具体的实际工作当中，可能由于技术工人没有按照原有的施工计划去实施，或者是脚手架塌的安全技术并没有交底实施。进行拆除前检查时和清除障碍时拆除顺序不当，脚手架也会造成一定的安全损害缺陷，工作的时候可能会发生从高处向下坠落的事故。

在脚手架使用中，发生的脚手架上作业工人高处坠落，坠物事故，主要是在脚手架上工作的人员危险意识太差，对遇到或发生的危险考虑不够，对施工现场的安全防护工作，没做到位，在脚手架上进行工作的时候，例如外墙砌筑和墙体外面装饰的时候就极容易发生设施缺陷。或是脚手架设施不全，但是工作人员们缺少这种必有的安全常识，他们认为这种设施或者这种意识是无关紧要的，也可以有也可以没有，不会像工作人员或者是安全管理人员做出反应。在规定当中要求使用脚手架的时候严禁拆除节点的水平杆，包括横向的，以及纵向的，还有连墙件。但是在实施的过程中施工人员往往工作的不尽如人意，随意将架上的脚手板等构件私自拆除的事件。

此外有些工作人员往往不会去计算只凭着自己已有的经验去办事，凭借着贪图工作时的方便将很多很多的材料都堆积在一个小小的工作台上面造成了工作时脚手架所承载的重量严重超过实际的安全重量，但是在大部分的时候有的木匠在模板，安装或者是拆除的时候，将过多的模版木料或者是支架等等纸堆放在脚手架上，使得工作的脚手架也会造成严重的重量超标。

而这样的事情会引起工作的脚手架发生断裂断版或者是整体脚手架坍塌，局部脚手架破坏。还有很多很多的工人在工作的时候对脚手架采取暴力行为，在工作的脚手架上暴力施工，不合乎规定去工作将材料工具，等等，东西相互碰撞，用力过猛或者是他们采取工作的姿势不对。均会对脚手架产生荷载，并且造成脚手架上面钢管等，在工作的时候也会受到外力的破坏以及必要的磨损，严重影响着脚手架的使用。以及脚手架的寿命会造成整体或者是局部地安全损害，除此之外在雨天或者是雪天作业的脚手架上，也没有必要的防滑措施，没有防滑的措施，就会产生危险，应该适时的去清扫积雪，或者是让工作人员在工作的时候佩戴上安全帽以及必要的安全带，或者是防滑用具。如果不去这样进行那就会相当的危险，在脚手架上产生了意外的踩空滑倒，或者是从高空当中坠落下去很容易造成伤亡。而这是谁都不愿意看到的悲剧，所以脚手架的安全使用。一定要让每一个工作的人员都认真地去读。

三、脚手架施工安全控制措施

脚手架工程安全管理往往存在于施工安全管理的全过程。怎样通过安全管理和控制措施，确保脚手架安全防护体系的安全，是施工安全管理中的一个关键环节。施工过程中的安全管理主要是建立在相关的规章制度的基础上。在施工现场，脚手架施工安全技术数据管理与现场脚手架物理试验相结合，本着"预防为主"的原则。

（一）脚手架工程施工安全管理资料

脚手架工程的施工安全管理资料主要有以下几部分：手架安全管理措施，控制点主要有建设和实施安全管理体系，以及脚手架工程施工方案实施负责人；加强管理脚手架安全技术披露；脚手架施工人员严格管理证书，脚手架配件材料分段验收备案，定期验收记录，脚手架搭设和卸荷平台计算图。针对升降式脚手架将要提供的控制点为：（1）安装部门的资质证书；（2）检验证书和安全部门的许可证；（3）吊装前后的检验记录和吊装后的检验记录。

（二）脚手架工程实体检查工作控制措施

脚手架工程的实体要检查许多施工工作，应控制点是：

首先，确保脚手架达到规定的要求。脚手架上的负荷是经过柱子到达地基。在工程实例测试中，常常发现地基基础被忽略。常见的问题是，脚手架的底部垫上没有立杆，并没有关注到基础排水的设施，阻尼对上部荷载的基础上，将导致支架不均匀沉降，使得脚手架发生倒塌或倾斜，最终产生事故。

第二，连墙件按规范布置。连墙是确保框架及建筑物连接抵抗风荷载和其他水平力提升的重要构件框架的完整性，往往遇到的问题是不根据在两步三侧墙件与框架连接位置距主节点超过300mm。特别有很大的部分施工现场没有嵌入墙体构件，而是采用了孔或框架柱，使得连墙构件的跨度小于二步三跨设置的标准，另外脚手架负重过大的荷载或不稳定，会使得框架体全部垮掉。

第三，防止卸料装置与车架体有连接问题。在料很多的平台上，一旦平台连接了车架体，会导致卸料平台到机身框架负重过于集中，会使得架体遭到损坏。

第四，脚手架等辅助设施，结构符合规范，主要控制点有：操作层脚手架，脚手架接地防雷，剪刀撑搭接长度，从主节点距离，脚手架和模板支撑系统，水平支撑，模板支撑系统的极底板等。

（三）扣件式钢管脚手架材质及方案的可靠性控制措施

在施工现场进行以下控制，以确保材料符合标准。首先，钢质脚手架（钢材和紧固件）的主要材料应通过正规渠道向正规厂家采购，并通过正式渠道和材料质量证书和生产许可证发放。第二，应检查著料的重量并修改紧固件。由专门的检测公司再次检查机械性能以及紧固件，如紧固件等，以防止施工现场配件和紧固件的维护和修理。严重对于材料不均匀性，您可以使用砂轮切割机进行平滑和使用。第三，由于钢的厚度不同，钢的厚度会相应变化。因此，基于3mm钢管厚度的脚手架设计是可靠的。可行性研究是基于脚手架和模板系统的设计条件：首先调整传动系统或模板支撑方案的力量必须与实际情况相符，特别是如果指的是其他方案，工程设计根据实际施工情况及时计算模型需要，脚手架杆间距脚手架结构等措施进行合理调整。二是在脚手架和模板支架的安装程序中，必须清除中性杆连接的施工过程，并根据有关规定和紧固件之间的距离来确定连接器的位置。三是要考虑的是改进支撑系统的设计，支撑系统轴承稳定性计算的计算过程，不仅要检查双杆，单杆检测的需要，以保证在整个系统的计算可靠性最小。四是我们必须加强实际施工和验收的技术条件，并确保根据既定的安装程序安装系统。

（四）脚手架施工期安全管理控制要点

1.考虑施工现场的工作条件并确定施工计划

在安装脚手架之前，应详细分析项目的特点和施工技术，并根据施工现场的工作情况考虑安装计划。一系列比较完善和科学安装脚手架方案步骤主要有：脚手架基本处理方案，脚手架安装技术要求，脚手架杆间距和墙体布置及连接结构。在确定一个好的施工计划时，应画出详细的图纸和图纸来指导混凝土施工。脚手架的高度是影响脚手架设计的关键因素。除了标准之外，还要计算脚手架的高度。通过设计计算和施工措施，施工方案必须得到企业技术经理的批准。

2.标准和验收程序

脚手架的安全管理是安全技术施工中脚手架验收的重要组成部分。在施工技术支持过程中，应根据施工项目的要求，结合施工现场环境，施工条件，特别是施工单位，详细介绍施工监理。但脚手架建成投产后，有关专业领导人应按照施工方案和施工验收规范参加第一段组织，确认脚手架符合施工要求，施工安全消除安全隐患，在施工过程中投入使用。脚手架的检查和验收应按照规定进行。不符合要求，及时整改，及时消除安全隐患，严格检查整改结果。

3.应该适当的设置脚手架的构件的连接方式，使得脚手架具有极其稳定的体系

测试表明，连接器的承载能力是连接器承载能力的两倍以上。钢管支撑杆和连杆的长度应符合要求。主要原因是脚手架和耦合器的应力分析。使用垂直线时，会降低其承载能力。另一方面，从支架的架设和梁骨的结构来看，杆可以连接到同一水平杆上。根据轴承支撑系统的特点，主要是由于支架的支撑，剪刀的拉伸和压缩，自上而下，长度不小于50cm，扣件不小于2，在平面接头，应考虑脚手架接头的传输性能，并更换每个部件的接头。

4.脚手架的保障措施

一般来说，脚手架应该不少于两个脚手架施工，以防止施工人员和物料运输及临时存放平台和平整度，操作的主要目的，根据脚手架高度正确的软层水平将下降。当发生操作层脚手架时，其落下保护层。对于平面网络保护层，应该注意施工操作层附近的保护层，以避免平面网络与操作层之间的小横杠受损。

第二节 砖砌体砌筑

砖砌体是由砖和砂浆组成，它的施工工艺已经较为成熟，应用较为广泛。砖砌体的优点：取材方便、施工简单、成本低廉、历史悠久、劳动量大、运输量大等，适用于一般工业与民用建筑中砖混、外砖内模及有抗震结构柱的砖墙砌筑工程。缺点是具有自重大、劳动强度高、生产效率低等，且难以适应现代建筑工业化的需要。在砖砌体的施工过程中，除应采用符合质量要求的原材料外，还必须对影响砌筑质量的主要因素：砖的浇水湿润程度，砂浆饱满度，临时间断处接槎是否牢固，组砌形式和水平灰缝厚度等进行严格的质量检查、监督和控制。

一、施工准备

（一）砖的准备

选砖：砖的品种、强度等级必须符合设计要求，并应规格一致；用于清水墙、柱表面的砖，外观要求应尺寸准确、边角整齐、色泽均匀、无裂纹、掉角、缺棱和翘曲等严重现象。

砖浇水：为避免砖吸收砂浆中过多的水分而影响黏结力，砖应提前 1 ~ 2d 浇水湿润，并除去砖面上的粉末。烧结普通砖含水率宜为 10% ~ 15%，但浇水过多会产生砌体走样或滑动。气候干燥时，石料亦应先洒水润湿。但灰砂砖、粉煤灰砖不宜浇水过多，其含水率控制在 5% ~ 8% 为宜。

二、砌筑砂浆

（一）砂浆的种类

砌筑砂浆有水泥砂浆、石灰砂浆和混合砂浆。

（二）砂浆的选择

砂浆种类选择及其等级的确定，应根据设计要求。水泥砂浆和混合砂浆可用于砌筑潮湿环境和强度要求较高的砌体，但对于基础一般采用水泥砂浆。石灰砂浆宜用于砌筑干燥环境中以及强度要求不高的砌体，不宜用于潮湿环境的砌体及基础，因为石灰属气硬性胶凝材料，在潮湿环境中，石灰膏不但难以结硬，而且会出现溶解流散现象。

（三）材料要求

砌筑砂浆使用的水泥品种及标号，应根据砌体部位和所处环境来选择。水泥进场使用前，应分批对其强度、安定性进行复验。检验批应以同一生产厂家、同一编号为一批。

砂浆用砂的含泥量应满足下列要求：对水泥砂浆和强度等级不小于 M5 的水泥混合砂浆，不应超过 5%；对强度等级小于 M5 的水泥混合砂浆，不应超过 10%；人工砂、山砂及特细砂，应经试配能满足砌筑砂浆技术条件要求。

三、主要施工机具

砌筑前，必须按照施工组织设计所确定的垂直运输机和机械设备方案组织进场和做好机械设备的安装，搭设好搅拌棚，安设好搅拌机，同时准备好脚手工具和砌筑用的工具，如贮灰槽、铲刀、砍斧、皮树杆、托线板等。

四、砖砌体砌筑工程的施工工艺

（一）砌筑形式

一顺一丁砌式：一顺一丁砌法是一皮中全部顺砖与一皮中全部丁砖相互间隔砌成，上下皮间的竖缝相互错开 1/4 砖长；

三顺一丁砌式：三顺一丁砌法是三皮中全部顺砖与一皮中全部丁砖间隔砌成，上下皮顺砖与丁砖间竖缝错开 1/4 砖长，上下皮顺砖间竖缝错开 1/2 砖长；

梅花丁砌式：梅花丁砌法是每皮中丁砖与顺砖相隔，上皮丁砖坐中于下皮顺砖，上下皮间竖缝相互错开 1/4 砖长。

（二）砌筑工艺

砖墙砌筑的施工过程一般有抄平、放线、摆砖、立皮数杆、挂线、砌砖、勾缝、清理等工序。

1. 抄平、弹线

砌墙前应在基础防潮层或楼面上定出各层标高，并用 M7.5 水泥砂浆或 C10 细石混凝土找平，使各段砖墙底部标高符合设计要求。然后根据龙门板上给定的轴线及图纸上标注的墙体尺寸，在基础顶面上用墨线弹出墙的轴线和墙的宽度线，并定出门洞口位置线。

2. 摆砖

摆砖也称摆底是指在放线的基面上按选定的组砌方式用干砖试摆。一般在房屋外纵墙方向摆顺砖，在山墙方向摆长砖。摆砖的目的是为了校对所放出的墨线在门洞口、附墙垛等处是否符合砖的模数，以尽可能减少砍砖，并使砌体灰缝均匀，组砌得当。摆砖结束后，用砂浆把干摆的砖砌好，砌筑时注意其平面位置不得移动。

3. 立皮数杆、砌筑

皮数杆是指在其上画有每皮砖和砖缝厚度以及门窗洞口、过梁、楼板、梁底、预埋件等标高位置的一种木制标杆。它能控制砌体竖向尺寸的标志，同时还可以保证砌体的垂直度。皮数杆一般立于房屋的四大角、内外墙交接处、楼梯间以及洞口多的地方，大约每隔 10～15m 立一根。皮数杆的设立，应由两个方向斜撑或锚钉加以固定，以保证其牢固和垂直。一般每次开始砌砖前应检查一遍皮数杆的垂直度和牢固程度。

4. 挂线

为保证砌体垂直平整，砌筑时必须挂线，一般二四墙可单面挂线，三七墙及以上的墙则应双面挂线。

5. 砌砖

砌砖宜采用一铲灰、一块砖、一挤揉的"三一"砌砖法，即满铺、满挤操作法。砌砖时砖要放平。里手高，墙面就要张；里手低，墙面就要背。砌砖一定要跟线，"上跟线，下跟棱，左右相邻要对平"。水平灰缝厚度和竖向灰缝宽度一般为 10mm，但不应小于 8mm，也不应大于 12mm。为保证清水墙面主缝垂直，不游丁走缝，当砌完一步架高时，宜每隔 2m 水平间距，在丁砖立楞位置弹两道垂直立线，可以分段控制游丁走缝。在操作过程中，要认真进行自检，如出现有偏差，应随时纠正。严禁事后砸墙。清水墙不允许有三分头，不得在上部任意变活、乱缝。砌筑砂浆应随搅拌随使用，一般水泥砂浆必须在 3h 内用完，水泥混合砂浆必须在 4h 内用完，不得使用过夜砂浆。砌清水墙应随砌、随划缝，划缝深度为 8 ~ 10mm，深浅一致，墙面清扫干净。混水墙应随砌随将舌头灰刮尽。

6. 勾缝、清理

清水墙砌完后，要进行墙面修正及勾缝。墙面勾缝应横平竖直，深浅一致，搭接平整，不得有丢缝、开裂和黏结不牢等现象。砖墙勾缝宜采用凹缝或平缝，凹缝深度一般为 4 ~ 5mm。勾缝完毕后，应进行墙面、柱面和落地灰的清理。

五、砌筑要求

（一）砖基础的砌筑要求

砖基础有带形基础和独立基础两种，基础下部扩大部分称为大放脚、上部为基础墙。大放脚有等高式和不等高式两种，前者是两皮一收，两边各收进 1/4 砖长；后者是两皮一收和一皮一收相间隔，两边各收进 1/4 砖长。另外，砖基础的转角处、交界处，为错缝需要应加砌配砖（3/4 砖、半砖或 1/4 砖）。在这些交接处，纵横墙要隔皮砌通；大放脚的最下一皮及每层的最上一皮应以丁砌为主。

（二）砖墙的砌筑要求

上下错缝，内外搭接，以保证砌体的整体性，同时组砌要有规律，少砍砖，以提高砌筑效率，节约材料。当采用一顺一丁组砌时，七分头的顺面方向依次砌顺砖，丁面方向依次砌丁砖。

另外，砖墙的丁字接头处，应分皮相互砌通，内角相交处的竖缝应错开 1/4 砖长，并在横墙端头处加砌七分头砖；砖墙的式子接头处，应分皮相互砌通，立角处的竖缝相互错开 1/4 砖长。

（三）构造柱的砌筑要求

设有钢筋混凝土构造柱的墙体，应先绑扎构造柱钢筋，然后砌砖墙，最后支模浇注混凝土。砖墙应砌成马牙槎（五退五进，先退后进），墙与柱应沿高度方向每 500mm 设水平拉结筋，每边伸入墙内不应少于 1m。

（四）砖柱的砌筑要求

1. 砖柱应选用整砖砌筑。

2. 砖柱断面宜为方形或矩形。最小断面尺寸为 240mm × 365mm。

3. 砖柱砌筑应保证砖柱外表面上下皮垂直灰缝相互错开 1/4 砖长，砖柱内部少通缝，为错缝需要应加配砖，不得采用包心砌法。

4. 砖柱的水平灰缝厚度和垂直灰缝宽度宜为 10mm，但不应小于 8mm，也不应大于 12mm。

5. 砖柱水平灰缝的砂浆饱满度不得小于 80%。

6. 成排同断面砖柱，宜先砌成那两端的砖柱，以此为准，拉准线砌中间部分砖柱，这样可保证各砖柱皮数相同，水平灰缝厚度相同。

7. 砖柱中不得留脚手眼。

8. 砖柱每日砌筑高度不得超过 1.8m。

（五）钢筋砖过梁的砌筑要求

1. 钢筋砖过梁的底面为砂浆层，砂浆层厚度不宜小于 30mm。砂浆层中应配置钢筋，钢筋直径不应小于 5mm，其间距不宜大于 120mm，钢筋两端伸入墙体内的长度不宜小于 250mm，并有向上的直角弯钩。

2. 钢筋砖过梁砌筑前，应先支设模板，模板中央应略有起拱。

3. 砌筑时，宜先铺 15mm 厚的砂浆层，把钢筋放在砂浆层上，使其弯钩向上，然后再铺 15mm 砂浆层，使钢筋位于 30mm 厚的砂浆层中间。之后，按墙体砌筑形式与墙体同时砌砖。

4. 钢筋砖过梁截面计算高度内（7 皮砖高）的砂浆强度不宜低于 M5。

5. 钢筋砖过梁的跨度不应超过 1.5m。

6. 钢筋砖过梁底部的模板，应在砂浆强度不低于设计强度 50% 时，方可拆除。

砖砌体结构因其造价经济，工艺成熟，加之构造柱等抗震措施的推广使用，使其在多层民用住宅中仍然有着广阔的应用空间。但在同时我们应该注意，砖砌体结构应用劳动力多，从业劳动者工作素质参差不齐，这都给砖砌体砌筑工程的质量控制带来了难题。因此应做好砖砌体质量控制，保证工程施工质量。

第三节 砌石工程

一、选料与备料

水利工程的施工材料必须要经过非常严格的筛选，特别是在砌石工程这个施工环节中，材料的选择直接决定了工程质量的高低，因此必须要严格依据规范操作，依据标准选择材料，科学施工。石料要确保均匀性，表面不可有裂纹以及其他纹路，同时还要确保清洁。另外，选择石料还必须要从工程的实际情况出发，不同的施工部分所选用的石料也是不同的，比如：渠系的底部以及护坡位置，石块的重量需要在 20 公斤之上，并且厚度也需要高于 20 厘米，而如果是小型的砌石坝，那么石料选择就要受到场地的运输限制，因此在重量上通常都会有 2 ~ 4 个人才能够满足运输的需求，重量最少不能够少于50 公斤，厚度上也要大于 30 厘米，长度一般要在宽度的二倍以内。

二、准备砌筑工具及施工

（一）工具选择要求

砌筑工具的选择同样是砌石工程的重要方面，通常来说撬杠、垂球以及尼龙线，等等。其中锤主要是利用它进行石块以及棱角的修葺，石面根据施工的实际需求需要进行修平，而瓦刀和大小泥抹则是在进行泥浆以及填缝的时候使用的，垂球与尼龙线是进行定线与放样的，尤其是进行砌石的时候，必须要同意砌筑方法，针对土质基础的施工，砌石前则需要进行一些处理，通常都会在其上方进行一层稠砂浆的防护，接着在进行石块安放，针对岩石基础来说，普浆之前需要进行充分的洒水处理，使之保持湿润。在实际砌筑过程中，石块的方向是宽面朝下，小面朝上，这样能够保障泥浆最大限度地将石块之间的缝隙填满，然后根据缝隙的大小，挤入不同的小石块。在这个阶段尤为值得注意的是，最好不要一起采用几块碎片进行缝隙填充，这样会增加灰缝的数量，会浪费很多砂浆。施工人员应该主动在石缝中挤入石块，应该高于整层石面的高度，从而避免上一层的接砌。第一次砌筑的最后施工环节就是对表面进行整理，针对那些不够平整的位置进行修补，为第二层砌筑做准备。施工人员在施工过程中，一旦发现了有石块松动的问题，应该马上将其拆下，并随即进行处理，如果石块上沾有砂浆，应该清理干净，然后才能够使用新的砂浆搅拌重新砌筑。石块之间的接缝必须要紧密，并且不能够大于 3 厘米。

（二）设计尺寸要求

根据我国的相关法规范，砌体的具体设计尺寸要求如下：

1. 基础部分，砌层的边缘与设计位置的误差不得超过 5 厘米；基础以上部分，砌层的边缘与设计位置的误差，每米高度不得大于下列数值，础石施工除需遵守上述原则外，还应注意以下事项：

2. 进行墩或者墙的砌体施工时，由于它们都具有一定的厚度，因此必须要从外围开始进行砌筑，采用行列定位的镜面石必须要具备坚硬、平整的条件。施工之前，石块需要预先进行试放，如果发现有不合适的地方，需要采用专用的工具进行修凿，并最终确定石块的基座是稳定的。

3. 砌体厚度需要根据每一层的大小而定，通常都是控制在 0.3 米以内，在实际施工中，石块大小都是不同的，因此每砌三层就需要进行一次找平。并且为了能够确保工程的整体性，在砌筑的过程之中一旦需要中断，则需要在剪短的位置预留缓台。而在最后一层石块的缝隙，需要用砂浆以及小石填满，在接下来的施工中，需要对表层进行清理，并洒水保湿。

4. 砌体施工，应把大块石料放在底部，因为大块石强度高，石缝少，沉陷也较小。同时，墙层由堵脚逐渐往上部收缩，也较美观。

（三）留伸缩缝

在砌体工程中最为常见的不均匀沉降的问题，同时热胀冷缩也是一个不可忽视的因素，那么为了避免因为这些原因而导致砌体裂缝的出现，通常在施工设计中都会在某些接头处预留一些伸缩缝，依据施工图纸要求的厚度，尺寸以及材料进行缝板的制作，一般来说绕版都是采用油毛毡进行制作的，也有采用柏泊木板制成的。如果是前者，那么必须要进行立样架，将伸缩缝一般砌体砌筑平整，然后贴上油毡，再砌另一边。

（四）混合砂浆

小型水利工程的砌石施工，如果是地面之上的砌体，一般都是采用混合砂浆砌筑的。所谓混合砂浆的主要材料就是水泥石灰以及水泥黏土。水泥石灰一般都是要掺入一定数量的石灰粉，而水泥黏土则是需要加入一定量的黏土膏以及黏土状颗粒的混合料。而使用合状掺合剂搅拌的混合砂浆，则需要预先进行水泥与石砂进行干拌，之后进行石灰混合，并加入水进行搅拌，调和均匀，之后将已经干拌的水泥砂导入灰槽中，直到搅拌均匀位置。

三、浆砌施工过程中注意事项

（1）为了能够保障冬季的顺利进行，施工技术人员必须要做好全面的砌筑准备，这些准备包括施工计划，施工方法以及各种施工设备的准备，拌合以及养护用水必须要做好防冻保温，并且在防冻保温以及技术防火制度交底等各方面工作上都应该全面交底。

（2）石抖需要洗刷完毕，并且放置的位置要避免风雪以及灰尘的侵蚀。在进行使用的时候，需要再次将上面所附着的雪块以及冰屑处理干净。

在砂浆运送过程中务必要做好保温处理，如果是已经结冻的砂浆必须要重新进行加热，但是即便是这样也并不可取，对于已经掺有氯化钙的砂浆必须要尽力缩短运输以及操作的过程，最好是在 30 分钟内完成。如果是冬季施工，那么浆砌石砌体必须要严格依据施工所规定的尺寸，但是一旦砌筑出现终端，则需要最后一层砌筑面进行砂浆封层，并且避免在封层上留有残渣，砌体垂直缝隙必须要用砂浆全面填满。施工人员必须要了解到冬季施工所使用的砂浆具有非常大的流动性，常温状态一般是 5 ~ 7 厘米，并且不能够使用石灰砂浆，黏土砂浆以及石灰钻土砂浆等。

在小型水利工程的建设施工中，砌石施工是非常重要的环节，一旦这个环节出现质量问题，必然会导致漏水，漏浆以及局部被冲毁的问题，进而带来极大的安全隐患，所以说砌石工程的质量必须要有所保障。

第五章　爆破工程施工

第一节　起爆方法及起爆顺序

一、起爆方法

起爆方法，是指外界施以局部能量，而使炸药起爆的方法。

（一）炮孔法

炮孔法在介质内部钻出各种孔径的炮孔，经装药、放入起爆雷管、堵塞孔口、连线等工序起爆的，统称炮孔法爆破。如用手持式风钻钻孔的，孔径在 50 毫米以下、孔深在 4 米以下的为浅孔爆破；孔径和孔深大于上述数值的为深孔爆破；在孔底或其他部位事先用少量炸药扩出一个或多个药壶形的为药壶法爆破。炮孔法是岩土爆破技术的基本形式。

（二）药室法

药室法在山体内开挖坑道、药室，装入大量炸药的爆破方法，一次能爆下的土石方数量几乎是不受限制的，在每个药室里装入的炸药有多达千吨以上的。中国四川攀枝花市狮子山大爆破（1971）总装药量 10162.2 吨，爆破 1140 万米 3，在世界上也是最大规模的大爆破之一。药室法爆破广泛应用于露天开挖堑壕、填筑路堤、基坑等工程，特别是在露天矿的剥离工程和筑坝工程，能有效地缩短工期，节省劳动力，而且需用的机械设备少，并不受季节和地方条件的限制。

（三）微差爆破

微差爆破又称毫秒爆破，是 40 年代出现的爆破新技术。在雷管内装入适当的缓燃剂，或连接在起爆网路上的延期装置，以实现延期的时间间隔，这种系列产品间隔时间，一般以 13 ~ 25 毫秒为一段。通过不同时差组成的爆破网络，一次起爆后，可以按设计要求顺序使各炮孔内的药包依次起爆，获得良好的爆破效果。

微差爆破的特点是各药包的起爆时间相差微小，被爆破的岩块在移动过程中互相撞击，形成极其复杂的能量再分配，使岩石破碎均匀，缩短抛掷距离，减弱地震波和空气冲击波的强度，既可改善爆破质量，不致砸坏附近的设施，又能提高作业机械的使用效率，有较大经济效益，在采矿和采石工程中广泛应用。

（四）工程爆破起爆方法

在工程爆破中，常用的起爆方法有：电力起爆法、导火索起爆法、导爆索起爆法、导爆管起爆法。

1. 电力起爆法

电力起爆法是利用电能使雷管爆炸，进而起爆炸药的起爆方法。它所需的器材有：电雷管、导线和起爆电源。

电爆网路的连接形式，要根据爆破方法、爆破规模、工程的重要性、所选起爆电源及其起爆能力等进行选择，基本连接方式有：串联、并联、串并联和并串联等。

电力起爆法具有较安全、可靠、准确、高效等优点，在国内外仍占有较大比重。在大、中型爆破中，主要仍是用电力起爆。特别是在有瓦斯、矿尘爆炸的环境中，电力起爆是主要的起爆方法。但电力起爆容易受各种电信号的干扰而发生早爆，因此在有杂散电、静电、雷电、射频电、高压感应电的环境中，不能使用普通电雷管。

2. 导火索起爆法

导火索起爆法是利用导火索传递火焰点燃火雷管进而起爆炸药。这种起爆法所需的材料有：导火索、火雷管和点火材料。

导火索起爆法操作简单、灵活，使用方便，成本较低，广泛应用于小型爆破和掘进。由于导火索的速燃、缓燃等弊病，在爆破中事故所占比重最大。不能多处装药同时起爆；不能准确控制爆破时间，一次爆破规模小，爆区的有毒气体增加；在淋水工作面起爆不可靠，无法用仪器检查网路等。

3. 导爆索起爆法

用导爆索直接起爆炸药包的方法叫导爆索起爆法。先用雷管起爆导爆索，当导爆索的爆轰波传至炸药包时，将炸药引爆。在需要延时分段起爆的地方，将导爆索中接入继爆管，就能达到导爆索毫秒爆破的目的。

这种爆破法所需起爆材料有：雷管、导爆索和继爆管等。

导爆索起爆网路常用的有：串联、簇并联、单向分段并联和双向分段并联等。

4. 导爆管起爆法

导爆管起爆法是利用导爆管传递冲击波引爆雷管进而起爆炸药的方法。导爆管起爆法从根本上减少了由于各种外来电的干扰造成早爆的爆破事故，起爆网路连接简单，不需复杂的电阻平衡和网路计算；但起爆网路的质量不能用仪表检查。

导爆管起爆法所需材料有：击发元件（击发枪、击发笔、高压电火花、电引火头、火雷管、电雷管、导爆索等）、传爆元件（导爆管）、连接装置、雷管等。

导爆管起爆网路有簇联（将炮孔导爆管集成一束与连接装置相连接的网路）、簇并联

（把两组或两组以上的簇联再并联到一个连接装置上的连接网路）、簇串联（把几组簇联网路串联起来）等起爆网路。

二、起爆顺序

起爆顺序是指药包之间或药包组之间起爆的先后次序。当一次用多个药包爆破时，为了提高爆破效果，必须根据具体条件和要求，将药包分成先后次序进行起爆。

（一）确定起爆顺序时应考虑的原则

确定起爆顺序时应考虑的原则是：

1. 易爆破的部位先爆破；

2. 先爆破的药包，为后爆破的药包创造新的自由面；

3. 根据后续一序的要求控制爆堆形状；

4. 根据降低爆破震动的要求控制同段起爆药量；

5. 报据抛掷爆破的要求控制岩块的抛掷方向。

井巷掘进中炮眼组的起爆顺序是先爆掏槽眼。最后爆破周边炮眼；矿层回采时，因为它有两个自由面、应根据炮孔排列方式，先爆破紧靠近自由面的那排炮孔，然后逐排顺序起爆，露天矿台阶深孔爆破时。如果一次爆破多排深孔，则必须根据微差起爆方案和后续工序的要求来确定起爆顺序。

（二）起爆器

起爆器是指能向电爆网路输送必需的电点火冲能的装置。按其结构原理不同，分为发电机式和电式两大类。发电机式起爆器实质上是一种小型手摇发电机。它的特点是构造简单，但它的起爆能力低，已很少使用。

电容式起爆器是根据电容放电原理制成的，它的主要特点是能在几毫秒之内，放出较大的电能，以满足电力起爆对电流的要求，是使用较广泛的一种起爆器。

中国生产的电容式起爆器，由电源、振荡、变压、整流和充电等部分组成。由电源（电池或蓄电池）提供的直流电，经过晶体二极管振荡后，变为脉冲低压交变电流，经变压器升压，再经二极管整流，变为高压直流电，并对电容器充电。当充电电压达到额定值时，指示灯发出红光，表示充电已达到要求，可以起爆。起爆结束后必须将电容器中剩余的电能，通过放电电阻泄漏掉，以免下次接线操作时，发生误爆的危险。使用时，起爆网路的设计必须符合起爆器的能力。

中国制造的电容式起爆器种类很多，起爆能力从数十发到数千发雷管。别国出产的电容式起爆器。最大起爆能力可达 25000 发雷管。

第二节　爆破基本方法

工程爆破是用炸药炸除岩石、破坏建（构）筑物的一种瞬间作业，爆破是水利水电工程施工的主要手段之一。大坝基础开挖、船闸及高陡边坡开挖、溢洪道及渠道开挖、无压及有压引水隧洞开挖、围堰等结构物拆除以及各种石料的开采等，如果不运用爆破技术几乎无法施工。在各行业中，水利水电行业要求爆破对基岩的保护和对边坡的控制最严、各种结构部位开挖爆破中相互干扰最大，在施工中要求的各种爆破技术最多，因此所使用的爆破方法和技术多种多样。如深孔台阶爆破、预裂与光面爆破、面板堆石坝级配料开采爆破、围堰及岩坎拆除爆破、定向爆破筑坝、岩塞爆破等。这些在工程实践中不断发展起来的新技术，提高了工程质量，保证了施工期和运行期工程的安全。

一、深孔台阶爆破

深孔台阶爆破，一般指孔径大于 50mm，孔深大于 5m 的多级台阶爆破。由于它是在两个自由面以上条件下的爆破，多排炮孔间还可以采用毫秒延期爆破，具有一次爆破方量大（可达数千 t 级），破碎效果好，振动影响小等优点，因而得到广泛的使用。几乎所有的大、中型水电站开挖普遍采用深孔台阶爆破法，它也是我国水电站坝基开挖的主要爆破方式。

二、预裂、光面爆破

预裂爆破是在爆破开挖的过程中，沿设计开挖轮廓线打密集孔装少量炸药预先爆炸成缝，以防止爆破区炮孔爆破引起爆区外保留岩体或其他建筑物破坏的一种技术。光面爆破是沿开挖轮廓线布置间距较小的平行炮孔，在炮孔中进行药量较少的不耦合装药后同时起爆的一种爆破方式，用于隧道爆破时，既能爆破下设计轮廓线以内的岩石，又不使轮廓线以外的围岩受到明显的破坏，而且在围岩面留下半个清晰可见的孔痕，从而使断面成形规整、围岩稳定。

20 世纪 70 年代，预裂爆破与光面爆破在我国葛洲坝水利枢纽工程和东江水电站获得成功之后便迅速推广开来。现在我国的水电站主体工程边坡及隧道都必须进行预裂或光面爆破，就其规模之大和开挖质量之优异，一直在国内各行业处于领先地位并达到世界先进水平。预裂爆破和光面爆破有效地控制了开挖面的超欠挖，保证了边坡及围岩的稳定并大大减少了开挖量。三峡永久船闸开挖爆破中，大量采用光面爆破，都能形成良好的保留壁面。

三、面板堆石坝级配料开采爆破

用爆破法合理开采面板堆石坝级配料得到较快发展。20世纪80年代以来，混凝土面板堆石坝得到较快发展，许多中、小型水电站的坝体都采用了这种坝型。坝高列世界第二、坝体方量列世界第一的南盘江天生桥一级水电站已经建成；我国面板堆石坝第一高度的水布垭水电站正在建设中。从西北口水电站建设开始，通过现场试验研究采用爆破法开采主堆石级配料直接上坝填筑的施工方法。在天生桥一级水电站不仅主堆石料采用爆破法开采直接上坝填筑，与此同时还开展了爆破块度分布理论、参数优化和块度预报模型的研究。

四、围堰爆破拆除

大型水利水电工程建设中，存在大量的临时建筑物需要拆除，最典型的是围堰爆破拆除，围堰爆破施工属于临水爆破作业范畴，一般是充分利用其顶面、非临水面及被爆体内部廊道等无水区进行钻爆作业。爆破要求一次爆通成型，能满足泄水、进水要求。同时，在爆破区附近有各种已建成的水工建筑物，实施爆破时首先要确保它们不受到损害。我国水电建设通过葛洲坝大江围堰混凝土心墙、岩滩碾压混凝土围堰，三峡三期碾压混凝土围堰等近30座的爆破拆除，积累了较为丰富的爆破拆除经验。这些经验的核心是充分破碎围堰并使其达到设计高程，同时确保堰体周围闸墩、闸门槽、闸门及其他建筑物的安全及电厂设备的正常运行。保证实施这一核心的技术是采用"高单耗、低单响"的设计思想并通过接力起爆系统来实现。通过围堰爆破拆除，建立了一套各种建筑物的爆破震动安全控制标准及防护飞石及水击波危害的措施及方法。

五、定向爆破筑坝

定向爆破筑坝法开发水利资源是一种快捷、高效的施工方法。自1959年东川口水电站采用定向爆破法筑坝以来，我国已有近60座水库采用了定向爆破法筑坝。定向爆破筑坝有许多明显的优点：①不需大型施工机械，施工道路要求不高；②将采石、运输与填筑由爆破一举完成，节省劳力与投资；③施工进度快，一次爆破堆积高度可以达到拦洪高程，对度汛极为有利，还可省掉围堰工程。

六、岩塞爆破

岩塞爆破是水下爆破的一种形式，我国始于20世纪70年代初期，为了引水、放空水库、灌溉、发电等需要修建通向水库、湖泊底部的引水洞或放空洞。岩塞往往位于水库底部、隧洞末端，当洞内工程完成后，最后将岩塞炸除使洞与库、湖连通起来。水下岩塞爆破有如下优点：①不受库（湖）水位消涨的影响，也不受季节条件的限制；②省去了围堰工程；③工期短、工效高、投资少；④水库的正常运行与施工互不干扰。

目前我国已完成的岩塞爆破有很多，其中以丰满水库岩塞爆破规模最大。岩塞爆破安装药方式可分为硐室爆破和炮孔爆破两种；按爆碴的处理方式可分为留碴爆破和泄碴爆破。通过丰满水电站等岩塞爆破的实践，在岩塞爆破的药包布置、爆碴处理措施、爆破药量、起爆方式、爆破对已建成水工建筑物影响控制等方面积累了丰富的经验。

七、隧道掘进爆破

在水利水电工程建设中，地下工程开挖占有重要地位。如导流洞、引水洞、交通洞、试验平洞、灌浆洞、斜竖井以及地下厂房洞群开挖等。由于钻爆法对地质条件适应性强、开挖成本低，特别适用于坚硬岩石隧洞、破碎岩石隧洞及短隧洞的施工。爆破开挖是建设隧道工程的第一道工序，它的成败与好坏直接影响到围岩及后续工序的正常进行和施工进度，因此，它是地下工程建设非常重要的组成部分。

隧道掘进爆破由于照明、通风、噪声、滴水的影响，钻爆条件差，加之它与支护、出渣运输等工序交叉进行，致使爆破作业面受到限制，增加了爆破的施工难度。另外，爆破自由面少，岩石的夹制作用大，破碎单位体积岩石耗药量高。对爆破的质量要求也高，既要使爆破后洞室断面达到设计标准，不能产生过大的超、欠挖；又要预防飞石崩坏支架、风管、水管、电线等；随着以新奥法为理论基础的设计体系的完善，为充分利用围岩自承力，还要在施工中尽量减少爆破对围岩的扰动，确保围岩完整。

随着我国现代化建设的发展，爆破作业环境越来越复杂，对爆破安全的要求越来越高。不仅要严格控制爆破的振动效应、爆破冲击波、噪声、粉尘等影响，还要预防电干扰等对爆破作业的威胁。新技术是爆破技术发展的源泉和动力。近几年来，在爆破器材、钻孔技术、测量技术、安全技术等方面都发展很快，例如高精度非电雷管、电子雷管、现场炸药混装车等，有的已在水利爆破工程中试用，有的需要进一步推广。在国外和国内一些高等院校有关爆破理论的研究中，特别是在计算机爆破模拟技术方面，近几年有一些新的成果，也有可能在水利爆破工程实践中应用，这对优化设计、提高爆破效果有重要的意义。

第三节　爆破工程绿色施工

近年来，全人类紧迫而艰巨的任务就是改善生态环境，从而实现人类社会的持续发展，只有使生态环境真正有效的保护得以实现，才能保证人与自然的和谐，并且也是经济能够得到进一步发展的前提，是人类文明得以延续的保证。绿色施工在爆破项目上，因为是保护环境和实现可持续发展的一个重要方面，因此，爆破工程绿色施工能够在保证质量、安全等基本要求的前提下，通过科学管理和技术进步，使对环境负面影响的爆破工程施工活动最大限度地节约资源与减少，从而实现四节一环保。

一、爆破工程绿色施工策划和管理

1. 爆破工程施工前，建立好管理体系，并制定相应的绿色施工管理职责。以项目负责人为绿色施工第一责任人，负责绿色施工的组织，制定实施及目标管理，并指定绿色施工管理人员和监督人员。

2. 在规划管理目标中，对爆破工程绿色施工目标的编制应包括以下内容：（1）环境保护措施，对环境管理计划及应急救援预案进行制定，并且采取有效措施，使环境负荷降低；（2）节材措施，在使工程安全与质量保证的前提下，对节材措施制定。如进行施工方案的节材优化，垃圾减量化，对可循环材料尽量利用等；（3）节水措施，制定节水措施时根据工程所在地的水资源状况；（4）节能措施，进行施工节能策划，从而确定目标，对节能措施制定；（5）节地与施工用地保护措施，对临时用地指标、施工总平面布置规划及临时用地节地措施等进行制定等。

二、节材、节水、节能、节地措施

1. 节材与材料资源利用技术，爆破工程施工中材料使用因为管理不到位等众多原因，而大量的存在随意性、无意性。且材料费在爆破工程施工中占 3／4 的成本，所以爆破工程绿色施工技术的重中之重就是节材技术。目前需要对爆破工程施工过程中的垃圾减量，而且还要对其加强回收利用。比如，炸药、雷管包装物量在深孔爆破中能够占到 8% ～ 15%。而且可以对其重复利用，如果对回收业务开展，就可以使损耗大大减少。

2. 节水与水资源利用技术是绿色施工技术中一个重要方面。爆破工程施工用水量大，尤其是掘进爆破中用水占了施工用水的绝大部分。目前整个国家的水资源缺口很大，足见节水是绿色施工中不可忽视的一个问题。

3. 节地与施工用地保护技术的工作在爆破工程施工阶段是关键的，对临时设施的处置体现了对节地工作的重视程度。从节地工作角度考虑。爆破工程应合理规划工地临房、临时围墙，其占地面积应根据施工生产规模、员工人数、材料设备需用计划及现场条件等进行控制，从而高效的利用土地，提高空间的使用率。

4. 降低能耗和提高用能效率是施工中节能的两个大方向，另外，爆破工程现场为了避免大功率施工机械设备低负载运行或小功率施工机械设备超负载运行，就应该对功率与负载相匹配的施工机械设备进行选择。从而使爆破工程施工方案优化，并且合理安排工序，使机械设备的满载率提高；现场应加强管理，做到人离机停，使爆破工程设备长时间空载运行的情况得以避免。

三、爆破工程施工中的环境污染因素

1. 大气污染因素

爆破工程施工过程中对大气环境影响的主要为爆破工程粉尘对周围环境的影响。爆破工程施工过程中粉尘污染主要来源于：（1）钻孔施工、爆破、材料运输、排气等过程产生的粉尘；（2）爆破工程材料如炸药、雷管、油料等在其装卸、运输等过程中，产生的扬尘污染；（3）现场混装炸药车辆及材料车辆往来造成地面扬尘；（4）爆破填塞过程中产生扬尘。

应对措施：（1）爆破钻始阶段，对于正在施工的区域采取洒水措施，选用先进的除尘系统的钻车或采用湿式作业，以减少粉尘的产生；对于已爆破到位的区域，采取全面覆盖密目网的措施，以减少扬尘；（2）爆破工程材料如炸药、雷管、油料等在其装卸、运输现场，要经常洒水，保持湿润，减少作业扬尘；（3）爆破施工现场出口设置洗车槽，对开出施工区的车辆轮胎进行清洗，防止将泥土带出施工区；（4）爆破填塞过程中前对填塞物洒水控制扬尘。

2. 水污染因素

施工废水和生活废水是爆破施工过程中所包括的组成部分。其中，各种施工机械设备运转的冷却水及洗涤用水和施工现场冲洗、喷淋等产生的废水就是施工废水，而且这部分废水含有一定量的油污和泥沙。而生活废水则包括食堂用水、洗涤废水和冲厕水。

应对措施：（1）施工现场设置沉淀池，将废水收集过滤沉淀达标后进行集中排放；（2）生活区厕所设置化粪池、食堂设置隔油池等进行三级沉淀达到排放标准后排放。

3. 固体废弃物污染

施工过程中产生的包装垃圾和施工人员的生活垃圾是爆破施工垃圾的主要来源。爆破施工期间可能对河沟填埋、土地被覆盖、道路污损、管道损坏造成污染等所涉及，在此期间将有大量的爆破出来的废渣如泥土、石块、废混凝土、废砖等产生。

应对措施：尽可能采用现场混装炸药，减少包装垃圾的产生，固体废弃物应分类收集，集中堆放；对施工中的开挖泥土、石块、废混凝土、废砖等尽量回填利用，可用作地基和路基填埋材料；对废电池设置专门的回收装置；废墨盒等有毒有害的废弃物单独回收。

4. 光污染控制

爆破工地对大型照明灯具设置时，严格的规定了对照射的方向、角度，以使强光防止外泄。如某工地对照明设备照射角度控制，在照明灯外加上灯罩。

5. 噪音控制

爆破、动力机械和凿岩机械是爆破施工噪音的主要来源，因此，设备除对隔音设施设置外，还应设噪声监测点，从而实施动态监测，如果发现超标情况，就要立即查找原因，及时采取措施。爆破施工需对施工作业时间合理的规划,从而使爆破噪音对居民的影响减少,对先进低噪音钻孔机械和动力设备优先采用,并定期保养维护。

有许多绿色施工措施在爆破工程施工的过程中可以采用,因此,需要项目人员必须都进行参与,并且对因地制宜的原则加以遵循,进一步结合各地区不同的自然条件和发展状况,结合项目特点,从而稳步扎实地开展,既可以使国家节能降耗的要求得以满足,也可以使工程成本降低,从而提高效益,进一步为社会创造良好适宜的生活环境。

第四节　爆破质量安全控制

一、爆破工程存在的危险因素

在进行爆破工程的过程中,存在诸多危险因素,其主要存在如下几方面:一是人为因素,在进行爆破工程中虽是由相关配套的机械设备来进行相关的工作,但也存在一些人工必须完成的工作。在人为参与爆破工作时,工作失误可能会在成严重的后果,其失误存在可预见和未预见的两种情况,无论哪种失误的存在都将造成安全事故的发生。二是爆破飞石,在爆破工程实施中,爆破飞石是较为常见的危险因素,爆破点的泥土、杂物以及砂石将在爆破力的作用下飞向空中,若不进行安全的防护,容易发生安全事故。三是爆破地震波,地震波的产生是在爆破的过程中炸药所产生的能量转化成弹性波,引起地面的波动,可能会对周围的建筑造成一定的破坏。四是爆破冲击波,冲击波是炸药爆破的瞬间,其自身的能量对周围空气的冲击,空气在受到能量的冲击,从而形成冲击波,对周围的建筑以及施工人员造成一定的伤害。五是爆破产生的有毒气体,爆破的过程中将会产生化学反应,产生硫化氢以及二氧化硫等有毒气体,若人吸入将中毒,严重导致死亡。

二、爆破工程中质量安全管理的重要性

(一)对复杂的因素进行解决

爆破工程的主要原理,就是使用炸药,在外界的作用下发生爆炸,并且能够同时释放能量,产生高热气体。在建筑工程、采矿工程等工程中,经常使用爆破工程技术来对一些需要拆除的建筑物、矿山岩层或者煤层、矿石等进行剥离,从而提高工程施工效率。在爆破施工过程中,使用的都是一些易燃易爆危险物品,不仅在爆破区域能够产生一定的振动,对周围环境都会产生一定的影响,存在着很大的危险性,很容易对周围的建筑物、人员和设备等产生伤害。因此,做好爆破工程质量安全管理,涉及很多复杂的因素,如果能够对这些问题进行解决,能够对企业的安全效益进行保障。

（二）能够有效提高爆破工程的质量

在爆破施工的过程中，受到专业技术水平和实际环境的限制，需要采用不同的爆破施工方法，来达到相应的质量水平。但是由于操作人员的专业技术不过硬，使得爆破没有达到应有的效果，有可能出现爆破不完全的现象；未严格按照爆破设计施工，也有可能出现伤害附近建筑物、人员、设备和被保护体等现象，给爆破工程的质量和安全带来影响。因此，做好质量与安全管理工作，能够实现对爆破过程的全方位管理，对爆破设计、施工技术、人员、材料等方面进行精心设计和施工，从而有效提高爆破工程的质量。

三、保证安全的措施

（一）提高工作人员的安全意识

要落实安全生产责任制。管理人员应该意识到爆破时产生的不安全影响的恶劣影响，管理人员应该落实安全生产责任制，必须把安全生产责任制作为工程施工过程中的要点。另外，严格执行各种操作规程和安全管理制度，将安全管理落实到工程施工中的每个角落，对施工人员、设备、建筑物和被保护体进行严格的安全保护。这种保护是被动的保护，也是对施工企业的保护，减少他们的财产损失。确认施工现场的状况，对施工的全过程必须熟悉，施工中每个环节的关键步骤，施工过程中操作是否规范，规范的操作才可以减少很多的不安全的因素。严格按照设计的要求来施工，减少不规范的施工行为而造成的事故。同时要加大对施工人员的培训力度，施工过程中安全关系到很多方面，对施工中各环节全面培训，不安全行为造成的严重后果进行全面全员全方位教育，提高施工人员的个人素质、技术水平及操作能力。经过培训之后的施工人员需要持证上岗，提高爆破施工过程中的安全性。

（二）加强工程爆破质量安全管理

在爆破作业准备阶段，需要制定具体的爆破设计方案，并现场组织爆破相关人员对爆破方案进行论证，对爆破方案的可行性进行安全评估，并提出具体的意见，爆破单位要严格遵照执行，根据实际情况进一步完善爆破设计方案。同时根据爆破区域影响范围内的人员、设备、建筑物和被保护体的距离，还要采用有效安全防护措施。可以通过在爆破区域周围搭设防护网，在爆破区域上部进行覆盖，为被保护体、设备、建筑物搭设覆盖物或防护网，在围檩与地下连续墙之间设置隔离孔、采用逐孔起爆爆破技术等相应的措施来降低爆破过程中对被保护体的直接冲击，确保爆破的安全性。另外，还要重视爆破现场安全警戒工作，针对爆破现场的环境及实际情况来设置警戒点和起爆点，加强对施工现场的管理，禁止行人和设备的进出，对于交通路口要实施临时交通管制。爆破前要对待爆区内进行清场，将警戒区内所有人员都撤至警戒线外，直到爆破结束。爆破完成后，要详细进行检查，及时排除哑炮，避免留下安全隐患。

（三）对爆破施工人员的人身安全保障

爆破施工人员的安全性，就是通过提高爆破施工人员的职业防护措施，降低或消除爆破施工过程中爆破器材、环境等因素对爆破施工人员的伤害。我国目前民用爆破大部分的爆破器材都是民用爆炸物品，民用爆炸物品属于危险化学物品，具有易燃易爆、腐蚀性等特性。爆破施工人员在施工中，在接触民用爆炸物品前需要做好个人防护措施，正确佩戴安全帽、防护手套和符合国家标准的口罩等防护用品，降低或消除民用爆炸物品带来的危害。爆破后应等待足够的时间，待炮烟散尽环境安全后进行检查，防止吸入炮烟对施工人员造成人身伤害。

（四）爆破后的安全检查与处理

爆破完成后，爆破人员要严格按照规定时间进入爆破地点，对爆破现场进行检查，及时发现异常情况并进行处理。当确认爆破地点安全后，则可以解除爆破现场的危险警戒，爆破作业人员及时填写爆破记录。对于爆破现场发生盲炮或是怀疑有盲炮的情况，需要立即报告并及时进行处理，对于无法及时处理的情况，要设立明显标志，并采取相应的安全措施。在对盲炮处理时，危险区内严禁进行其他作业，无关人员不准在场。对于难处理的盲炮，需要由具有丰富经验的爆破员进行处理。盲炮处理时，不允许将起爆药包进行强拉或猛烈撞击，对于电力起爆时存在盲炮的情况，要及时切断电源。盲炮处理完成后要对爆堆进行检查，并将残留的爆破器材进行收集。

（五）加强人员的质量与安全培训

在爆破工程中，如果施工人员没有认识到质量管理和安全管理的重要性，就可能在施工中粗心大意、不按规范操作或操作失误，使得人员、设备、建筑物、被保护体等损害，也达不到爆破工程应有的质量水平和安全保护。因此，我们应对爆破工程中的所有人员进行质量及安全知识培训，使他们能够认识到自己的行为对爆破工程的影响，并能够掌握保护自己、提高爆破质量的办法，并学会预防和处理措施，从而提高对自我安全和对爆破工程质量和安全的保护。

四、安全监理强化策略

（一）提升安全监理人员整体素质

提高相关安全监理人员的工资待遇和工作条件、增大奖金奖励力度，对从事该方面工作的安全监理人员进行激励。对于新进职员，安全监理企业应增加对他们的培训，使他们多了解一些专业知识和专业技能。同时，使他们对于爆破工程的相关工作尽快熟悉起来，减少实施工作时的事故。另外，需要增加对社会大众的宣传力度，使得越来越多的青年民众增强对于爆破工程的了解，并发掘更多对爆破工程感兴趣的年轻人进入这个行业。

（二）构建完善的法律法规

现状下爆破工程在安全监理方面的法律法规还不够完善，为此便有必要构建完善的法律法规。一方面，在现有法律法规的基础上，比如《爆破安全规程》以及《爆破作业项目管理要求》等，进一步加以改进，从而使得爆破工程法律法规更加符合标准。另一方面，爆破行业资深人士，比如爆破技术专家、爆破行业协会人员以及政府职能机构等，需对现状下爆破工程在法律法规方面潜在不足提出意见及建议，以此利于爆破工程相关法律法规的完善。

（三）加强爆破安全监理控制

要想使爆破工程安全监理得到有效增强，还需加强爆破安全监理的控制工作。一方面，监理单位需要提供足够数量的监理设备，制定详细的工程概况、监理流程以及监理目标等细则。对爆破项目的设计进行审查，看其是否符合标准；同时对爆破项目进行安全评估，看其安全性是否有效保障。另一方面，需跟进爆破施工过程中的每项工序，在监督过程中若发现问题需及时制止。对监理工程师来说，需以国家颁布的《爆破安全规程》相关规定为依据，针对爆破现场的炸药以及起爆器材等详细且认真地进行相应的测试以及检验工作。此外，在装药时，要注意检查其工作内容是否按照审批方案进行，根据现场实际情况检查关键位置的装药和堵塞及各区段差段位。监理工程师要充分的了解到地质条件，合理地进行装药、埋药，合理地设计炮孔倾斜度、抵抗线，做好充分的防护，减少爆破飞石的产生。

（四）明确爆破工程安全施工各方责任

要想使爆破工程安全监理得到有效加强，便有必要加强爆破工程的安全施工。然而，爆破工程施工是一项系统且复杂的工作，为此有必要进一步对爆破工程安全施工各方责任加以明确。确保各方在自身岗位中均能够敢于承担责任，进一步使爆破工程施工工作的顺利进行。一方面，在爆破作业过程中，需严格按照《爆破安全规程》涉及的法律法规进行。另一方面，需对现场施工人员的各项工作进行合理、规范的编排。此外。爆破工程安全监理领导者需具备很好的组织能力以及决策能力，能够协调好各项工作以及各方责任的执行。相信在各方责任充分明确的条件下，爆破工程施工的安全性将能够得到有效增强，进一步增强爆破工程的安全监理。

爆破工程具有复杂性和高危险性特点，在爆破过程中，需要做好各方面的安全控制和应对措施，全面提高爆破的质量。在具体爆破施工过程中，要保证设计的科学性和合理性，强化安全管理，进一步对爆破施工人员的行为进行规范，严格按照相关的安全规范和操作规程要求进行作业，严查爆破工程中的各种安全隐患，制定合理的爆破方案，确保爆破工程质量的全面提升，为爆破作业的顺利实施奠定良好的基础。

第六章 混凝土工程

第一节 混凝土骨料源的选择及加工技术

水利水电工程一般混凝土工程量巨大，混凝土骨料源的选择对工程质量和投资有直接影响。特别是水利水电工程的坝体属永久性工程，对混凝土质量要求极高，因此，混凝土骨料源的选择也关系到工程质量和大坝安全。根据国内近年有关水利水电工程的经验教训，骨料源选择研究工作是否充分，直接关系到工程建设能否顺利进行。料源选择的关键就是料源生产的骨料是否满足工程混凝土的要求。

一、骨料的品质

水工混凝土中骨料体积一般占混凝土体积的80%以上，骨料的性能好坏直接关系到水工混凝土的质量。因此，在水利水电工程建设中，如何选择好的、合适的骨料，对于保障水工混凝土的产品质量和工程安全具有非常重要的意义。在我国工程建设中，对混凝土所用骨料的品质作了相应的具体规定。

（一）母岩的力学性能

一般来说，母岩的力学性能决定了骨料的力学性能。骨料的强度可用母岩的抗压强度和骨料的压碎指标表示。对制备骨料的母岩在《建筑用砂、石》（GB/T14685—93）中规定，采用直径与高均为50mm的圆柱体或长、宽、高均为50mm的立方体岩石样品进行试验，在水饱和状态下，其抗压强度应不小于45MPa，其极限抗压强度与所浇注混凝土强度之比不应小于1.5倍。在《建筑用卵石、碎石》（GB/T14685—2001）中规定在水饱和状态下，变质岩应不少于60MPa。由此，国家相应规范中似乎有提高岩石抗压强度的要求。《普通混凝土用碎石或卵石质量标准及检验方法》（JGJ53-92）要求骨料所起的骨架作用计算骨料的强度，一般要求相应的骨料母岩强度应大于混凝土强度的1.5倍以上，同时要求变质岩岩石抗压强度大于60MPa；但在《普通混凝土用砂石质量标准及检验方法》（JGJ53-2006）中认为岩石的立方体抗压强度应比所配制的混凝土强度高20%以上；而《水利水电工程天然建筑材料勘测规程》（SL251-2000）要求岩石抗压强度大于40MPa。有关岩石强度的要求，均没有找到相应的解释说明。国外对混凝土骨料的品质要求经过查阅美国的 Standard Specificationfor Concrete Aggreagates（C33-01）和欧洲的 Aggregatesfor concrete(BS EN12620: 2002)规范，对岩石强度也没有提出明确具体的要求。

（二）压碎指标

《建筑用卵石、碎石》（GB/T14685—20012001）中将骨料分为三类，Ⅱ类宜用于强度等级 C30-60 及抗冻、抗渗或其他要求的混凝土，Ⅲ类宜用于强度等级小于 C30 的混凝土；不同类的骨料，其压碎指标不一样，Ⅱ类压碎指标要求小于 20%，而Ⅲ类压碎指标要求小于 30%。美国和欧洲规范中对压碎指标没有规定。

在我国的公路混凝土中对骨料还有一项指标"跌落损失"，也是一项比较重要的指标。

（三）骨料的坚固性

骨料的坚固性是反映骨料在外力、环境或其他物理因素作用下抵抗崩解的能力。《水工混凝土施工规范》（DL/T5144-2001）中规定配制有抗冻要求的混凝土的骨料坚固性不应大于 5%，无抗冻要求的混凝土的骨料坚固性不应大于 12%；在 2006 版《普通混凝土用砂石质量标准及检验方法》中认为，在严寒及寒冷地区使用，并经常处于潮湿或干湿交替的状态下的混凝土，其骨料的坚固性指标质量损失不应大于 8%，有腐蚀性介质作用或经常处于水位变化区的地下结构或有抗疲劳、耐磨、抗冲击等要求的混凝土用碎石或卵石，其质量损失也不应大于 8%。美国 C33-01 中对细骨料的抗硫酸盐测试采用五次循环法：侵蚀介质为 Na_2SO_4 时，平均质量损失不能大于 10%；采用 $MgSO_4$ 时，平均质量损失不大于 15%。如果细骨料供应方能够向买方或专家提供资料证实：当采用同一料场相似特性的细骨料拌制的混凝土应用于相似气候环境时，可以表现出满意的结果，这种情况下细骨料虽不能满足以上的要求，但仍可以使用。如果细骨料没有相关的使用记录，且不满足以上的要求，但满足以下要求时仍可使用：在混凝土的冻融循环试验中表现出较高的抗冻性。粗骨料也应适用这一说法。

（四）骨料品质中有不合格项的处理

从目前查阅的国内外规范来看，对骨料的品质指标都做出了比较明确的规定，但这些指标是否是必须全部满足才能用呢？在规范中基本没有给出强制性规定，一般在文字表述中采用"宜""应当"等。从不同的规范来看，这些指标值是不一样的。从骨料的实际检测工作来看，在不同的工程中使用的骨料其某些指标相差往往也是很大的。如美国对于骨料品质检验有不合格项的骨料，美国 C33-01 规范中有明确的说明，当粗骨料的检测值超出所限定的最大值，但满足以下要求时仍可以使用：供应方能够向买方或专家提供资料证实，在相同的气候和使用环境下，同一料场提供的粗骨料所拌制的混凝土能够达到预期的要求；有记录证实，由该骨料拌制的混凝土的相关性能可以达到设计要求。因此，从混凝土的性能来最终判断骨料是否可用是一个基本的常识。

（五）骨料的碱活性

水利水电工程骨料碱活性的检测依据《水工混凝土砂石骨料试验规程》（DL/T5151-2001）进行（同 ASTMC1293-1997）。根据该规程规定：当1年龄期时（40℃、100%RH条件下）混凝土棱柱体的膨胀大于0.040%时，集料将被判定为碱活性的。另外还有一种方法——中国压蒸快速法，该方法是我国唐明述教授等提出的一种鉴定碱骨料反应的快速法。该法包括两个部分：一是针对碱硅酸反应的"小砂浆棒快速测长法"，该方法已被列为中国工程建设标准化协会标准，编号为CECS48：93，并已被列为法国国家标准NFP18-588；另一种是针对碱碳酸盐反应的"小混凝土柱快速测长法"。中国压蒸法的特点是在两天内就能得到试验结果。也有观点认为，该方法试验条件较苛刻，易产生过分的反应，但"只会错判，不会漏判"。

虽然混凝土中的碱活性反应被称为混凝土的"癌症"，有点谈虎色变，实际上至今在我国发现确证由于碱活性反应引起的混凝土破坏的工程案例，尚没有看到。在试验研究中发现混凝土中粉煤灰的掺量达到15%或20%以上就可以有效的抑制骨料的碱活性。而我国无论过去还是现在，水工混凝土中粉煤灰的掺量一般都很高，现在常态混凝土一般在30%以上，碾压混凝土一般在50%以上，因此在这么高的粉煤灰掺量的情况下，要发生碱骨料反应也是很难的。因此，从这个角度来看，具有碱活性的骨料在水工混凝土中并不是一定不能用，必须结合工程实际情况进行综合考虑。实际上骨料的碱活性反应在混凝土中并不是没有好处的，如些微的碱骨料反应可改善混凝土中骨料和水泥浆体过渡区的性能，有益于混凝土性能的提高。

（六）混凝土性能对骨料品质的要求

选用骨料的一个重要因素就是用其配制的混凝土必须满足工程混凝土的设计要求，这也是对骨料的基本要求。在满足工程混凝土设计要求的基础之上，我们要考虑的混凝土性能，一般来说，应着重于以下3个方面：

1. 混凝土的抗裂性能，目前对混凝土抗裂性能的评价，有不同的评价方式，采用不同的评价方式可能结果有些差异。总的来说，通过混凝土的抗裂性能综合评价混凝土的质量，从而来判断骨料的品质，不失为一种好的方法。

2. 水工混凝土由于其体积巨大，又叫大体积混凝土，对混凝土的温度裂缝控制是一个重要议程。因此，混凝土的热学性能也是应考虑的一个重要因素。一般来说，灰岩配制的混凝土线胀系数比较小，白云岩配制的混凝土线胀系数较大。线胀系数小有利于混凝土的温度裂缝的控制。

3. 混凝土的耐久性，前面论述的骨料坚固性实际上也是评价骨料耐久性的一种方法，而混凝土的耐久性也有其耐久性的特有评价方法，如常用的抗冻性、抗渗性等。

（七）其他

实际工作中，对于料源的选择不能用简单的几句话就能够说清楚的。对于水利水电工程来说，这也是一项系统工程。前面只是从工程材料的角度以及工程混凝土的设计角度对骨料品质要求进行了简要的阐述，实际上，料源的选择还要考虑的因素很多，如料源骨料的储量、加工性能、运输、经济性核算，等等，而加工性能又包括成品的粒形、加工的能耗以及破形机器的选择等等许多方面的内容，限于篇幅，在此不做阐述。

总之，骨料源的选择是水利水电工程中一项非常重要的工作，其直接关系到工程混凝土的质量以及大坝的安全，同时也是工程能否按计划和设计要求建设完成的一项重要保证。

二、骨料的加工技术

混凝土再生骨料加工方法一般有机械破碎法，近年来随着科学技术的进步，其他方法也随之产生。

（一）常规加热法

将适度大小的混凝土废料块加热到 50℃ 左右约 2h。通过热膨胀所产生的热应力，使混凝土废料发生断裂，进而使用机械破碎方法除去砂浆，获取再生混凝土骨料。这一方法的缺点是耗时长，而且由于混凝土废料受到均匀的缓慢加热，粗细骨料温度也一并上升很高，从而改变了骨料的力学性质，导致获得的再生混凝土骨料品质降低，影响由此生产出的再生混凝土性能。

（二）机械破碎法

这种技术是使用机械力碾压破碎混凝土废料，去除砂浆获得再生混凝土骨料的方法。在国外，这种方法使用了两种碾压设备：转子偏心轴和机械研磨。但是使用这种方法碾压获得的骨料除去旧砂浆不彻底，而且耗能大，破碎过程中会使骨料内部的微裂纹增加，严重影响再生骨料的品质和后续生产出的再生混凝土质量。

（三）酸浸破碎法

这是近年来国外学者提出的一种新方法。将混凝土废块预浸在 0.1M 酸性溶液中 24h，通过化学反应除去粗骨料周围的砂浆体。用这种方法获得的再生混凝土骨料的吸水率较低，范围在 7.27%～12.17% 之间，有较好的质量。主要缺点是经盐酸和硫酸处理后的再生骨料中氯化物和硫酸盐含量的增加可能会导致耐久性下降，并且处理后的酸液污染环境，难以处理。

（四）化学机械加工法

这也是国外学者建议的方法，实质是使用组合化学降解，将混凝土废料块接触硫酸钠溶液，并使用机械应力使砂浆通过冻结与解冻剥离，进而获得再生混凝土骨料。这一方法多用于再生骨料分类，不适合于大规模再生骨料的生产。

为了满足基础建设事业的健康持续发展，人们经过研究提出并发展了从拆除建筑物产生的混凝土体中加工再生骨料，生产再生混凝土，从而有效保护自然环境的方法。目前再生混凝土已在一定程度上取代了原生混凝土，产生了良好的经济和社会效益。

在推广使用再生混凝土的过程中，人们也发现了一些需要研究解决的问题，其中主要有改善再生混凝土的性能、寻求高效快速的混凝土再生骨料加工技术，以及利用混凝土加工再生骨料的速度和效率。再生骨料的质量是制约再生混凝土应用的关键因素，因而研究快速高效的混凝土骨料加工技术与方法具有重要的工程意义。

第二节 钢筋与模板工程

水利工程的施工模板在整个混凝土施工的过程中有着巨大的工程量，施工难度也就相应的比较高，所以必须采取先进化、现代化的模板施工的技术，这样在提高水利工程模板工程的施工进度的同时，也能保障施工工程的质量。由于水利工程在我国的发展较为迅速，相应地，对于水利工程施工模板的工程技术也就有着越来越高的要求，然而在当前的模板工程施工的过程中依然存在着许多的不足之处，所以需要具体地就钢筋混凝土的施工模板工程的技术开展分析与探讨。

一、模板工程技术的相关内容

（一）模板工程技术的重要性

水利工程施工中模板工程的系统包含了模板与支撑这两大部分。让混凝土与模板直接地接触，可以使混凝土与结构构件设计的尺寸、空间位置和形状的要求相符合。而支撑系统是用来支撑模板的，它能够有效保证模板的位置正确，而且能够承受钢筋混凝土、模板和施工的荷载。如若模板的本身并不牢固，其接缝也不严密，就很容易使得混凝土发生漏浆的现象，从而造成混凝土的蜂窝麻面，甚至减弱混凝土强度。而假如支撑不牢固的话，在混凝土的浇捣过程中就容易使得模板产生错位、变形，使得结构构件的位置和尺寸发生偏差，更严重的话甚至会导致倒塌事故的发生。所以，施工模板的制作和安装有着极其重要的地位，必须保证其达到规定的质量要求。

（二）模板工程的相关材料

模板有着足够的刚度、强度以及稳定性，能够可靠地承受所规定的各种施工的荷载，而且保证模板的变形是在允许的范围之内。模板的表面要求必须平整光洁、接缝密合，不会漏浆。所以应该要选用和混凝土的结构特征、浇筑方法以及施工条件等各方面都相适应，并且结构面较大的模板和模板支架。除此之外，内倾模板和竖向模板都应该设置选够的外部栏杆与内部撑杆，从而保证模板的稳定性。而且支架立桩必须在两个相互垂直的方向上加以固定和审实。

（三）模板工程安装时的基本要素

模板以及它的支撑都必须要有足够的刚度、强度与稳定性，而且支撑部分也必须要有一定的支撑面积。假如模板安装在基土之上，那么基土就必须要坚实，还要加垫支撑板，这样才能保证模板的接缝处不会漏浆。假如有预埋件，就必须要安装牢固，其位置也必须要正确。如果在雨季施工，就必须要有排水的措施。在浇筑混凝土之前，必须清理干净模板里的泥土和杂物。模板的截面尺寸和位置也必须要符合相关的设计要求。

二、钢筋模板工程的施工技术

（一）钢筋材料及其存放

1.严格控制钢筋的原材料质量

钢筋在进场之前必须要有产品的出厂合格证，而且要经过复检试验，并提出试验的报告，只有证明了钢筋的技术数据与我国现行的技术标准相符合，才可以进行验收。假如产品没有出厂合格证或者是抄件的手续不符合规定，又或者材料和证明不相符合，批量也不清楚，那么这些钢筋都不能进行验收，更是严格禁止使用。

2.钢筋材料的存储要求

钢筋作为原材料需要堆放在料棚或者仓库里面。如果不具备仓库和料棚，就应该要堆放在较为平坦、土质坚实、地势较高的露天场地内，而且在四周要挖掘排水沟或者形成一定的排水坡，从而有利于泄水。在钢筋垛下则要垫枕木，使得钢筋离地不小于20cm，又或者用堆放架来堆放钢筋，还有利于来区别钢筋不同的牌号和等级，也有助于存取。

（二）钢筋的联结

钢筋的联结可以分为机械连接、焊接或者绑扎搭接。机械连接和焊接的接头类型与质量都需要符合国家现行的有关规定。而受力钢筋接头应该设置在受力比较小的地方。同一根钢筋之上应该少设一些接头。

（三）严格地控制混凝土的原材料质量

用于工程之中的水泥，必须要有所生产厂家出示的品质试验报告与出厂合格证明，而且使用单位也要再次进行验收的检验，在必要的时候，复检也是在所难免的。除此之外，水泥还应该按照标明的生产厂家的出厂批号与品种强度等级来分门别类，整齐摆放，不能混放。钢筋混凝土的原材料只有在检验合格之后才可以投入使用，而且用于混凝土搅拌的计量器必须要计量准确。在每次计量之前，对计量的设置进行零点的效核都是必要的，而且只有取得了开仓证明之后才可以浇筑混凝土。

（四）加强混凝土的施工质量的控制

1. 聚合物水泥砂浆类材料

水泥砂浆在混凝土建筑的修补工程中有着广泛的应用，它是建筑物防腐、防冻、防渗的重要材料，也是施工方便、性能可靠而且经济的修补材料。由于水泥砂浆的化学性能与机械性能都远远优于其他的胶乳，如今已经被列入相关的施工规程与设计规范，并在提高施工的速度和质量方面有着重要作用。

2. 新型灌浆材料

目前，我国新型的化学灌浆材料主要是利用聚氨酯与环氧树脂在充分的条件之下制备出来的。这种化学灌浆材料具备了聚氨酯与环氧树脂两种化学物质的性能和优点，不仅凝结时间可以调控、变形性好、强度高、可灌性好，而且适合水下灌浆。总的来说，它就是一款适用性强、性能优良的多功能灌浆材料。

（五）混凝土裂缝注浆技术

环氧树脂这类高分子的材料自从被应用在混凝土建筑物的裂缝修补工程中之后，它已然成了如今仅次于水泥与钢材的存在。过去传统的方法是依靠人工的控制把树脂浆液注入裂缝里。然而，当环氧树脂的浆液黏度较大，而裂缝的宽度又相对较小时，这种传统的修补方法就不一定能成功了。如今，有一种叫作"壁可"的注浆技术，它是利用橡胶管能够弹性收缩压力这一特点来自动完成注浆的任务。这种方法可以均匀缓慢地将缝隙里的空气给压进混凝土的毛细管之中，并且通过混凝土自然的呼吸作用来排出，这样就能有效避免气阻现象的发生，进而保证灌浆的质量。

（六）钢板及碳纤维补强加固新技术

在20世纪60年代，混凝土结构的外面粘贴钢板的补强加固技术才开始发展，然而如今它已然成了国内外都适用的加固技术，而且适用面较广。钢板能够通过黏结剂强大的黏结力来与结构结合成一体，从而共同承担工程的荷载，并对结构的抗剪、抗拉、抗弯等能力补强，从而提高结构的韧性与强度，恢复其承载的能力，延长其使用的寿命。而且钢板的贴合地方的混凝土会受到约束，所以能够有效地控制已有裂缝进行扩展，并防止产生新的裂缝。所以，黏结剂性能和粘贴工艺成了工程能否成功的关键。

（七）模板的拆除

拆除模板时，混凝土的强度应该能够保证它的棱角和表面不会受到损伤。而拆除后的模板与支架应该要分散地堆放，而且要及时地进行清运。在拆除模板的过程中，应该要根据锚固的情况，分批地拆除连接件，以防大片的模板掉落，并且要使用专门的工具，这样才能减少对模板还有混凝土的损坏。至于拆下来的模板和支架机构件，需要及时地清理和维修，而暂时用不到的模板则要分类整齐摆放。

总的来说，水利工程的模板工程在进行施工时，应该要将钢筋混凝土的施工模板工程作为案例，必须要严格地保证钢筋工程和混凝土工程施工的质量，尽量避免水工的混凝土建筑物由于所受水的荷载和温度的变化等不利条件的影响，从而导致工程建成后会带病运行。而且质量不合格，会加快工程的老化，进而致使其不能正常地、平稳地运行。所以，在水利工程的建设中，模板工程的技术有着至关重要的作用。

第三节　混凝土制备与运输

一、混凝土的制备

（一）混凝土试配强度确定

混凝土配合比的选择，是根据工程要求、组成材料的质量和施工方法等因素，通过实验室计算机试配后确定的。所确定的施工配合比应使拌制出的混凝土能保证达到结构设计中所要求的混凝土强度等级，并符合施工中对和易性的要求，同时还要合理地使用材料，节约水泥的原则。必要时，还应符合抗冻性、抗渗性等要求。施工中按设计图纸要求的混凝土强度等级，确定混凝土配置强度，以保证混凝土工程质量。考虑到现场实际施工条件的差异和变化，因此，混凝土的试配强度应比设计的混凝土强度标准值提高一个数值。

（二）混凝土施工配合比

混凝土中的各个组成材料只能按最佳的比例配合，才能使强度等级达到最大值。各种材料间的比例即是混凝土的施工配合比。混凝土配合比应该根据材料的供应情况、设计混凝土强度等级、混凝土施工和易性的要求等因素来确定，并应符合合理使用材料和经济的原则。合理的混凝土配合比应能满足两个基本要求：既要保证混凝土的设计强度，又要满足施工所需要的和易性。

混凝土的配合比是在实验室根据初步计算的配合比经过试配和调整而确定的，称为实验室配合比。确定实验室配合比所用的砂、石都是干燥的。而施工现场使用的砂、石都具有一定的含水率。为保证混凝土工程质量，按配合比投料，在施工现场要按砂、石的实际含水率对愿配合比进行修正。根据施工现场砂、石含水率，调整以后的额配合比成为施工配合比。

二、混凝土的运输

混凝土是水利施工中不可或缺的材料，随着对水利工程要求的提升，对混凝土也提出了更高的要求，混凝土施工多经过搅拌配置、运输、施工几个环节，运输则是指从配置点将混凝土运至仓面。

（一）运输条件

混凝土在搅拌后通常需要立刻运至施工现场，若在途中发生质变、分离等情况，必将会影响到施工质量，所以要重视混凝土的运输，以保证混凝土质量在运输中须确保容器的严密性，内壁要光滑平整，不能黏附太多的混凝土，应方便清洗；运输要具有连续性，尽量不要中断，否则可能会错过施工的最佳时机；运输道路要平坦，如果颠簸太过严重，极易出现离析现象。另外还需注意一些事项，搅拌后待混凝土完全凝固方可运输，到达现场卸载时，高度不得超过 2m，否则易破坏混凝土的稳定性；而且在卸载时，应保持出口通地面的垂直状。

（二）运输方式

混凝土搅拌好后运往施工现场多为水平运输，包括混凝土泵、汽车、皮带机、搅拌运输车等在运至现场后还需利用缆机、塔机等将混凝土运至指定地点，多为垂直运输类型和运输方式不同，在工具选择方面有所差异，应根据实际情况而定汽车运输和机车运输较为常见，前者比较灵活，为避免出现分离现象，对运输距离和坍落度都有一定的要求，运输距离不超过 1.5cm，坍落度不超过 5cm 时工程量较大时，要考虑经济性，可选用机车运输，无须过多的设备，作业效率较高，而且成本低、具有良好的适应性，在实际中有着广泛应用。

第四节　混凝土的浇筑与养护

一、混凝土浇筑工艺

（一）浇筑前准备工作

（1）浇筑前对仓面必须进行检查，不合格，不能开仓浇筑。（2）对于砂砾地基，应清除杂物，整平建基面，再浇 10cm ~ 20cm 低标号混凝土作垫层，以防漏浆；对于土基，应先铺碎石，盖上湿砂，压实后再浇混凝土。（3）仓面如是岩石基础，首先检查基坑边线模板尺寸是否符合图纸要求，地质断层、破碎带处理，岩基上杂物清除情况。检查钢筋模板是否符合设计，埋件、管道等隐蔽工程是否已安装，所有安装物是否妨碍浇筑，有碍于平仓振捣。（4）仓面如果是易风化的岩基及软基，力求避免破坏或扰动原状土壤，在立模绑筋以前，最好做素混凝土的临时保护层，以免破坏地基，也便于施工。（5）仓面如是老混凝土，应先检查混凝土面的凿毛和清洗工作，再检查钢筋、埋件、模板是否符合设计要求。（6）仓面如是板、梁或立柱，应检查好受力钢筋根数，钢筋的接头位置，钢筋与模板之间的保护层是否满足。

（二）入仓铺料

（1）基岩面和新老混凝土施工缝面在浇筑第一层混凝土前，第一层应铺 2cm ~ 3cm 厚的水泥砂浆。砂浆的水灰比应比浇混凝土的水灰比减少 0.03 ~ 0.05。铺设工艺应保证新混凝土与老混凝土或岩基很好的结合。（2）混凝土入仓后，混凝土的浇筑应按厚度、次序、方向，分层进行，且浇筑层面平整。每一个下料点，下料的数量要定量，并按一定的次序循环进行。混凝土的浇筑厚度每次通常为 20cm ~ 30cm，浇筑次序和方向，应从一头开始，逐渐向前推进。如混凝土较厚，可分几层斜坡台阶式推进。在倾斜面浇筑时，应从低处开始，浇筑面保持水平。混凝土浇筑坯层厚度，应根据拌和能力、运输能力、浇筑速度、气温及振捣能力等因素确定，一般为 30cm ~ 50cm。（3）为保证浇筑块内的各浇筑层能够形成一个整体，在下层混凝土未初凝之前，覆盖上层混凝土，否则，已初凝的混凝土表面将产生乳皮，在振捣中无法消失，上、下层混凝土间形成薄弱结合面。在浇筑过程中，混凝土浇筑应保持连续性，若层间间歇时间超过混凝土初凝时间，则会出现冷缝。（4）混凝土浇筑允许间歇时间通过试验确定。如因故中止，并且超过允许间歇时间，用振捣器振 30s，周围 10cm 内能泛浆，不留孔洞，仍可继续浇筑。如不能继续浇筑，则应立即封仓，停止浇筑，待混凝土强度达 2.5MPa 后，可用压力水、风砂枪等将表面混凝土刷成毛面，清晰干净，再继续浇筑。（5）混凝土浇到结构物顶面，如属永久表面，应立即抹平压光，可以再撒一点水泥压光，不能等混凝土凝固了，再做表面处理。如是临时表面，刮平即可，不必抹光。（6）若混凝土浇筑分块尺寸和铺料层厚度已定，为了避免出现冷缝，应采取措施增大运浇能力。若运浇能力难以增加，则考虑改变浇筑方法，采用斜层浇筑法，倾斜角不宜大于100；台阶法的层数不宜超过3～5；台阶宽度宜大于1.0m；浇筑块高度不宜超过1.5m。

（三）平仓与振捣

入仓的混凝土应及时平仓振捣，不得堆积。混凝土的浇筑应先平仓后振捣，严禁以振捣代替平仓。

1. 平仓

浇入仓内的混凝土随浇随平仓，不能堆积，一成堆，骨料容易分离。浇混凝土时，严禁在仓内加水，如发现混凝土和易性差时，必须加强振捣，如不能扭转和易性，则应检查坍落度是否偏小。浇筑期间，混凝土表面泌水较多时，应及时排除泌水，但严禁在模板上开孔放水，带走灰浆，并及时找出原因。当仓面较稀而不泌水，人踩上去陷得很深，应检查是否砂料多，而骨料少。浇筑速度要调整好，不能局部过于集中下料，下料要均匀有序。

2. 振捣

振捣是混凝土施工中的关键作业。振捣混凝土时，每一位置的振捣时间一般为20s～30s，以混凝土不再显著下沉，不出现气泡，并开始返浆为准。振捣棒要垂直插入混凝土，按顺序振捣，中间不要偏振。振捣棒两次插入的间距，不超过振捣棒有效半径的1.5倍，不能触动钢筋及预埋件。振捣棒距模板的垂直距离，不应小于振捣棒有效半径的二分之一。

振捣设备的振捣能力应与浇筑机械和仓位的客观条件相适应。混凝土振捣常用振捣器进行，对于少数零星工程或振捣器施工不便时可采用人工振捣，对于大型机械（如塔带机）浇筑的大仓位宜采用振捣机振捣。混凝土振捣器按振捣方式的不同，插入式适用于大体积混凝土的振捣；外部式只适用于柱、墙等结构尺寸小且钢筋较密的构件；表面式只适用于薄层混凝土的振捣。

当使用手持式振捣器时应遵守下列规定：①振捣器插入混凝土的间距，根据试验确定并不超过振捣器有效半径的1.5倍；②振捣器宜垂直按顺序插入混凝土。如略有倾斜，则倾斜方向应保持一致，以免漏振；③振捣时，应将振捣器插入下层混凝土5cm左右；④严禁振捣器直接碰撞模板、钢筋及埋件；⑤在预埋件特别是止水片、止浆片周围，应细心振捣，必要时铺以人工捣固密实；⑥浇筑块第一层、卸料接触带和台阶边坡的混凝土应加强振捣。

当使用振捣机等其他振捣设备时同样应注意插点间距、距离模板等的距离、插入下层混凝土的深度等有关施工规定。振捣时间以混凝土粗骨料不再显著下沉，无气泡产生，并开始泛浆为准，应避免欠振或过振。

二、混凝土养护

混凝土浇筑完毕后，在一定的时间内保持适宜的温度和湿度，以利于混凝土强度的增长。水工混凝土养护是混凝土生产中周期最长的工艺过程，养护时间视当地气候条件及水泥品种而定，一般养护从混凝土浇筑完毕 12h ~ 18h 开始，并持续 21d ~ 28d，有特殊要求的部位宜适当延长养护时间。

常温下，水平面混凝土的养护，可用水覆盖，也可用湿麻袋、草袋、锯末、湿砂等覆盖；垂直方向的养护可以进行人工洒水，或用带孔的水管进行定时洒水。

永久暴露面采用长期流水养护。坝块左右侧面使用小流量的水喷洒或人工洒水养护，特别是低块浇筑时，既要养护好侧面又不能将水流到仓内；水平仓面养护当新浇混凝土初凝后，表面即可进行人工洒水养护，对较大的仓位连续浇筑在两个班以上的，对先浇的部位进行洒水，但不能将水流到未初凝的混凝土面上。在浇筑层面养护时，严禁借洒水养护进行压力水冲毛。

混凝土的浇筑与养护是保证工程质量的两个重要的程序和环节。要有好的设计和施工，并且每一环节的质量控制都应落到实处，为水工施工不断提高质量、缩短工期、降低造价，改善结构性能，保证水工建筑物的永久使用性。

第五节　混凝土坝施工

水利水电工程是关乎国家国民生计的工程，在经济发展中占有重要地位，近年来，在经济不断发展的背景下，促进了水利水电工程的飞速发展。在水利水电施工中，筑坝工艺技术对水利水电工程的质量有着直接的影响，也是施工的重要环节。例如土石坝施工技术作为水利水电建设工程中的重要组成部分，其造价低、便于施工、结构简单等众多优点，使得该技术广泛地应用于我国水利水电施工筑坝工程中，其施工的好坏对水利水电整个工程有着直接的影响。因此，我们有必要深入探讨水利水电施工中筑坝工程施工技术，进而为提高整个工程的质量提供依据。

一、混凝土施工管理的意义

为了对将来生产经营活动有一个合理适当的安排，施工单位可根据实际所需制定相关计划，并确保各计划间形成相互制约与依存的体系，在编制计划时应结合成本、质量及进度来制定，并且所有计划都以预期目标为指标对具体内容标准进行规范，而各指标又统一成为科学的指标体系，这是水利水电工程中混凝土管理计划的重点与关键。因此，水利水电工程中混凝土管理的加强，即是合理科学地制订出计划目标，并以此为基础进行总体的施工安排。加强水利水电工程混凝土管理，就是根据实际需要，制订出客观科学的计划安排，为整个计划体系的合理运作创造良好条件，确保具体施工工序合理有序进行，使成本、质量及进度三方面的控制得以有效实现，在提高施工单位经济效益并促进其健康发展方面发挥重要作用。

二、混凝土坝施工技术

（一）原材料配比的确定技术

混凝土是水利水电施工中筑坝工程使用的主要施工材料，众所周知，施工材料的质量在很大程度上决定了整个工程的质量。因此，施工单位在筑坝工程施工中，要重视混凝土的原材料配比问题，这是筑坝工程顺利实施的基础和前提。原材料的配比若是没达到施工要求，混凝土的质量会下降，碾压的质量也会随之受到影响。原材料配比的差异性经常体现在碾压混凝土稠度范围、混凝土含沙量、骨料最大粒径、水泥灰浆量等。除此之外，原料的含水量对碾压的质量也有非常大的影响。在土石坝工程施工中，土石料的含水量、表面积大小、亲水性能以及黏土颗粒大小等都会影响土石料的性能。因此，施工单位在加工土石料的时候，必须要严格遵守施工操作规范，对混合料的含水率进行控制。对原材料配比确定技术进行合理利用，从而提升筑坝工程整体质量。

（二）摊铺碾压技术

摊铺碾压技术是水利水电施工中筑坝工程的重要内容，也是关键环节。它可以有效地提升施工工序的合理性，在实践施工中，为了保持坝面的平整性，工作人员通常会采用平仓机或推土机对混凝土进行摊铺，并采用串联摊铺的方式来进行相应的卸料工作，避免混凝土在摊铺过程出现骨料分离现象。为了保证摊铺料厚度均匀，需要保证设计铺料厚度与坝轴线平行，并且保证铺料随铺随卸，并且在铺填中，防止坝面凸凹不平，以避免降雨积水给坝体带来的质量问题。为了防止超压而造成的坝体剪力受到破坏，在施工中应当设置专用的临时通道，还能避免不同原料的混合。压实是碾压施工的重要环节，一般要求在坝面压实符合规定的标准后才能铺设新的材料，在压实施工中需要按照一定的次序进行，以防止漏压或过压现象。坝体的压实需要根据实际情况，选用合适的器械进行，例如在土石坝施工压实中，通常需要考虑坝体砂石土料的性质、机械所产生的外力、施工的强度、工作面的大小以及压实面的部位来对机械设备进行选择。若在摊铺过程中，出现骨料分离现象，工作人员应当及时采用措施，保证铺料的顺利进行。此外，在碾压施工中，为了持续增加浇筑层的实际高度，工作人员可以实施碾压持续升高施工的技术，从而保证了坝体的稳定性，促进了水利水电施工中筑坝工程质量的提升。

（三）振捣

在对混凝土拌合物进行振捣时，可以采用插入振捣、表面振捣及外部振捣三种方式，插入式振捣属于较为常用的振捣方式，利用插入式振捣器按一定顺序间距，将其插入到下层混凝土中进行振捣，每点需要振捣 20 秒左右，以振捣器周围能够见到水泥浆为准，需要控制好振捣时间，无论是振捣时间长或是振捣时间短都会对混凝土拌合物的均匀性带来较大的影响。

（四）重复灌浆技术

在水利水电施工中筑坝工程进行过程中，重复灌浆技术是一项非常重要的技术，可以保证筑坝工程的顺利进行。重复灌浆技术的应用流程具有一定的复杂性，首先，施工人员要结合实际情况在混凝土中适当增加水泥灰浆的含量。其次，要使用插入式振捣器对混凝土进行振动密实，以此提高混凝土原料的可振性，形成更高性能的混凝土。相对于其他几项技术来说，重复灌浆技术的施工结构更为简单一些，技术应用成本也比较低，应用在筑坝工程施工之中，可以提高坝体的稳定性，防止灌浆在浇筑的过程中出现裂开现象。除此之外，在应用重复灌浆技术的过程中，为了达到坝体持续上升的要求，施工人员可以采取全悬臂钢模板形式，通过上下交替上升，有效提高筑坝工程的施工效率。

（五）仿真技术

在筑坝工程施工过程中，仿真技术是其核心内容之一。一般来说，在水利水电施工中筑坝工程中应用仿真技术，可以提高筑坝工程施工的整体效率。仿真技术是一项先进的技术，应用在水利水电施工中筑坝工程中，可以创设出一个接近真实的环境模拟，相关技术人员可以利用这个环境模拟探索出更好的筑坝工程施工技术，同时也可以为筑坝工程中其他关键性技术的应用奠定良好的基础。施工人员可以利用仿真技术了解到施工过程中的一些关键环节和关键技术，提前发现一些可能出现在施工过程中的问题，结合实际施工情况采取有效的解决措施，将问题扼杀在出现之前，进行有效的规避，这样不仅可以提高工程的质量，还能有效提高施工效率和整体的施工水平。

（六）养护技术

在水利水电施工中筑坝工程中，养护技术也是一项关键性的技术，相关人员必须要做好坝体的养护工作，这样才能保证坝体使用的安全性和稳固性，同时还能提高坝体的使用寿命。坝体层间的接触面比较脆弱，而且筑坝工程在施工过程中受到很多外界因素的影响，比如天气气候条件、坝体平整度和坡度等，都可能造成坝体质量的下降。施工单位必须要对此加以重视，做好坝体的养护工作，提高坝体工程的可靠性和合理性。

三、混凝土温度控制

在混凝土坝施工过程中，由于施工速度较快，所以需要严格对其进行温度控制，确保坝体内的温度保持在设计值范围内，不仅有利于避免坝面和坝体内部混凝土出现裂缝，同时还会提高大坝的防渗性能和耐久性能。所以需要充分的了解混凝土大坝内部的温度场和发展变化情况。加强对大坝内部混凝土温度的监测，对于发现异常情况时可以及时采取补救措施。

（一）温度控制措施

温度控制的具体措施通常从混凝土的减热和散热两方面入手。所谓减热就是减少混凝土内部的发热量，如通过降低混凝土的抖来降低入仓浇筑温度；或者通过减少混凝土的水化热温升来降低混频的最高温度；所谓散热就是采取各种散热措施，如增加混凝土的散热温升期采取人工冷却降低其最高温升。

（二）坍落度检测和控制

混凝土出拌合机以后，需经运输才能到达仓内，不同环境条件和不同运输工具对于混凝土的和易性产生不同的影响。由于水泥水化作用的进行，水分的蒸发以及砂浆损失等原因，会使混凝土坍落度降低。如果坍落度降低过多，超出了所用振捣器性能范围，则不可能获得振捣密实的混凝土。因此，仓面应进行混凝土坍落度检测，每班至少 2 次，并根据检测结果，调整出机口坍落度，为坍落度损失预留余地。

（三）混凝土初凝质量检控

在混凝土振捣后，上层混凝土覆盖前，混凝土的性能也在不断发生变化。如果混凝土已经初凝，则会影响与上层混凝土的结合。因此，检查已浇混凝土的状况，判断其是否初凝，从而决定上层混凝土是否允许继续浇筑，是仓面质量控制的重要内容。此外，混凝土温度的检测也是仓面质量控制的项目，在温控要求严格的部位则尤为重要。

（四）混凝土的强度检验

混凝土养护后，应对其抗压强度通过留置试块做强度试验判定。强度检验以抗压强度为主，当混凝土试块强度不符合有关规范规定时，可以从结构中直接钻取混凝土试样或采用非破损检验方法等其他检验方法作为辅助手段进行强度检验。

四、混凝土坝施工质量的控制要点

（一）规范混凝土原材料控制和管理

首先，要根据国家建筑材料的相关标准选购混凝土施工材料，要控制好混凝土骨料的大小，实现骨料与水泥的有效结合。要杜绝因个人私利或者是企业恶意竞争造成的材料不达标问题，要保证混凝土骨料的级配以及水泥的品质达到工程设计的相关要求。其次，要加强混凝土施工现场的材料管理工作，相关技术人员一定要对进入到现场的混凝土材料进行认真细致的审核，并且要做好材料实际用量的统计和记录工作，要在保证水利水电工程混凝土施工质量的前提下，将施工用料降到最低，进而降低工程成本，保证工程的经济效益。

（二）规范水利水电工程混凝土施工工艺

混凝土施工工艺控制是控制混凝土施工质量的有效措施。首先，要对混凝土的配合比例进行严格的控制和管理，混凝土施工设计人员要深入到水利水电工程的施工现场进行深入的调查，针对工程的实际情况，科学、合理的对混凝土配合比例进行设计。其次，要根据水利水电工程的地理位置、施工地质条件、施工环境等因素采取适合的混凝土浇筑技术，并且要加大对混凝土施工温度的控制。一般来说，28℃是混凝土施工温度的临界点。另外，一定要严格按照相关规定对混凝土进行振捣，要保证钢筋和模块之间的紧密结合，并在浇筑完成之后采取持续洒水的方式对混凝土进行养护，加强养护措施。

（三）重视水利水电工程施工现场环境的分析预测

在施工开始前，要对水利水电工程的施工现场环境进行分析预测，并制定相关的预防措施，尽可能地降低环境因素对混凝土施工产生的不利影响。一旦因环境问题，如温度过高并且持续时间长、湿度过大或者是连续降水、等等，要及时地采取应对措施，将破坏度尽可能的维持在能够承受的范围内。并且要注意经验总结，当出现类似问题的时候能够做到有的放矢。

总之，随着我国经济水平和科技水平的发展进步，水利水电工程的建设速度也持续加快，水利水电施工中的筑坝工程关键技术也越来越受到重视，因此，了解并熟练掌握水利水电筑坝施工关键技术，对促进我国水利水电工程的整体水平提升具有重要的现实意义。

第六节 碾压混凝土坝施工

碾压混凝土是一种由硅酸盐水泥、火山灰质掺和料、水、外加剂、砂和分级控制的粗骨料拌制成的无坍落度的干硬性混凝土。碾压混凝土坝具有防渗性能好、坝身可溢流、节约水泥用量、施工工艺简化、机械化程度高、施工速度快和工程造价低等优点，因而在国内外得到了广泛的应用。

一、我国碾压混凝土筑坝技术的特点

（一）坝越筑越高

初期建造的碾压混凝土坝多为 50 ~ 80m，自水口、岩滩 2 座 100m 级高坝采用碾压混凝土技术修建主坝以后，相继建成了江垭、棉花滩、大朝山等高坝。正在兴建的有索风营（坝高 120m）、百色（130m）和龙滩（196m）等高坝。

（二）拱坝比例不断提高

自普定碾压混凝土拱坝突破了碾压混凝土筑坝应用领域以后，碾压混凝土拱坝近 10 年发展很快，至今已占碾压混凝土坝总数的 1/6，其中还有一些双曲薄拱坝、100m 级高拱坝和严寒地拱坝。这些拱坝含有许多新的技术突破和发展。

（三）碾压混凝土工程量在坝体总体积中的比例不断提高

早期的碾压混凝土坝，采用"金包银"式结构，常态混凝土占去坝体体积很大份额，碾压混凝土工程量所占比例约为 50% ~ 60%。自开发出变态混凝土和二级配碾压混凝土作防渗体技术后，近期所建重力坝和拱坝，基本上普遍采用全断面碾压混凝土筑坝技术（除溢流坝、竖井等部位采用常态混凝土外），使碾压混凝土占坝体工程量比例增高到 80% 左右。

（四）筑坝技术要求从细从严

我国碾压混凝土坝，强调层间连续铺筑，层间要有良好结合，上游面混凝土应满足防渗、防裂和抗冻融等主要性能要求，而内部混凝土要满足必要的混凝土温度控制及抗裂要求。

（五）碾压混凝土筑坝

低水泥用量，高掺粉煤灰，中胶凝材料的干硬性混凝土；薄层连续碾压；二级配碾压混凝土防渗；广泛采用诱导缝，不设纵缝，全仓面或全坝面碾压施工。

二、碾压混凝土坝施工技术

（一）层面施工

层面处理是影响碾压混凝土坝安全稳定的一个重要问题，尤其是高坝尤为重要。解决此问题除了处理好骨料离析问题和改善层面条件以外（如保持层面湿润、清除层面上浮浆皮、松散物和过量集水及污物），要求着重控制好碾压混凝土的初凝时间。初凝时间是根据实测时间并考虑铺筑环境温度、日晒、表面保护等因素确定。我国不少碾压混凝土坝参考国外经验，用成熟度（即表面温度与暴露时间的乘积）来控制初凝时间。坑口碾压混凝土重力坝对层面处理的经验是：当气温在 13℃ 以下、层面间隔时间在 16h 以内时，不做任何处理直接在碾压混凝土层面上铺筑上层混凝土；当层面间隔时间超过 16h，且在 24h 以内时，在层面铺筑 1.5cm 厚的水泥砂浆再铺筑上层碾压混凝土；当层面间隔时间超过 24h，则用低压水冲洗混凝土层面，并铺筑 1.5cm 厚的水泥砂浆后再铺筑上层碾压混凝土。

（二）防渗

1. 采用斜层铺筑法提高层间抗渗能力

根据对国内外已建碾压混凝土坝的运行观测，总体来说碾压混凝土筑坝技术是成功的，但普遍都存在渗漏问题。形成坝体渗漏的一个主要原因是，碾压混凝土坝是采用大面积薄层碾压而成的层状结构，层面抗剪强度及抗渗能力均低于混凝土本体，是影响坝体渗漏的关键因素。碾压混凝土斜层铺筑法是相对传统的铺筑方法而言的，即将传统的水平摊铺碾压层改为 1∶10 ~ 1∶20 的斜层。1996 年在江垭工程中，经过坝内外几次试验和测试，于 1997 年 11 月份在较大仓面正式采用斜层铺筑法施工，层间间隔时间由平层铺筑法的 6 ~ 7h 缩短为 2 ~ 4h，混凝土质量达到或超过传统的平层铺筑法，最大单仓混凝土量达 3.5 万 m^3。江垭工程采用斜层铺筑法浇筑碾压混凝土 45.5 万 m^3，占碾压混凝土总量的 41.1%。目前，斜层铺筑法的优点已被广泛认可，该法可以利用有限的资源实施大仓面的施工，并可缩短层间间隔时间，特别是高温多雨条件下。采用斜层坡度合理、平推方向合适的斜层平推铺筑法施工的碾压混凝土，其层面抗渗能力可以达到或接近碾压混凝土本体的抗渗性能，使碾压混凝土本身即可承担起坝体防渗的任务，不再需要其他的辅助防渗措施。

2. 自防渗技术

碾压混凝土的防渗形式主要有以下 3 种类型："金包银"模式、碾压混凝土自防渗、在坝的上游面另做防渗层等。自普定拱坝成功采用二级配碾压混凝土自防渗技术以来，当前在我国已普遍采用第二种模式，即采用三级配碾压混凝土做大坝主体，其上游采用二级配碾压混凝土作防渗结构，在坝体上游面采用二级配富胶凝材料碾压混凝土自身防渗。如大朝山、大花水等百米高坝，均没有在坝上游面另做防渗层。

近年来，水电八局在昆明红坡碾压混凝土重力拱坝施工实践中，通过优化混凝土配合比设计，加强层间结合处理和施工工艺控制等，实现了全断面三级配碾压混凝土的自防渗。这是碾压混凝土施工技术的一个新突破。红坡碾压混凝土重力拱坝自 1999 年竣工以来正常运行至今，防渗效果良好。此后，水电八局在世界上最高碾压混凝土拱坝沙牌大坝的上部也成功地采用了这一技术。

（三）完善和拓展变态混凝土

坝体结构物周边及坝基（肩）部位受钢筋、模板拉筋或基岩的限制，实施碾压混凝土非常困难，一般需配备小型碾压设备处理，这就大大降低了碾压混凝土整体施工效率。1989 年岩滩碾压混凝土围堰施工时，将一定浓度的水泥浆洒入靠近模板的碾压混凝土中，用插入式振捣器振捣，这便是变态混凝土的初级阶段。在江垭大坝工程施工中，进一步完善了变态混凝土的浆液浓度和掺入比例。同时，变态混凝土应用范围扩大，除基岩面以外的碾压混凝土，包围的结构物周边及模板边缘均采用了变态混凝土。由于变态混凝土的"变"是在仓面最终完成，拌和楼不必频繁变换混凝土类型，做到了与碾压混凝土同步上升，使得碾压混凝土施工更加简洁流畅。江垭大坝工程采用制浆站集中制浆，通过管道输送到仓面，浆液水灰比为 0.7，浆液与碾压混凝土的比例为 1 ： 9。

（四）温控措施

碾压混凝土坝综合了混凝土坝的安全性和土石坝的高效率施工特性，但在许多已建工程中却不同程度地存在裂缝，严寒地区的碾压混凝土坝裂缝尤为严重。裂缝降低了碾压混凝土的完整性、抗渗性和耐久性，降低了大坝的安全度。研究表明，碾压混凝土坝的温度应力是导致坝体裂缝的主要因素，因此，施工期对温度应力和温度进行控制是预防混凝土裂缝、保证大坝安全的重要措施。高碾压混凝土重力坝和高碾压混凝土拱坝在施工期和运行期的坝体温度场、徐变应力场、温度应力场的分布规律和随时间的分布规律也有别于一般的碾压混凝土重力坝，特别是在严寒干旱地区，冬季长间歇施工及恶劣的气候条件，使高碾压混凝土坝具有独特的温度应力时空分布规律，温控防裂难度更大，因此，高碾压混凝土坝温控防裂是当前迫切需要研究解决的课题。在温度控制方面，彭水、龙滩等工程均采用了高效空气冷却器及两次风冷技术、辅以片冰机制冰、少量掺冰的预冷碾压混凝土生产工艺。已建的中低碾压混凝土坝基本上依靠低温季节多浇混凝土（特别是基础约束部位）夏季浇筑上部混凝土通常辅助以仓面喷雾、保湿、成品料堆防晒等常规措施，并普遍采用初期通水冷却降温措施。混凝土的侧面永久保温已由过去的挂草席、布帘改为粘贴聚乙烯保温板或覆盖 PEP 保温被等具有良好保温性能的化工产品。在仓面施工中，新型仓面喷雾机的研制应用，有利于形成仓面小气候。预冷碾压混凝土和预埋聚乙烯冷却水管初期通水冷却降温施工工艺先后在大朝山、沙牌、索风营、大花水、龙滩等碾压混凝土工程施工中得到了广泛应用，促进了碾压混凝土夏季施工这一重大课题的解决。

混凝土的保养在摊铺和碾压作业完成后，为保证混凝土的质量和强度，要尽快对其进行保养，混凝土的保养主要有下面几个方面：

1. 为确保水分和水泥有足够的时间进行反应，要对混凝土进行足够时间的养护。

2. 混合料的摊铺和碾压工作完成后，要使用具有保湿作用的材料将混凝土的表面覆盖起来，比较常用的保湿材料如塑料薄膜等，为了使混凝土表面可以持续处于湿润的状态，要使用水对其表面进行喷洒。

3. 在切割收缩缝时，首先要保证混凝土的强度达到了切割的要求，在切割时要按照设计要求进行切割。

通过对碾压混凝土坝施工技术要点的分析研究，我们可以发现，在碾压混凝土坝的施工过程中，要从多方面着手分析探讨其技术要点，避免片面看待该项问题。有关人员应该充分结合碾压混凝土坝的客观实际，研究制定最为优化可行的土坝施工方案。

三、碾压混凝土坝施工机械设备的前期管理

（一）依据施工项目的性质及所承建工程的施工特点，投入机械设备的类别、特性建立一整套行之有效的管理制度。科学的管理制度是保障机械化施工有序实施的基础，是制定各种有针对性的管理办法的依据。

（二）按照项目施工技术方案，选定与施工进度、质量、工艺要求相适应的机械设备，其机械性能、功率、型号均须符合工程施工的具体使用要求。优化的设备选型是降低设备运行成本和维修、保养费用的前提；经对比筛选后，确定了黄登大坝仓面碾压混凝土施工设备配置方案。

四、碾压混凝土坝施工设备的运行管理

设备的运行管理是对机械设备运行前、中、停机过程的一系列管理工作的总称；包括：运行操作人员的管理及培训、设备调试、运行、检查、保养、运行记录等工作。

（一）实行定机、定岗、定员的三定制度，单台设备执行机长负责制，做到每台设备设机长，责任落实到人；设备运行操作人员必须进行理论与实际操作培训，经考试合格取得操作证后方可上机操作，培养责任心强、技能水平高的操作人员是设备安全运行、减少设备故障，充分发挥机械效能，降低消耗的有力保障，是设备管理的重要组成部分。

（二）设备运行前按照具体施工方案，将设备吊运配置至作业面后进行运行前的准备工作；设备运行操作人员对各自运行操作的设备进行设备外观、工作装置是否整洁、有效、安全，油、水、液是否达到标准刻度，电器仪表是否显示正常等项目进行全面检查，各项检查项目符合标准后方可启动运行。

（三）严格按照碾压混凝土施工规范和工艺要求进行平仓、碾压、振捣、切缝作业

1. 平仓作业：混凝土入仓后平仓机操作手根据层厚标准立即进行摊铺平仓，摊铺层厚控制在 30 ~ 35cm 范围内，摊铺层厚车载 GPS 全程监控及提醒，摊铺平仓层面应平整不得有凹坑，平仓作业过程中单台设备间必须保持一定的安全距离，避免碰撞。

2. 碾压作业：采用双钢轮振动压路机对摊铺后的混凝土面进行压实；在平仓机完成摊铺平仓层面后双钢轮振动压路机上面进行碾压作业，采用条带法碾压作业，每层碾压遍数采用 2+6+2 碾压法作业，即：2 遍无振动静碾，6 遍振动碾压，2 遍无振动静碾；行驶速

度控制在 1 ~ 1.5km/h，碾压条带间的搭接宽度控制在 10 ~ 20cm 范围内，条带端头搭接宽度控制在 100cm 范围内，设备碾压过程中的行驶速度、振频、碾压次数由车载 GPS 全程监控及提醒，碾压压实度、平整度由现场质检、实验人员检测确定。

3. 振捣作业：采用全液压振捣台车对仓面模板、基岩及复杂结构体周边的常态混凝土进行振捣密实，振捣棒与模板须保持 20cm 的距离，每棒次振捣时间为 25s，采用快插慢拔法作业。

4. 切缝作业：采用全液压切缝台车，按照标线进行横缝切割，作业时严格按照仓面施工技术人员的要求进行。

五、碾压混凝土坝施工设备现场维修保养管理

黄登水电站碾压混凝土坝施工的特点是施工速度快、连续性强，仓面投入设备多，交叉作业，运行环境复杂，对设备的安全运行、维修速度、保养质量提出了更高的要求，所以现场设备维护工作是确保设备完好率，降低设备停机故障率的重要环节。

（一）设备的日常维护保养是设备维修管理的基础，日常保养以清洁、润滑、油、水、液的补给和安全检查为重点，由机械操作人员在设备运行前进行，保养项目按照设备生产厂家的保养手册进行，保养结束后填写保养记录备查。

（二）设备的定期保养。根据黄登水电站碾压混凝土施工仓面机械设备的运行环境、施工量、运行时间及设备损耗量、磨损程度，制定固定的保养期限及具体的保养内容。主要包括润滑系统、冷却系统的清洗、清理，油、液的更换，行走机构、工作装置清理、调整等日常保养无法完成的项目。定期维护保养制度是延长设备使用寿命、保持机械性能、保证设备安全的必要措施，是设备的维修管理的重要内容之一。在维修保养过程中要做到维修保养规范化、工艺化、制度化，使设备维护保养工作达到实效。

规范化：是指设备维护保养内容统一、有序，设备维护保养过程中的检查、清理、清洗、润滑、调整、紧固、换件修理等项目，必须严格按照设备维修保养制度执行。

工艺化：根据不同设备的类别、机型的特点，制订与其相适应的维修保养工艺规程进行维修保养。制度化：根据设备的类别、机型、运行工况，制订与其相适应的维修保养周期及具体时间，并严格执行。

（三）设备的定期检查和检测。专职设备管理人员定期对设备进行全面检查和检测，以避免操作、维修人员在日常检查、维修保养项目上的遗漏，纠正维修保养过程中的不规范行为，并对保养效果及设备的机械性能进行检测，提出补保和预防性修理方案及具体要求，定期检查制度对维护保养工作具有一定的监督作用。

（四）根据施工现场设备分布的具体情况，制定符合现场实际操作的机械设备维修管理办法。维修人员划分责任区，承担一定范围内的设备维修、保养工作，与设备运行人员共同做好设备检查、定期保养、计划修理、故障排除等工作，完成责任区内的设备完好率、

故障率等考核指标并与效益工资挂钩。划分责任区是加强设备维修为施工生产服务，调动维修人员积极性和运行人员主动参与设备维修保养工作的有效方法。

（五）建立职责分工明确的维修保养队伍。在设备运行单位配置专职设备管理员，设置机械设备维修中队，下设修理班和现场维护班。修理班负责设备大、中修及复杂故障的修理工作；现场维护班负责施工现场运行设备的一般性故障的应急修理及日常维护工作；专业维修保养队伍的主要任务：一是负责本单位机械设备的维护保养工作，确保设备完好率、降低停机故障率；二是编制设备检修、保养计划、设备配件需用计划、设备定期检查计划；三是认真执行设备定期检查、现场巡回检查制度，指导督促设备运行和维保人员做好日常检查和保养工作；四是在项目部设备管理人员的指导下参加设备状况调查，保养、检修质量，故障分析和机械性能监测及各类报表的上报等工作。

现场维修保养队伍的优点是：熟悉现场施工设备的运行规律，应急修理时具有高度的机动性，故障排除迅速，既缩短了修理时间又可保证修理质量。

（六）黄登水电站碾压混凝土施工采用单仓 6m 升层施工法，单仓混凝土浇筑量均在3 万 m³ 以上，每仓间歇期很短，机械设备需高强度连续运行，设备长时间在粘附力强的混凝土上施工，混凝土的粘附、腐蚀及阻力对液压驱动、传动、行走及工作装置不可避免有一定的磨损，由于浇筑仓面应用喷雾机控温，空气湿度较大对发动机进气系统及机体损害很大，机械设备长期处在恶劣的工况下运行，不可避免地会发生各类故障，为降低故障率我们采取以下相应措施：

1. 对运行人员进行设备操作技能培训和技术交底，使他们对施工要求、作业环境、气候条件等影响设备运行的不利因素有详细了解，熟悉运行设备的机械原理、性能，在操作过程中确保设备运行操作标准化，防止设备的早期磨损、机械性能下降、缩短设备的使用寿命的状况发生。

2. 当机械设备出现故障时，不能带病作业，需及时维修但在没有场地、设备等必要的修理条件时，不能强拆抢修，采取措施，在避免污染仓面的修理环境下检修并且保证修理质量。

3. 选择符合设备运行要求的零部件及保质期内的润滑油、柴油，使机械设备平稳、准确、灵敏、可靠的运行，减少机械故障，提高工作效率。

在设备运行、维修、保养工作过程中，要始终坚持管用结合、以养为主、修理为辅、养修结合的基本原则，以科学的管理制度指导和调动设备运行及维修保养人员的工作积极性，降低施工过程中机械设备的故障率，保证维修保养质量，减小维修成本，是保障现场施工机械设备正常运行，为工程施工创造良好条件和提高经济效益的根本途径。

第七节　混凝土水闸施工

一、水闸软基的开挖

在开挖之前，在闸基范围内及其周围进行打井抽水，这样可以防止流砂产生，提高闸基土的密实度。开挖时，边坡可以比较陡，以减少开挖回填的工作量。在开挖后的基坑边坡上，为防止渗水时产生流砂现象，导致边坡塌滑，为避免这种现象，可以采取以下措施：用叠砌苇捆拦砂，用秫秸、柳枝、稻草等绑成柴枕拦砂，对坡面铺设护面材料拦砂等。软基处理方法比较多，如换土法、排水法、振冲法、钻孔灌注法等。

二、水闸闸室的施工

（一）水闸浇筑块划分

混凝土水闸通常都由沉陷缝或温度缝将整个闸室分为许多结构块，施工时，要尽量利用这些永久性的接缝分块。如果永久性分缝间距过大，浇筑能力跟不上，还要将浇筑块划小，设置施工缝。浇筑块划分的大小，要在施工条件允许的情况下，对体积、面积、高度三个方面进行控制。

（二）水闸混凝土浇筑顺序

在施工浇筑块划分以后，混凝土浇筑顺序的制定要综合考虑各个方面的影响因素，如：工序定额、作业先后、模板周转、劳力调度、混凝土拆模强度、混凝土生产强度、各个浇筑块施工中的相互干扰等。目的是合理确定浇筑方式、浇筑次序、浇筑日期，以达到合理安排施工进度，达到均衡生产。为此，在安排商品混凝土浇筑顺序时，要考虑先深后浅，先重后轻，先主后次，穿插进行。

（三）水闸闸底板的施工

首先，整体式平底板施工。闸基处理完毕，通常先在基面上铺素混凝土垫层，厚度10厘米左右，垫层的作用一是保护闸基土不受扰动，二是找平基面，以便立模、布设钢筋等。关于底板浇筑混凝土的立模方式、商品混凝土的入仓方式，振捣方式，工程的规模不同，方式也不同，应视具体情况确定。其次，反拱底板施工。为了节约钢材，充分发挥商品混凝土抗压性能好的特点，有的水闸采用反拱底板。这种结构一般先浇筑闸墩部分，后浇筑反拱底板部分。浇筑之前，挖好基坑，作好排水，夯实基土，接着按设计要求放样开挖，挖好反拱土模，在土模上面铺垫厚约1cm的砂浆，等待浇筑商混凝土。

（四）水闸闸墩的施工

首先，浇筑前准备工作。在立模之前，先在已浇好的底板上定出闸孔中心线、闸墩边线、与边线平行的控制线，并且沿闸墩边线每隔适当距离测定高程，作为立模和检查校正用。在已经做好的模板上，定出工作门槽、检修门槽的位置线，将整套的闸墩模板编号，运到施工现场，堆放时，将上部使用的模板放在下面，以便依次取用。其次，立模。立模时，闸墩两侧的模板要相对进行。平直模板先立，圆头模板后立。底层模板的上口保持水平。在闸墩两侧模板上，每隔1m左右对称的钻圆孔。在圆孔位置，模板内放进毛竹管或者预制混凝土管撑头，并穿入对销螺栓。毛竹管或者预制混凝土管撑头的长度与闸墩厚度相同。它既可以控制闸墩的厚度，也可以防止模板向内侧倾倒。对销螺栓作为拉条可以承受混凝土的侧压力。对销螺双与平撑连接也增加了撑木的刚度。螺栓的直径一般12、16、19毫米。浇筑完混凝土，螺栓可以从管中拉出，重复使用。对于闸墩的圆头部分，模板立好后，在圆头模板的外侧，自下而上，相隔适当距离，箍以半圆铁环，铁环的两端焊接扁铁并且钻孔，钻孔尺寸与对销螺栓相同。最后，混凝土浇筑。模板立好后，开始清仓，用压力水冲洗模板的内侧和闸墩的底面，冲洗的污水从底层模板上预留孔中排走。清仓完毕，再将小孔堵塞。开始浇筑混凝土。施工中要注意控制混凝土上升速度，以避免过大的增加流态混凝土对底层模板产生过大的侧向压力。对于开敞式水闸的闸墩，可以考虑采用滑模施工。

（五）水闸的填料与止水施工

首先，水闸的沉陷缝通常为2～3厘米宽，为了防止渗水，缝间要填充材料，并做止水。首先，水闸沉陷缝的填料。缝间填料通常用沥青油毛毡、沥青杉木板等材料。填料安装方法有两种：第一，先将填料固定在先浇混凝土的模板内侧，浇筑混凝土并拆模后，填料就粘在混凝土表面上，浇筑另一侧的混凝土时，填料便可以牢固地嵌入沉陷缝内；第二，在先浇混凝土的模板内，每隔适当距离钉入长铁钉一排，钉入长度约为铁钉的1/3，余下的2/3浇筑到混凝土中。拆模以后，铁钉的尖露出混凝土面，再将填料安装上去，并把漏出的铁尖敲弯，使填料固定在混凝土面上，再浇筑另一侧混凝土时，填料既被固定在缝内。

其次，止水材料。止水材料一般多用紫铜片、铝片、镀锌铁皮、橡皮等。近年来，随着塑料工业的发展，广泛采用塑料止水片。塑料止水的优点是止水性能好，抗拉强度高（一般能承受20m水头的静水压强），具有良好的弹性和韧性，适应变形的性能强，抗磨蚀性强，经久耐用，容易粘接，质地柔软，可以卷起来保存，便于运输安装，价格比较便宜，大约仅相当于橡皮止水材料价格的1/2。常用的塑料止水型号一般是由聚氯乙烯树脂加入增塑剂，稳定剂，等辅助材料加工成型的。一般称为聚氯乙烯止水带。止水安装施工，垂直止水安装：它与填料同时安装，方法相近。止水要求严格的，一般将止水片于沥青井联合使用，将止水片设在沥青井处。水平止水安装：它与垂直止水施工方法类似，但一般不设沥青井。

最后，水闸沥青井施工。沥青井用混凝土预制块砌筑，每段砌筑长（或者高）2～3米，预制块后 5 ~ 10 厘米，预制块的背面要凿毛，以利于与混凝土结合。沥青要在后浇筑的混凝土施工前，随着预制块的分段安装，进行分段灌注。沥青井通常为方形，尺寸一般为 20×20 厘米。井内灌注沥青胶，沥青胶的配方一般为：沥青∶水泥∶石棉粉比为 2∶2∶1。沥青胶的加热方式有蒸汽管加热和电加热两种，比较多用的方式是电加热。

（六）水闸闸室上部结构的施工

水闸上部结构通常是指三桥，有的包含胸墙。工程量约占闸室商品混凝土的 6% ~ 9%，但是，其结构比较复杂，施工技术要求比较高，以前多采用现场浇筑，现在多采用预制吊装法施工，为了施工吊装方便，上部结构在设计时，尽量采用轻、巧、薄、强的形式，例如采用预应力钢筋商品混凝土结构，高标号商品混凝土等。

第七章 灌浆工程施工

第一节 砂砾石地基灌浆

天然的砂砾石层是比较松散的岩层，它的空隙大，孔隙率高，因而渗透性较强，在这种岩层上修建大坝，为了减少库水的渗漏损失，保证坝体稳定与安全，必须采取有效的防渗措施。防渗措施主要是根据地质条件和工程具体情况而定，比较常用的有：开挖砂砾石层，修筑截水槽，水平铺盖，混凝土防渗墙和灌浆帷幕，其中进行帷幕灌浆最为普遍。作为大坝基础的砂砾石层，如果采用灌浆帷幕设置，为保证坝体安全，其设计和施工尤为重要。为了得到合理的设计、施工方案，应该在工作区内选择适宜的地段进行灌浆试验，并结合以下几方面进行综合分析确定。

一、砂砾石地基的可灌性

（一）根据可灌比

按照反滤层设计原理，用地基的颗粒级配曲线上含量为 15% 的粒径 D_{15}（mm）与灌浆材料级配曲线上含量为 85% 的粒径 d_{85}（mm）之比值来衡量地基的可灌性，此比值为可灌比 M。

$$M=D_{15}/d_{85}$$

（1）当 M < 5，一般认为砂砾石地层接受灌浆的可能性很小。（2）当 M=5 — 10，有黏土水泥浆液不一定能灌好。（3）当 M > 5 — 10，可灌注黏土水泥浆。（4）当 M > 15，可灌注水泥浆。

（二）根据粒径 < 0.1mm 的颗粒含量

砂砾石地基中粒径 < 0.1mm 的颗粒含量 < 5% 时，一般易接受水泥黏土浆液的有效灌注。但较均匀的砂，即使 < 0.1mm 的颗粒含量仅占 3% 时，因 M < 5，仍不能接受水泥黏土浆液的有效灌注。

（三）灌浆材料的选择

根据地层渗透系数 k（m/d）的大小，选择不同的灌浆材料：当 k ≥ 800，水泥浆液中可加入细砂。k > 150，可灌注纯水泥浆液。k=100 — 120，可灌注加塑化剂的水泥浆液。k=80 — 100，可灌注加 2 ~ 5 种活性掺合体的水泥浆液。k ≤ 80，可灌注水泥黏土浆液。

（四）根据颗粒级配曲线

砂砾石的颗粒级配曲线比较平缓时，其不均匀系数较大；比较陡斜时，不均匀系数比较小。它能反映出砂砾石层中颗粒大小的均匀程度，结合砂砾石层的具体情况，可以作为判定其可灌性依据。

二、帷幕设计原则

（一）帷幕的位置

1. 与心墙连接。帷幕设置在心墙的下面，与防渗心墙相连。采用此种帷幕，须先进行灌浆，而后填筑坝体，或者设置专门的灌浆廊道，在廊道中灌浆。

2. 与斜墙连接。帷幕设置在斜墙或斜墙向上游延伸的短铺盖下面，与防渗墙相连，采用此种帷幕，与坝体填筑施工相互干扰较少。

3. 与防渗铺盖连接。灌浆帷幕设置在防渗铺盖下面，与防渗铺盖相连。采取此种帷幕，可延长渗径，并可减少坝体填筑与灌浆施工的相互干扰。

（二）帷幕的形式

1. 均厚式帷幕：在砂砾石层厚度不大的情况下，帷幕各排孔的深度相同。

2. 阶梯式帷幕：在深厚的砂砾石层中，渗流比降随砂砾石层的加深而逐渐减小，设置帷幕时，多采用上宽下窄阶梯状帷幕。

（三）帷幕的深度

1. 全封闭式帷幕：帷幕穿过砂砾石层达到基岩，可以全部封闭渗流通道，深入基岩深度，应该根据地质条件与工程具体情况确定，一般 ≥ 5m。

2. 悬挂式帷幕：帷幕没有穿过整个砂砾石透水层或与相对不透水层相连接，若需采取此种帷幕形式，应该对砂砾石层坝基及坝体的渗透稳定、渗透流量、是否控制在容许范围内进行论证。一般情况下尽量少用此种形式的帷幕。

（四）帷幕孔的孔距

灌浆孔距主要取决于砂砾石层的渗透性、灌浆压力、灌浆材料以及浆液的浓度等因素，灌浆孔距通常是通过灌浆试验来确定的，一般多为 2 ~ 4m，以 3m 居多。

（五）帷幕的厚度

帷幕的厚度主要根据幕体的容许渗透比降值确定，同时应保证帷幕本身不会发生机械管涌和化学管涌。在长期水流作用下，能够抵抗渗透水的侵蚀，对于一般水泥黏土浆，容许渗透比降值可采用 3 ～ 4。当帷幕较厚时，选用的容许渗透比降值较小，当帷幕较薄时，选用的容许渗透比降值较大，国内一些大坝的砂砾石层基础的灌浆帷幕，大都是由 3 排孔构成的。

帷幕厚度计算公式如下：

$$T = H / J$$

式中：T 为帷幕厚度，m；H 为最大设计水头，m；J 为帷幕的容许渗透比降。

三、钻孔方法与灌浆方法

（一）钻孔方法

砂砾石中的灌浆孔都是铅直方向的钻孔，除了打管灌浆法外，就造孔的方式来分，主要有冲击和回转钻进两大类；就使用的冲洗液来分，有清水冲洗钻进和泥浆固壁钻进。

（二）灌浆方法

1. 打管灌浆法

将带有花管的钻管直接打入砂砾石层中，再将管内于砂冲洗后进行灌浆。该法使打孔与灌浆在工序上紧密结合，操作上简单易行，多用于灌浆深度不深的工程。施工程序为打管→冲洗→灌浆。

2. 套管灌浆法

一边钻进造孔，一边下入护壁套管（或者随打入护壁套管，随掏取砂砾料），直到套管下达到最终孔深为止。然后下入灌浆管，逐段上拔套管进行灌浆。采用这种方法施工，在钻进方面，几乎不受操作方法的限制。由于跟入护壁套管，则完全消除了塌孔及埋钻事故，这是有利的一面，但在灌浆过程中，浆液容易沿着套管外壁向上流动，甚至地表冒浆。如果灌注的时间较长，灌注的又是水泥含量较高的浓浆，就会胶结住套管，造成起拔困难，影响施工进度，这是不利的一面。

3. 循环钻灌法

在地面预埋孔口管，下入灌浆管，自上而下，钻一段灌一段。施工程序为开挖浅坑→钻孔口管段→下孔口管→绑扎防浆环→浅坑回填→孔口管段灌浆→待凝→钻进→灌浆→钻下一段→灌浆。

4. 预埋花管法

在砂砾石层中，每隔一定距离埋设一段带花眼的花管，孔眼外包橡皮箍，在花管与孔壁间填入强度低的黏土水泥填料，灌浆管放入花管后，压力灌浆顶开橡皮箍，通过开裂的填料进入砂砾石层，该方法运用较广，优点是一次成孔，孔内埋设花管不会塌孔，灌浆管在花管中能上下移动，可以灌任何一段，还可以重复灌浆，施工方便，缺点是花管不能回收利用，成本高。施工程序为钻孔（下入套管护壁）→清孔→下花管→边下填料边起套管→待凝→在花管内下入双塞式灌浆塞→用压力水→灌浆。

四、灌浆材料

灌浆材料主要为水泥、黏土或膨润土，应该满足细度、稳定性和胶结能力、胶结强度等要求，在强透水层中灌浆，可掺入砂子、磨细矿渣、粉煤灰等掺合料。为了改善灌浆性能，还可以加入促凝剂、塑化剂等外加剂。水泥强度等级不低于32.5号，对于永久性防渗帷幕，水泥含量占总干料的20%～50%（重量），临时性防渗帷幕可以适当降低浆液中水泥含量。

五、灌浆试验

（一）试验的目的

砂砾石地基的孔隙大，空隙率高，渗透性强，如果采用帷幕灌浆防渗，在设计和正式施工前，应先在现场选择适宜的地段进行灌浆试验。通过灌浆试验论证大坝砂砾石基础采用灌浆方法处理在技术上的可行性，效果上的可靠性，经济上的合理性。从而落实灌浆的施工方法、选定合适的浆液、推荐合理的施工程序、施工工艺和灌浆压；确定灌浆孔的排数，排距，孔距、孔深等；提出对钻孔及灌浆机械以及其他的机械设备的要求建议。

（二）场地地质条件调查

灌浆试验前，应实地勘察并细致地分析砂砾石层的分布、组成、性质、胶结、各地层的渗透性和颗粒级配等有关地质资料。

（三）确定灌浆试验区

选择具有代表性的地层，确定灌浆试验区。孔位的布置形式可以是三角形、矩形、六角形、多排形（三排以上），同心圆环状等，孔距可在2～4m范围内选择，总体布置原则：能够逐步加密、对称，最后形成包围封闭，便于在中心打孔或挖坑进行取样、抽水检查。

（四）灌浆试验

1. 初选适宜的钻孔方法、灌浆方法、浆液种类及配比，在试验过程实时进行调整。

2. 初期灌浆压力可由以下公式进行估算，在试验过程中调整至适宜的灌浆压力。

$$P=(1/1000)\ \beta\ \alpha\ T+(1/10)\ C\alpha\ \lambda\ h\ (3)$$

式中：P 为灌浆压力；β 为系数，在 1 — 3 范围内选用；T 为盖重层厚度，m，C 为与灌浆次序有关的系数，一序孔，C=1，二序孔，C=1.25，三序孔，C=1.5；α 为与灌浆方式有关的系数，自下而上灌浆 =0.6，自上而下灌浆，=0.8；λ 为与地层结构有关的系数，如颗粒组成，渗透性等，值可在 0.5 ~ 1.5 范围内选用，结构疏松，渗透性强的，取低值，结构紧密，渗透性弱，取高值；h 为盖重层底板至灌浆段顶部的深度，m，当无盖重时，则自砂砾石表面算起。

（五）地表变形观测

在灌浆试验区布置观测桩，组成观测网，灌浆前后，分别测量各观测桩的标高，根据各桩标高的变化测出地表的抬动变形情况。

天然的砂砾石层是比较松散的岩层，它的空隙大，孔隙率高，因而渗透性较强，在这种岩层上修建大坝，为了减少库水的渗漏损失，保证坝体稳定与安全，必须采取有效的防渗措施。作为大坝基础的砂砾石层，如果采用灌浆帷幕设置，为保证坝体安全，其设计和施工尤为重要。为了得到合理的设计方案和施工方法，应该在工作区内选择适宜的地段进行灌浆试验，通过灌浆试验论证大坝砂砾石基础采用灌浆方法处理在技术上的可行性，效果上的可靠性，经济上的合理性。砂砾石地层灌浆的设计依据及施工方法，对于工程来讲，设计方案尤为重要，是施工的依据，同时施工也可为设计方案的逐步完善具有现实的指导作用，设计与施工完美结合，从而造就出一项优质工程的诞生。

第二节 岩基灌浆

岩基灌浆是改善和加强的岩石基础有效措施，保证岩基完整性和抗渗性。水利工程岩基灌浆技术是一种新型的技术，而且在施工之前要对灌浆的材料以及要去选择合适的施工方法才能进行岩基灌浆，这种技术相比于其他技术而言更专业，更复杂。固结灌浆是岩基灌浆的一种类型，说的是对于坝底与基岩的接触带或者是破碎带进行压填的灌注的方式，去防止坝底的渗漏。按照灌注的材料可以分为水泥黏土灌浆，水泥灌浆以及化学灌浆。水泥黏土灌浆就是说以水泥黏土为材料，而化学灌浆说的是用一定的化学材料去制作浆液，以这种浆液为材料的灌浆方式。但是水泥灌浆的价格低廉，而且效果好，在水利工程中用的较多。

一、灌浆分类及灌浆材料要求

（一）灌浆分类

按灌浆目的可分为：帷幕灌浆、固结灌浆、接触灌浆。按灌注材料可分为：水泥黏土灌浆、水泥灌浆以及化学灌浆等，因为水泥灌浆的效果比较可靠，成本低廉，所以在水利工程中应用广泛。

（二）灌浆材料的要求

灌浆手段主要采用岩芯钻探进行成孔，成孔后使用顶压式注塞压力灌浆法灌浆。灌浆材料对岩基灌浆施工非常重要，要注意以下几点。

1.浆液硬化成结石后，具有较好的防渗性能、必要的强度和黏结力。所以，浆液应当具有较好的流动性和稳定性，且吸水率应当相对较低。从而满足施工和增大浆液的扩散范围的要求。

2.浆液应当具有较好的可灌性，对于那些注入量大、对结石强度要求不高的基岩灌浆，要保证在一定的压力下，能灌入到缝隙、空隙中，充填密实。可以采用水泥粘土浆、水泥砂浆等。

3.为满足工程对浆液的特定要求，提高灌浆的效果。灌浆时采用的水泥应当符合质量标准，不允许使用有结块的、过期的或者不符合规范的水泥。在水泥浆中应当掺入适当的外加剂。外加剂的掺量和种类应当先试验，后配比。

4.按照要求，应当根据灌浆环境与灌浆目的等因素来选定水泥的品种。应当按照设计和施工的标准规范，按照一定的比例，应用水泥和水配置灌入岩基的水泥浆液。通常均为采用不低于硅酸盐大坝水泥或者普通硅酸盐水泥的强度等级。特殊情况下可以考虑采用抗硫酸盐水泥。

二、钻孔施工技术要点

（一）施工布置

通常情况下，灌浆施工供风时主要采用移动式空压机供风，这是由于灌浆钻孔需要高风压决定的。而具体情况下，局部施工地段需要根据实际情况采用集中式供风系统对钻孔进行供风。帷幕、接缝、接触灌浆与回填灌浆以及排水孔施工需要根据具体情况采用移动式空压机供风或者使用集中式供风系统。采用专电缆线自总布置提供的接线点接至其他施工部位。基础灌浆廊道部位的用风，需沿着廊道壁铺设供风管路，然后采用集中供风系统。一些特殊地段的钻灌用水需要设置临时的抽水机进行供水。灌浆施工产生的废浆、废水以及岩粉等通过地表排水沟引至集水坑。这些废浆、废水以及岩粉经过沉淀后，再排放到指定地方。废渣清理后需运往指定的堆渣场。同时为防止灌浆作业对其他工作面的污染，在工作面周围还应该设置一些挡水堰，进行必要的防护。

（二）钻孔施工方法

1. 钻孔施工时要保证孔径上下均一，孔壁平顺；钻孔的孔深、孔向和孔位等符合设计的要求。钻进过程中，不得产生过多的岩粉细屑，以免堵塞孔壁缝隙，影响灌浆质量。

2. 帷幕灌浆的钻孔应该采用回转式钻机和金刚石钻头，钻孔的孔径应在 75～91mm 之间，固结灌浆则采用各式各样的钻机和钻头。帷幕灌浆孔位与设计孔位的偏差值不得大于 10cm，孔深应符合设计规定；帷幕灌浆孔径不得小于 46mm，固结灌浆孔孔径不宜小于 38mm。

3. 按钻孔深度不同分别确定钻孔偏斜的允许值，当深度大于 60mm 时，则允许的偏差不应超过钻孔的间距。

4. 各类钻孔当施工作业暂停时，空口都应得到妥善保护，防止污水的流入和异物落入。灌浆孔在钻进结束后，应该进行钻孔冲洗，孔底沉积厚度不得超过 20cm。

5. 钻孔过程中如果遇到洞穴、塌孔或掉块难以钻进时，可以先进行灌浆处理，再行钻进。

三、灌浆施工技术要点

（一）压力试验

1. 在冲洗完成后，开始灌浆前，应对灌浆地层进行压水试验。进行压水试验时，使用的压力为同段灌浆压力的 80%，但一般不大于 1MPa。试验时，可在预定压力之下，每隔 5min 记录一次流量读数，直到流量稳定 30～60min，取定最后的流量作为计算值。

2. 固结灌浆孔各孔段灌浆前应采用压力水进行裂缝冲洗，冲洗时间可至回水清净时止或不大于 20min。

3. 统一试验段不得跨越透水性相差悬殊的两种岩层。对于构造破裂带、裂缝密集带、岩层接触带以及岩溶洞穴等透水性较强的岩层，应根据具体情况确定试验的长度。

4. 采用自下而上分段灌浆时，各灌浆孔灌浆前可在孔底段进行一次建议压水试验。

（二）浆液搅拌

灌浆浆液为纯水泥浆液，采用 32.5 普通硅酸盐水泥，经过水质检验灌浆时用库区水。水泥称量误差小于 5%。水泥浆液必须搅拌均匀，拌浆时使用普通搅拌机，搅拌时间不少于 3h，浆液在使用前过筛，从开始制备至用完时间小于 4h。

（三）钻灌次序确定

1. 岩基钻孔与灌浆应该遵循分序加密的原则进行，单排帷幕孔施工时，应该先钻灌第

Ⅰ序列孔，然后依次钻灌第Ⅱ、Ⅲ序列孔等。

2. 对于双排和多排帷幕孔，在同一排内或者排与排之间均应按逐渐加密的次序进行钻灌作业。双排孔帷幕应该先灌下游排，后灌上游排；多排孔帷幕应先灌下游排，后灌上游排，最后灌中间排。

3. 对于岩基比较完整、孔深 5m 左右的浅孔固结灌浆，可以采用两次序进行钻灌作业；孔深 5m 以上的中深孔固结灌浆，则应采用三序孔施工。

4. 固结灌浆最后一个孔序的孔距和排距，应该与基岩的地质情况及其应力条件等有关，一般在 3 ~ 6m 之间。

（四）灌浆

1. 灌浆方法

岩基灌浆一般按照先固结后帷幕的顺序。按照灌浆时浆液灌注和流动的特点，灌浆采用自上而下分段卡塞法，孔内循环式。自上而下分段灌浆法是分段钻孔和灌浆，采用较高的压力，能获得较好的灌浆质量。一般开始钻孔 3m ~ 5m 深，随即冲洗、压水试验，而后灌浆，待灌浆凝结后再进行下一段钻孔和灌浆工作，如此循环，直至设计孔深。射浆管底部距孔底不大于 50m。所有钻空段长均按每 5m ~ 6m 为一段进行施灌，特殊情况下可适当缩短或加长，但不得大于 10m。

2. 灌浆压力

灌浆压力尽可能取最大值。灌浆压力越大，浆液越能更好地进入缝隙，从而提高灌浆效果。但灌浆压力太大，也可能掀动地层扩大裂缝，破坏地层结构。因此，在保证不破坏地层的条件下，灌浆压力尽可能采用最大允许值，一般以灌浆试验时确定的压力为准。最大允许灌浆压力不得高于灌浆塞以上岩层及该处压力的总和。在进行灌浆压力控制时，可以一次将灌浆压力提到设计值，也可分级将灌浆压力提到设计值。

3. 水泥浆浓度的调整

水泥浆的浓度对于灌浆施工的质量有很大影响，为了更好地确保施工的质量对于水泥浆的黏度可以进行调整，水泥浆的黏度从根本上来说就是原料和水的比例，也就是常说的水灰比。在施工的时候要根据施工的具体情况和具体要求对水泥浆的黏度进行调整。灌注总量的固定的时候，同一个灌注的压力之下，某一级黏稠度的泥浆灌入的重量超过了设计标准，而此时灌注的压力和灌注的吸吸浆率没有明显的变化，这个时候应当对泥浆的浓度进行适当的增加。

在灌注的速度已经固定的时候，比如在某段时间之内，规定的灌注泥浆的总量超过标准的时候就应当适当的增加泥浆的浓度。另外还有一种情况是灌注的吸收率和总量是固定的，灌注的压力固定单位吸收率高出了设计的标准，这时候应当进行浓度的增加。

4. 灌浆结束

在规定的灌浆压力下，当所灌孔段注浆率一直小于规定值，即可结束这一段的灌浆。帷幕灌浆采用自上而下分段灌浆法，在规定的压力下，当注入率不大于 0.4L/min 时，继续灌注 60min。或不大于 1L/min 时，继续灌注 90min，灌浆可以结束。固结灌浆，在规定的压力下，但注入率不大于 0.4L/min 时，继续灌注 30min，灌浆可以结束。

5. 封孔

整个孔结束灌浆后，可采用压力灌浆封孔法进行封孔。

6. 回填灌浆

泄水闸的回填灌浆应与固结灌浆孔施工相结合，选取普通硅酸盐水泥进行回填灌浆，要求水泥质量符合施工规定。根据工程建设需求，以填压式灌浆法作为灌浆的主要形式。如局部具有较大孔隙，可将水泥砂浆灌注，与水泥重量相比，掺砂量需控制在 2 倍以下。在一定压力作用下，灌浆孔可结束吸浆，且持续进行 10min 灌浆作业，如浆液外冒、上浮，则必须在 24h 以上控制闭浆待凝时间。如必须暂停灌浆施工，其暂停时间需控制在 30min 以内，如超过该时间，需向原孔深度位置冲洗随后及时进行再次灌浆作业，如灌浆孔无法进行吸浆作业，此时应向其周围位置再次进行钻孔，并进行灌浆施工。

7. 灌浆质量检查

完成灌浆作业后，需详细核对整理灌浆资料，并向监理人员进行报送及审核，根据监理人员要求检测固结灌浆施工质量，按照规定对检查孔实施灌浆、封孔，与固结灌浆孔整体数量相比，检查孔数量应不少于其 5/100。选取压水试验的方式检查固结灌浆的质量，在完成灌浆 3 ~ 7d 之后可检查压水试验效果，一般以单点法为压水试验的主要方式。岩体灌浆后要求其透水率应控制在设计要求值以下。在完成局部灌浆 7d 后可检查回填灌浆质量，并将浆液（水灰比 2：1）注入孔内，在一定压力作用下，要求开始阶段 10min 的注入量必须控制在 10L 以则表明其符合施工规定。

四、岩基固结灌浆技术注意事项

（一）在灌浆施工时，要注意对灌浆压力的处理

在进行灌浆时，要注意保持灌浆的压力稳定，在灌浆压力或者是注入的速度发生改变时，要技术查找原因，并进行立即处理。一般情况下，灌浆压力越大，浆液注入的效果越好，但是，也并不是压力可以一直增大，如果压力过大，有可能会对地层产生影响，引起地层的掀动，导致地层裂缝扩大，对地层结构造成破坏。因此，可以在保证对地层结构不造成任何破坏时，可以让压力取到最大允许值。但是要注意这个最大值不能高于该岩石层的总的压力的和，否则也会对地层构成影响。

（二）对于串浆、漏浆的处理

在进行岩基灌浆出现串浆时，如果在这时我们正在进行钻进施工，这时需要立即停止。然后在串浆出安装灌浆堵塞，要求其具有很强的严密性。然后在进行继续灌浆；如果这时串浆孔是待灌孔，这时可以把串浆孔的待灌孔与灌浆孔同时进行卡塞，进行灌浆。而且如果灌浆塞的严密性不高，其卡塞处需要上移，保持其严密性。当岩层大量漏浆时，这时各段灌浆管需要深入孔底部，深入的距离不要超过 50mm。而且在进行灌浆时，每进行灌浆一段时间后，要停止灌浆，等待浆液凝结后，再进行灌浆。

五、常见问题的对策

（一）解决岩溶结构水利施工难题的措施

1. 将高压旋喷灌浆技术应用于水利工程施工过程中基础施工。高压旋喷灌浆技术是指将一种比较独特的喷嘴装于钻机的顶部，按照钻机的工作特点（能够深入地层）通过高压泵的作用将水泥浆从这个独特的喷嘴当中喷射出来。在这个过程当中水泥浆能够将已有的土层破开，然后将被破损的土层与水泥浆充分的搅拌，使得两者能够融合，这个混合的物体凝固之后将会形成一个柱体，这就让水利工程的地基更加结实与牢固。

2. 将高压灌浆技术运用于水利工程施工当中。运用不冲洗高压水泥灌浆的方法进行基础灌浆，能够使得填充物之间的缝隙更小，高压灌浆技术的运用让地基土层具有良好的防渗水性能和稳定性。

（二）解决漏水与渗水的地区中水利工程建设问题的方法

解决漏水与渗水的地区中水利工程建设问题的方法主要包括：填充方面的相关材料处理、模袋灌浆法等。

1. 填充方面的相关材料处理。这些材料主要由粗砂、水泥、砂石、石灰等组成，要严格的控制砂石的大小、混合材料的配置比例、材料的黏合程度等，这些都是解决漏水问题的重要条件。这种混合的材料能够产生自然的反过滤层，可以将土层当中的缝隙全部堵塞住，构建成一个封闭的空间。

2. 模袋灌浆法是指用尼龙、聚丙烯等化学物质材料做成的模袋，其能够充分的与溶洞相结合，使得漏水现象的发生率明显下降。模袋具有超高的变形能力和耐磨、耐压能力，一旦将水泥砂浆灌入其中，当模袋与模袋之间不断的挤压和摩擦的时候，模袋的特性就得到了充分的发挥，模袋中的水分就不断地被挤压出来了，只留下水泥与砂石的混合物，经过一段时间混合物不断的凝结，使得模袋更加的坚固，与地层契合的更加密切，从而也就达到了防漏水的效果。

岩基灌浆技术是水利工程施工中重要的一项施工技术，也是在近几年发展中较为突出的一种施工技术，该技术的应用对于降低施工难度，提高施工质量都具有极大的帮助，针对施工中经常出现的问题，岩基灌浆技术也都能得到良好的解决。希望在今后的施工中能够充分考虑到水利工程的具体情况选择优质的施工方案，提高水利工程基础施工的质量与进度，为我国的水利事业的发展提供基础条件，为国民经济的发展提供动力基础。

第三节　高压喷射注浆法

一、概述

高压喷射注浆是利用喷射化学浆液与土混合搅拌来处理地基的一种方法。一般是利用工程钻机孔作为导孔，将带有喷嘴的注浆管插入土层的预定位置后，以高压设备使浆液或水成为 20MPa 左右的高压流从喷嘴中喷射出来，冲击破坏土体，同时钻杆以一定速度渐渐向上提升，将浆液与土粒强制搅拌混合，浆液凝固后，在土中形成一个固结体，从而达到加固地基的目的。

二、施工工艺

（一）旋喷直径确定

通常应根据估计直径来选用注浆的种类和喷射方式。对于大型的或重要的工程，估计直径应在现场通过试验确定。在无试验资料的情况下，对小型的或不太重要的工程，可根据经验选用，采用矩形或梅花形布桩形式。

（二）施工机具

施工机具主要由钻机和高压发生设备两大部分组成。由于喷射种类不同，所使用的机器设备和数量均不同。

多重管的功能，不但要输送高压水，而且还同时将冲下来的土、石抽出地面。因此，管子的外径较大，达到 300mm。它由导流器、钻杆和喷头组成。在喷嘴的上方设置了一超声波传感器，电缆线装在多重管内。

（三）施工工序

旋喷的工序为：钻孔、插入旋喷注浆管至钻孔底设计标高后旋喷注浆，当压力流量达到规定值后，随即旋转和提升，进行自下而上的旋喷作业。为了获得较大的直径，可采用复喷措施，即先喷一遍清水，再喷一遍水泥浆或喷二次水泥浆。

定喷的工序为：①预先钻孔，但根据情况也可不预先钻孔；②喷射管向下喷射，同时间转达到预定的深度；③改换成横向喷射后开始提升；④在预定范围内完成截水膜后，转换方向；⑤再次重复工序；⑥达到预定的深度；⑦改换成横向喷射后，开始向另一方向喷射；⑧最后完成一个喷射孔的喷射。

以旋喷桩为例简要介绍其施工过程。

1. 钻机就位

钻机安放在设计的孔位上。钻孔的位置与设计位置的偏差不得大于 50mm，钻杆轴线应垂直对准钻孔中心。

2. 钻孔

钻孔的目的是为了把注浆管置入到预定深度。钻孔方法可根据地层条件、加固深度和机具设备等确定。对单管法常使用 76 型或 70 型旋转振动钻机，深度可达 30m 以上，适用于标贯击数小于 40 的砂土和黏性土层。当遇到比较坚硬的地层时宜用地质钻机成孔。一般在二重管与三重管施工中采用地质钻机成孔。

3. 下注浆管

成孔后，即可下入注浆管道预定深度。若使用 76 型或 70 型振动钻机，下注浆管与钻孔两道工序合二为一，钻孔与下注浆管同时完成。若使用地质钻机，则必须将钻杆拔出，再换上注浆管。在下管过程中，为防止泥砂堵塞喷嘴，可边射水，边下管，但水压一般不高于 lMPa，以防射塌孔壁。

4. 喷射注浆作业

将注浆管贯入到预定深度后，即可自下而上进行喷射作业。施工过程中，必须时刻注意浆液初凝时间、注浆流量、风量、压力、旋转提升速度等参数是否符合设计要求，并随时做好记录。

当注浆管不能一次提升完成而需分数次卸管时，卸管后喷射的搭接长度不得小于100mm，以保证固结体的整体性。

5. 冲洗器具

喷射作业完成后将注浆泵的吸水管移到水箱内，在地面上喷射，以便把泥浆泵、注浆管和软管内的浆液全部排除，防止残存的水泥浆将管路堵塞。

6. 回填注浆

喷射注浆完成后，由于浆液的析水作用，为防止加固地基与建筑基础结合不紧密或脱空现象的出现，可采取回灌冒浆或用水灰比为 0.6 的水泥浆补灌。

7. 施工技术参数

喷射的浆液一般以水泥为主，制成水灰比为 1 : 1 的水泥浆，并根据需要加入适量的外加剂，以达到减缓浆液沉淀（碱+膨润土等）、速凝（氯化钙、水玻璃、硫酸钠、三乙醇胺等）、防冻（氟石粉等）等效果，所用外加剂掺量应通过试验确定。浆液制备的时间宜在旋喷前 1h 以内进行，使用前应滤去硬块、砂石等杂物，以免堵塞管路喷嘴，搅拌罐容积宜为 1 ~ 4m³。

（四）施工要点与施工中常见问题及处理办法

1. 施工要点

（1）喷射注浆前要检查高压设备和管路系统。设备的压力和排量必须满足设计要求，使用高压泵时，应对安全阀进行测定，其运行必须可靠。管路系统的密封圈必须良好，各通道和喷嘴内不得有杂物。

（2）下注浆管时，要预防风、水喷嘴被泥砂堵塞，可在插管前用一层薄塑料膜包扎好。

（3）喷射注浆时要注意设备开动顺序。对三重管，应先空载启动空压机，待运转正常后，再空载启动高压泵，然后同时向孔内送风和水，使风量和泵压逐渐升高到规定值。风、水畅通后，若为旋喷即可旋转注浆管，并开动注浆泵，先向孔内送清水，待泵压泵量正常后，即可将注浆泵的吸水管移至储浆桶开始注浆。待估计水泥浆的前峰已流出喷头后，才可开始提升注浆管，自下而上喷射注浆。

（4）喷射注浆过程中，应注意观察冒浆情况，以及时了解土层情况、喷射效果和喷射参数是否合理。采用单重管或二重管喷射注浆时，冒浆量小于注浆量 20% 为正常现象；超过 20% 或完全不冒浆时，应查明原因并采取相应措施。若地层中有较大空隙，引起不冒浆，可在浆液中掺入适量速凝剂或增大注浆量；若冒浆过大，可减少注浆量或加快提升和回转速度，也可缩小喷嘴直径，提高喷射压力。采用三重管喷射注浆时，冒浆量应大于高压水的喷射量，但其超过量应小于注浆量的 20%。

（5）喷射注浆完毕后，即可停风、停水，继续用注浆泵注浆，待水泥浆从孔口返出后，即可停止送浆，然后将注浆泵的吸水管移至清水箱，抽吸定量清水将注浆泵和注浆管路中的水泥浆顶出，然后停泵。

（6）所用水泥浆，水灰比要按设计规定不得随意更改。要保证水泥质量，水泥应过筛，其细度应在标准筛上（4900 孔 / m²）的筛余量不大于 15%。禁止使用受潮或过期的水泥，在喷射注浆过程中应防止水泥浆沉淀。

（7）为避免固结体尺寸上大下小或增大固结体尺寸，可采用提高喷射压力，泵量或降低回转与提升速度等措施，也可采用复喷工艺，第一次喷射时，不注水泥浆液，初喷完毕后，将注浆管边送水边下降到初喷开始的深度，再抽送水泥浆，自上而下复喷。

（8）旋喷桩相邻两桩的施工间隔应大于 48h。

2. 施工质量检验

施工后，对喷嘴施工质量的鉴定，一般在喷射施工过程中或施工告一段落时进行。检查数量应为施工总数的 2% ~ 5%，少于 20 个孔的过程，至少要检验两个点。检验对象应选择地质条件较复杂的地区及喷射时有异常现象的固结体。凡检验不合格者，应在不合格的点位附近进行补喷或采取有效补救措施，然后再进行质量检验。

三、常见问题及处理对策

1. 冒浆

使用高压喷射注浆法时，由于喷射所产生的冲击力比较大，一些土层在冲击下遭到破坏，因此经常会有一些细小颗粒从注浆管壁渗出。这种现象被称为冒浆现象。其的正常与否，以注浆量的 20% 为准。如果冒浆量小于注浆量的 20%，就是正常现象；如果冒浆量大于注浆量的 20% 时，就要采取补救措施了。首先要观察冒浆，判断土层的状况，分析喷射的效果，检验喷射参数的合理性。然后就是减小冒浆，可以通过提高喷射压力、减小喷嘴直径和加快提升旋转速度等来实现。

2. 固结体不完整

固结体不完整也是一种常见的问题，主要表现为在加固地基和建筑物基础之间结合不紧密，存在较大空隙，有时候还表现为桩体连续性差。导致这种问题的原因比较复杂，例如，在注浆喷射的过程中操作不连贯，甚至存在中断操作的现象，就十分可能导致固结体不完整的问题。对于这种问题，其较为有效的补救方法就是超高喷射，这种喷射方法可以确保喷射量大于固结体收缩量。

3. 固结体不垂直

在施工准备阶段有一个重要的步骤就是机具的就位操作，其主要是指钻机的就位，钻机需要精准就位，一旦钻机就位不准，就会导致钻孔不垂直的问题。进而就会使固结体歪斜，使其承载力大大降低，堵水等方面的功能也会受到影响。因此，在钻孔机就位操作时必须确保定位准确，并做好钻杆的调校工作，使其保持垂直，其标准偏差应严格控制在 50 毫米以内。

4. 喷射流压力偏低

喷射流压力偏低也是喷注施工中常见的问题，导致这一问题的原因有三个，即所选用的高压泵不符合施工标准、泵摆放距离不合理以及浆液管路出现破损。具体处理措施应该根据问题原因来确定。例如，选用合适压力的水泵，科学确定水泵的摆放位置，修补破损管道防止泄露等。

第八章　基础防渗处理及地下工程

第一节　基坑开挖

一、岩基开挖

（一）岩基安全支撑结构的选择

通常而言，岩基的根基相对较深，在开挖基坑时，边坡存在可能会出现失重塌陷等安全风险。因此，为保障后期施工的安全、高质，必须对基坑边坡进行安全支护以确保其稳定、牢固。常见的安全支撑结构主要有以下几种：板桩支撑结构、水泥挡土墙支撑结构、浇筑桩结构、锚喷网结构。

1. 板桩支撑结构

这种方法是水工建筑岩基开挖中最为常见的安全支护结构。其不仅可以充分运用边坡压力确保基坑内不会出现积水，从而为基坑依据设计顺利、高质的进行施工开挖提供保障，同时还能将基坑边坡进行稳定加固，避免其在后续施工中发生位移，保障水工建筑安全的同时避免对周边建筑物、道路、管线等造成不良影响。一般而言，板桩支撑多选用钢板桩或钢筋砼板桩进行施工，其中钢板桩常见的结构形式有平板型与波浪形，两者对比，前者安装简便且防水性能优良，多应用于深度较小的基坑中；后者具备更加优越的抗折性与防水性，多应用于深度较大或边坡压力偏大的基坑中。除此之外，板桩支撑结构多数情况下是单独使用的，但在个别有着较高支护要求的基坑建设中，其亦可同其他支撑结构联合应用以提升整体的支撑效果。

2. 水泥挡土墙支撑结构

这种方法是指在基坑边坡中注入水泥后通过搅拌，使其同边坡土体胶合形成拥有一定厚度的稳定水泥挡土墙，从而实现对基坑边坡稳定性的提升。具体施工时，通过对周边土体的分析后，合理布设注浆孔，在注入水泥的同时进行连续的搅拌，使水泥与土体相互搅合，凝固后构成连续的墙体，这种方法形成的支撑结构类似于一种复合式支撑结构，其多应用于土质松软、深度小于 7m 且横截面较宽的基坑开挖中。

3. 浇筑桩支撑结构

从字面意思即可知道这种方法是以浇筑桩为核心展开基坑支撑的。相较于其他方法，浇筑桩支撑结构不仅应用简便、施工快捷、成本低廉且在进行施工时不会产生强烈的震动和噪音。除此之外，在进行施工时可依据具体的施工情况，自由选择布设的支撑排数，实现支护效果的可控调节。

4. 锚喷网支撑结构

这种方法是指将锚杆、钢丝网、喷层混凝土及坑边岩体构成联合的整体，一起对基坑边坡进行有效防护支撑。这种支撑结构具有施工便捷、支撑效果优良、工程适应性高、施工成本低廉等诸多优势。其多应用于土质松散性差的基坑或位于地下水上方的基坑施工。

二、软基开挖

（一）淤泥软基基坑的开挖

1. 稀淤泥基坑的开挖施工

稀淤泥具备含水量高、流动性强的特性，因此对于小面积的稀淤泥，在基坑开挖前应先向淤泥中添加干燥的沙子后将其挤压构成具备一定硬度的土埂；对于面积较大的稀淤泥则可通过构筑多条土埂实施分区作业；对于深度长且面积大的稀淤泥，则应先构建围埝将整片稀淤泥划分成数个区域后实施分区作业。

2. 烂淤泥基坑开挖施工

所谓的烂淤泥是指含水量相对较低、淤泥层厚度较大且易粘难脱离的淤泥层。在基坑开挖施工时，可先对挖掘工具进行浸水，以避免出现设备粘连的现象。具体的施工方法可选用集中突破法或苇排铺路法，前者是先从烂淤泥的边缘进行集中开挖，待挖出硬土后再从该点向四周进行逐步开挖；后者是将芦苇捆扎成苇排后，将其铺设在烂淤泥上作为进行烂淤泥开挖施工的立足点。

3. 夹砂淤泥基坑开挖施工

当淤泥中含有一层或数层夹砂而将淤泥层划分成多个分层时，就构成了夹砂淤泥。在进行基坑的开挖施工时，若夹砂淤泥分层厚度较大则可依照烂淤泥基坑开挖技术进行作业；若淤泥分层厚度较小，则应先对砂面进行晾晒，待其具备一定强度后对其进行挖掘施工，挖掘以裸露出下一层砂层为止，随后重复上一步骤直至夹砂淤泥全部清理。在施工中需格外注意的是，整个施工过程必须有效进行，不可随意乱挖，以防止施工难度的增加。

（二）流沙基坑的开挖

在基坑排水时若选用明式排水法，则基坑边坡在水流的冲击下有可能产生较大的坡降，使得基底发生渗流或边坡出现管涌，这就是所谓的流沙。这种现象多出现于非黏性土或细砂土中，对于治理则多选用"排水、封沙"法，即将流沙中含有的水分及时排出，降低其水力坡度的同时将开挖区域内的流沙予以完全封闭，阻止其进一步的移动。若发生流沙现象的基坑截面积与开挖深度均相对较小时，则应对其进行护面处理，常见的有沙石护面与柴枕护面。

三、泉眼的处理

泉眼的出现一般是因为基坑内排水不畅致使地下水局部突破土层而形成的。其多发于地基钻孔作业中，当涌出清水时可直接将其引入集水井随后排出基坑即可；若涌出浊水时则应在泉眼内铺设一层粗砂与石子，以便于对涌水进行初步过滤；当泉眼处于建筑物下部时，则对泉眼铺设砂石进行过滤后，可通过铁管将涌水引出混凝土。与此同时，浇筑混凝土对泉眼进行封堵。

基坑工程作为水工建筑施工的关键基础要素，其施工质量的高低对于整个水工建筑的整体质量有着直接的显著影响。鉴于此，必须确保基坑施工的安全、高质。在基坑的具体开挖中，必须依据具体的施工环境选用合理、科学的基坑开挖工艺，从根本上确保基坑开挖作业的顺利、有序、高质进行，为水工建筑的后续施工奠定基础。

第二节　岩基帷幕灌浆

通过在闸坝的岩石或砂砾石地基中，帷幕灌浆采用灌浆建造一种能够防止渗透形似帷幕的一种施工工艺。一般帷幕灌浆范围的顶部是与钢筋混凝土的闸坝底板或土层坝体相互连接，而其底部则直接深入到相对不是很透水的地岩层一定深度范围内用来阻止或者减少地基中地下水的渗透，并且在与位于其下游的排水系统共同作用还可有效降低渗透水流对闸坝的扬压力。帷幕灌浆一直是水工建筑物地基防渗处理的主要手段，对保证水工建筑物的安全运行起着重要作用。

一、帷幕灌浆技术参数

（一）帷幕位置

对于混凝土重力坝的帷幕位置尽可能靠近大坝的上游面，一般情况下多设在距上游坝踵 $0.06H \sim 0.1H$ 的部位，必要时还应在帷幕后设置排水系统以防水体积压增大帷幕的承受能力。对于土坝和堆石坝的灌浆帷幕的位置应根据防渗体的位置而定，并且帷幕应当与坝内防渗体能够紧密相连。对于拱坝而言，在设计拱坝时上游坝踵常会出现拉应力，帷幕应设置在压应力区内；帷幕后应设置排水设施特别是两岸拱座部位的排水工作应加强。

（二）帷幕的深度

在国内，一些大坝的帷幕深度一般约为坝高的 45%。岩基中坝基帷幕钻孔深度一般不超过 100m，这是为了保证岩基中帷幕最好能深入基础的相对不透水岩层；这样就需要设置较深的帷幕在两岸专门开挖几层平洞，从而在平洞内进行灌浆构成上下相互衔接的帷幕；在砂砾石地基中帷幕深度宜穿过砂砾石层达到基岩，这样可以起到全部封闭渗流通道的作用。

（三）帷幕的厚度

帷幕的厚度主要是根据幕体内的允许坡降值来确定的，除了这个还应考虑大坝基础的防渗标准和幕体本身的密实性、稳定性等因素。

（四）灌浆孔排数

对于高坝为了降低坝基压力值或由于某些原因对基础岩石防渗性能要求很高时也应考虑较宽的帷幕；对基础承受的水头超过 25m ~ 30m 时设置 2 ~ 3 排灌浆孔，对于砂砾石厚度较浅一般设置 1 ~ 2 排灌浆孔即可。在岩石比较破碎、节理裂隙发育成熟并且透水性大的地区常需设置 2 ~ 3 排钻孔组成的较宽的帷幕；而在致密、坚硬、裂隙少、透水性小的岩基中设置一排孔洞组成的帷幕即可；对于在复杂地质条件下应考虑设置宽厚的帷幕，帷幕钻孔常为 2 排或 2 排以上。

（五）灌浆孔距

对岩石灌浆一般常采用下述方法估算帷幕的厚度：单排帷幕厚度约为孔距的 70% ~ 80%；多排孔的帷幕厚度约为两边排之间的距离再加上边孔距的 70% ~ 80%。灌浆孔距主要决定于地层的灌浆材料、渗透性、灌浆压力等有关因素，而这个一般需要通过试验来确定，通常情况下孔距设为 2m ~ 4m。为了尽可能减少绕坝渗流的影响，帷幕往往需要在沿坝轴线向两端的方向上需要延伸一定距离，其延伸长度一般需要依据地质条件来判断。

二、帷幕灌浆施工工艺及步骤

混凝土坝岩基帷幕灌浆都在两岸坝肩平洞和坝体内廊道中进行。土石坝岩基帷幕灌浆，有的先在岩基顶面进行，然后填筑坝体；有的在坝体内或坝基内的廊道中进行，其优点是与坝体填筑互不干扰，竣工后可监测帷幕运行情况，并可对帷幕进行补灌。

（一）钻孔

钻孔分类：钻孔分先导孔、抬动观测孔、灌浆孔、质量检查孔。

（二）钻孔取芯和芯样试验

灌浆先导孔、检查孔以及监理人指示的其他钻孔应予钻取岩芯按取芯次序统一编号，填牌装箱并绘制钻孔柱状图和进行岩芯描述。芯样的最大长度应限制在 3m 以内，一旦发现芯样卡钻或被磨损应立即取出。对于 1m 或大于 1m 的钻进循环，若芯样获得率小于 80% 则下一次应减少循环深度 50%，以后依次减少 50% 直至 50cm 为止。如果芯样的回收率很低应更换钻孔机具或改进钻进方法。

（三）裂隙冲洗

裂隙冲洗在洗孔完成后进行。裂隙冲洗方法采用风水联合冲洗还是导管通入大流量水流可根据监理人指定。采用高压水脉动冲洗，冲洗时间不少于 30min，回清水 10min。

（四）压水试验

帷幕灌浆压水试验在裂隙冲洗后进行。采用"五点法"进行压水试验。

（五）制浆与检测

集中制浆站用 600L 高速搅拌机拌制浆液，用 250/50 泥浆泵送水灰比为 0.5∶1 的纯水泥浆液输运至各灌浆点，各灌浆地点需测定来浆密度并根据各灌浆点的不同需要调制使用。浆液温度应保持在 5℃ ~ 40℃，超过此标准的视为废浆。

（六）灌浆

帷幕灌浆采用循环式灌浆法注入的浆量大于裂隙吸浆量，对一些多余的浆液将会经回浆管返回到搅拌机。这样做的主要优点是浆液不易沉淀并且有利于保证灌浆的施工质量。全孔分段灌浆法将全孔自下而上分成若干段，用灌浆塞将其中一段与相邻段隔离，有压浆液只灌入到该段岩石裂隙中适合于深孔灌浆。灌浆压力宜通过灌浆试验确定，也可通过公式计算或根据经验先行拟定，而后在灌浆施工过程中调整确定。对于采用纯压式灌浆压力表应安装在孔口进浆管路上；对于采用循环式灌浆压力表应安装在孔口回浆管路上。在灌浆的时候应尽快达到设计压力但注入率大时应分级升压。灌浆浆液的浓度应由稀到浓逐级变换。浆液水灰比可在 5∶1、3∶1、2∶1、1∶1、0.8∶1、0.6∶1、0.5∶1 等七个比级中进行合理采用，开始灌浆的水灰比可采用 5∶1。

通常对于某一比级浆液的注入量已达 300L 以上或灌注时间已达 1h 而灌浆压力和注入率均无改变或改变不显著时，浆液的浓度应改浓一级；通常对于灌浆压力保持不变注入率持续减少时或当注入率不变而压力持续升高时，这种情况下一般不得改变水灰比；对于当注入率大于 30L/min 时，浆液的浓度可以根据具体施工情况越级变浓。

（七）灌浆结束标准和封孔方法

对于灌浆截止，有以下判定灌浆终止的条件：在规定的压力下采用自上而下分段灌浆法时，当注入率不大于 0.4L/min 时继续灌注 60min；或不大于 IL/min 时继续灌注 90min，灌浆可以结束。采用自下而上分段灌浆法时，继续灌注的时间可相应地减少为 30min 和 60min，灌浆可以结束。

灌浆后需要进行封孔，通常按照下面的原则进行封孔：采用自下而上分段灌浆时应采用置换和压力灌浆封孔法；采用自上而下分段灌浆法时灌浆孔封孔应采用分段压力灌浆封孔法。

我国进入高速发展阶段，经济的不断提升，人们的生活质量也不断提升，伴随着经济的发展，能源的需求日益增多，水利水电工程因其无污染而广泛被应用，渗漏一直都是水利工程最主要的问题，帷幕灌浆技术一般被运用于加固、防渗工程中，将其应用到水利工程的防渗中，可以有效地解决渗漏问题。结合本文所述，帷幕灌浆技术可以有效处理地下水的渗漏问题，同时还可以有效地减少闸坝的压力，作为加固以及防渗的主要技术，帷幕灌浆技术在水利工程中科学合理的应用，可以有效地解决渗漏问题并且保障水工建筑物的施工环境安全以及整体的稳定运行。

第三节　混凝土防渗墙施工

水利水电工程建设技术的不断进步给我国科学的使用现有水资源提供了有效指导，这一点依靠于水利水电工程建筑的抗震作用，具有较高的水准和稳定性，在水利工程建设的过程中开展好防渗活动，从而提升水利工程的使用寿命，防止工程的建筑结构遭到破坏，最重要的一点在于可以节约各项资源。

一、混凝土防渗施工技术的重要性

在水利工程的施工建设过程中，做好防渗工作非常重要的。水利工程建设要求水利工程的质量除了要具有一定的抗震性和稳定性，还要防止渗漏现象的发生，同时，对于已经出现的渗漏现象要及时进行处理，做好应对措施。如果出现渗漏现象却没有处理好，将会对企业和社会的经济效益造成严重影响，还会对人民的生命财产安全造成严重的威胁。防渗技术的重要性表现在：做好防渗工作可以节约大量的水资源，可以提高水利工程的稳定性，防止水利结构遭到破坏，使水利工程可以正常运行。

二、混凝土防渗墙渗漏原因

目前，造成我国水利工程出现质量问题的原因包括三种：

第一，在施工前期水利工程的设计不合理，影响施工技术的选择。主要是受到工程设计员能力的影响，在设计水利预防建设环节时考虑有所欠缺，无法参考工程的具体建设情况进行正确的设计，最终使得整体设计与工程的标准和规定不符，导致施工技术选择出现偏差，在洪灾来临之际出现渗漏现象。

第二，无法保证材料的质量，有些施工方对材料的质量管理还未引起重视，在施工过程中使用品质较差的材料，影响工程整体质量品质，从而造成防渗墙渗漏。

第三，未能完善施工现场的地基建设工作。因为水利工程的建设范围大，混凝土防渗墙的占地面积广，为了保证工程的效率和顺利进行，施工方一般会把工程分为不同的环节和区域，因此当施工人员各自完成自己的区域后就需要对区域之间进行连接，如果连接处出现缝隙，防渗墙就会出现渗漏。

三、混凝土防渗墙主要种类

水利水电工程建筑中使用的混凝土防渗墙施工技术有很多，通过不断的实验与验证，根据不同形式可分为不同的类型。如以墙体的材料为标准，可分为钢筋混凝土型、塑性型、灰浆型等；以成槽方式为标准，可分为射水成槽型、钻挖成槽型等。一般情况下，施工方会根据墙体结构进行划分，有桩柱型、槽板型、泥浆槽型、板桩灌注型四种，其中桩柱型和槽板型的范围广泛。桩柱型运用冲击钻或工具打出桩孔，然后使用混凝土、套管回填孔洞，按照设计要求与工程具体情况，确认桩孔的个数及深度，桩孔形式链接方法有搭接和连锁两种。

槽板型是运用大型号的冲击钻或工具打出槽孔，然后利用泥浆以及其他稳固方法固壁，混凝土回填在槽孔之中，得到连续新的防渗墙。槽孔长度如果有特殊的施工要求进行更改，通常是 5 ~ 9 米，单元槽的连接方式也是搭接和连锁两种。

四、混凝土防渗墙施工技术要点

（一）钻掘槽孔

钻掘槽孔对在混凝土防渗墙施工建设的作用十分重要，普遍使用的钻掘槽孔技术可分为三种，即钻劈法、钻抓法、抓取法，在混凝土防渗墙上合理分布槽孔可以将水利工程建筑的质量和性能强化到最大。在施工过程中，施工方首先划分清楚的主孔与副孔，将主孔作为参考进行副孔的钻掘。使用冲击钻钻掘出两个主孔，主孔的位置要相邻并钻到一定深度，完成主孔的钻掘之后使用抓斗机抓掘副孔，此时副孔的长度应当保持在抓斗最大。另外还需要注意排出并清理孔位中因劈打落下的石渣。

（二）清理槽孔

完成槽孔钻掘后就应当清理槽孔，才能保证混凝土防渗墙能够正常的发挥防渗作用，清理时注意槽孔四周的物质影响，如槽孔中的混凝土残留物。还要注意在清理槽孔时还应该挑选适当的方法，一般使用抽筒法清理。首先借助机械设备如抽筒抽取槽孔中内废弃物，同时将槽口的新泥浆泵转移到槽内，其次使用刷子、钻具等专业工具，完全清除接头孔壁处的杂质，防止泥浆等杂质沾在工具上，保证防渗墙的质量和防渗功能。如果槽孔内的杂质并未完全清理干净，这时可以使用刷子、钻具等进一步清理槽孔。

（三）成槽工艺

成槽质量在一定程度上决定了地基的稳定性，它出于预防槽孔坍塌的目的进行，保证孔壁的平稳。安排专门人员选择和考察成槽材料的颗粒、密度、黏稠度以及成槽之后的流动性、稳定性。膨润土泥浆因为具备较好的悬浮性、触变性、造浆率高、品质优良、滤失量小、配置快捷等特点在混凝土防渗墙施工中得到普遍使用，是当前混凝土防渗墙最为理想的成槽材料。施工方应当选择品质优良的膨润土拌制护壁泥浆，充分发挥它在混凝土防渗墙施工过程中的巨大作用。

（四）浇筑并养护混凝土

混凝土的浇筑和养护是有效保证混凝土防渗墙的质量和性能的环节之一，在浇筑的过程中要加强墙体的材料质量和养护管理。作为防渗墙施工的一个重要阶段，在灌注过程中尽可能地避免因材料不足、设备故障等问题影响施工，如果工程后期混凝土的使用出现变化，很有可能会导致水利工程建筑出现渗水、漏水，影响水利工程的使用和人们的生活和劳动。混凝土防渗墙的整个施工环节都必须要严格遵守施工工艺进行作业，设计合适的材料配比，确保防渗墙质量。除此之外，施工方可安排专门的测量人员随时检测混凝土的上升面并进行记录，针对不同槽段进行混凝土试块预留，便于之后不同墙体之间的连接。

五、混凝土防渗墙施工技术的控制措施

（一）防渗墙施工中造孔技术的控制

造孔施工是防渗墙施工的最基本工作环节，在造孔施工过程中，施工人员需要严格控制孔斜、孔深、孔宽以及偏差等，在这一类因素当中，施工人员需要对孔斜加以重视。所以，在造孔施工过程中，设计方、业主方、承建方以及监理方都需要对其进行严格控制与管理，如遇到相关问题需要共同探讨，找到更为合适的方案进行解决，这样才能够有效地提高防渗墙的造孔质量。

（二）防渗墙清槽换浆的技术控制

在对混凝土防渗墙凿槽施工当中，施工人员往往会采用射水法、冲击式反循环钻进法、锯槽法等来进行造槽施工。在此施工过程中，施工人员应该根据混凝土防渗墙施工的实际情况出发，选用科学合理的、行之有效的方法进行施工。

首先，初步清理防渗墙的沟槽，采用抽碴桶逐段捞碴换浆的方法进行。其次，采用气举反循环法换新浆的方法清槽一遍。最后，控制混凝土浇筑前孔底沉碴控制在10cm以内。

（三）防渗墙浇筑质量的技术控制

混凝土在浇筑过程中，施工人员必须要根据相关规定进行，施工人员在施工过程中需要注意以下几点：（1）将混凝土拌制完成之后应该及时运送到施工现场；（2）在混凝土浇筑之前，施工人员必须要在管道内放入一个皮球，然后采用一个带有钢丝绳的钢板将集料口绑扎封闭；（3）当凹槽内都灌注满混凝土之后应将钢板拉开，此时混凝土就会深入到孔底，施工人员应采用冲击式钻孔机轻轻提料斗。

首先，浇筑前对混凝土骨料粒径、含水量、泥浆比重等进行必要的测量。其次，要严格按照水利工程混凝土防渗墙施工的配合比进行配料，并根据现场情况，及时检测各种原材料的含水量。其三，规范水利工程混凝土防渗墙混凝土拌合作业，控制混凝土的坍落度在18～24cm之内。最后，防渗墙混凝土浇筑过程中应该控制浇筑高度，确保浇筑质量。

（四）防渗墙接头施工的技术控制

首先，对于基岩连接处，重点是做好接头管的安装。其次，对于两岸坡度较陡或者岩石比较破碎，则要进行帷幕灌浆。其三，混凝土构筑物之间主要采用灌浆或高压喷射灌浆进行连接。最后，接头连接处应该根据实际选择钻凿法、接头管法或软接头法，从而确保接头质量。

六、混凝土防渗墙的质量检测方法

（一）制定混凝土质量检测计划

施工单位需要根据建筑工程所在地的环境特点、气候特点等，制定出适合建筑工程混凝土检测的计划措施。在制订计划时，首先需要根据混凝土的配合比、施工工艺流程和养护措施，从而保证施工计划的完善。在混凝土检测时，可根据施工中记录的数据作为评判依据，选出混凝土结构的一项或几项作为检测；同时，混凝土水化硬化反应状态对混凝土碳化反应的速度有较大的影响，因此在混凝土检测中还应根据工程环境和气候特点制定适宜的检测项目。

（二）建筑混凝土抗压强度的检测要点

建筑混凝土质量的决定性因素之一就是抗压强度，若混凝土强度越大，则混凝土质量则越好。而影响混凝土抗压强度的因素较多，例如混凝土水灰比、混凝土的浇筑工艺、混凝土振捣密实度等，均会影响混凝土强度。因此，在混凝土抗压强度检测时，需要选取适宜的检测方法，并布置充足数量的测试点。

（三）混凝土强度检测方法

1. 回弹法

回弹法检测混凝土抗压强度，其主要原理是对回弹仪的弹击杆弹击混凝土结构表面，回弹仪重锤被反弹回来，测出回弹距离，并根据回弹经验值，推导出被测试混凝土结构的强度。由于回弹法未对混凝土试件进行破坏，且所测强度为表面强度。

回弹法检测混凝土强度，存在以下几点误差：第一，其强度仅为混凝土表面强度，其内部强度与表面强度存在一定差距；第二，回弹法是根据回弹值与强度之间的关系测出被测试件的抗压强度，有一定误差。

2. 钻芯法

混凝土的钻芯检测法，主要应用在建筑基础工程中的钻孔灌注桩施工的质量检测中，或者是大型的建筑混凝土结构中，采用回弹法无法准确检测混凝土抗压强度时，可采取钻芯法，由于钻芯法需要对试件进行钻芯取样，其检测值可代表实际试件的真实强度。在混凝土钻芯取样检测中，检测结果与以下因素直接相关：①检测因素。由于钻芯取样主要检测混凝土抗压强度，而取样需要考虑取样直径、取样位置、取样深度等因素，由于不同因素对建筑混凝土抗压强度的影响程度有所差异，为了钻芯准确检测出建筑混凝土的抗压强度，需要分别对这些因素一一试验分析，从而减少对检测结果的影响程度；②钻芯取样方案的确定。在钻芯取样过程中，需要根据不同的取样进行不同的试验，确定一个具有代表性的取样检测方案，并对试验结果进行比较分析，并最终评判出准确的混凝土强度。

七、混凝土防渗墙施工问题的处理措施

（一）槽壁坍塌性问题处理措施

在进行建筑工程项目混凝土防渗墙工程施工过程中，槽壁坍塌是常见的工程事故性问题，引发这一问题主要与地下水位、地面负载、槽壁土质以及泥浆质量等因素有着直接的关联性。一旦槽壁的土壤质量相对比较密实，并且具有抗剪强度，将不易出现失稳性问题，但是在地面槽孔口增加荷载，举例来说，施工动载荷以及施工机械设备载荷，等等，将会影响槽壁的稳定性，这也是引发混凝土防渗墙槽壁坍塌的主要原因之一。对于槽口大面积坍塌性问题，相关的质量维护人员必须要从混凝土防渗墙的实际施工情况为主要的出发点，对事故发生的原因进行认真分析，采取与之相对应的解决措施。一旦槽口出现坍塌，造成墙体出现裂缝，要根据具体情况移开钻孔设备进行槽孔回填，在原导墙拆除的基础上，孔口土体进行加固处理，在进行新导墙重建；一旦下部导墙出现坍塌性问题，可以先取出坍塌物，进行地标号混凝土回填，等待混凝土凝固后，在重新进行开孔造槽。

（二）漏浆性问题处理措施

在进行混凝土防渗墙工程施工过程中，出现漏浆性问题主要分为两种情况：①由于砂砾石地层孔隙率大、地层相对松散，或者是岩层中枪风化带、溶洞、断层等因素造成渗漏性问题的出现；②混凝土泥浆质量相对比较差，难以形成致密性泥皮，进而造成漏浆性问题的出现。

一旦出现混凝土防渗墙漏浆性问题，相关的施工必须要停止槽孔挖掘施工操作，泥浆不再循环，使得泥浆的黏稠度以及密度增加，必要时可向泥浆中添加堵漏剂，如珍珠岩粉、粉煤灰、人造纤维等，以降低漏浆性问题出现的概率。

（三）断墙性问题处理措施

出现断墙性问题常见的是由两个原因造成的：①在进行混凝土防渗墙浇筑中，导管的提升的速度相对比较快，超出混凝土的土面高度，进而出现断墙性问题；②由于施工设备故障或者施工中停电，导致浇筑中断，混凝土在孔内失去流动性，进而引发断墙性问题的出现。

当出现断墙性故障问题时，避免采取继续浇筑的方式，通常情况下，需要对已经浇筑的混凝土进行凿除，重新清孔与浇筑，针对不易凿除或者次要部位，可以采取混凝土表皮凿除方式，利用反循环法，对混凝土沉渣彻底清除，在进行混凝土接浇，以确保整个施工工程的质量。

混凝土防渗墙的质量决定了水利水电工程建筑的整体品质、使用时间、安全性，因此施工方应当不断地改进防渗墙施工技术，监督施工过程，杜绝施工过程中对防渗墙质量造成影响的因素，提高其成品质量，确保水利工程的正常使用，从而推动我国水利水电工程的进步和可持续发展。

第四节　振动沉模防渗墙

一、振动沉模防渗墙的成墙机理

振动沉模防渗墙技术是一种薄型插板式防渗墙。采用大功率、高频振动器将 H 型矩形空腹钢模板振动沉至设计深度，起拔模板时，灌注防渗浆料，从而形成单元防渗墙壁。

振动沉模施工设备主要由成模系统、制浆系统、输浆系统和辅助系统等组成。沉模系统包括步履式桩机、振锤、液压夹头、模板等；制浆输料系统包括混凝土输送泵、搅拌机、储浆桶和泥浆泵等；动力系统包括发电机组、电缆、控制柜等。

振动沉模防渗墙的成墙机理包括：模板作用、导向作用和振捣作用。模板沉入土层后，注满浆料，起拔模板时，浆料沿模板内侧注浆管从模板底口注入槽孔。空腹模板的护壁作用，使得槽孔不会产生缩壁和塌壁现象。形成成槽、护壁、浇注一次成墙的新工艺，保证了浆料在槽孔内有良好的充盈性和稳定性。为了保证单元防渗墙壁间连续、不开叉，采用双模板连续套接施工工艺，先沉入的模板作为后沉入模板的导向，保证单元墙体在同一平面内紧密结合，连续成墙。模板振动起拔时，对槽孔中的浆料有振捣作用，从而使浆料充分振动密实。由于单元墙体的施工时间短，浆料初凝之前，可连续完成多块墙体，相邻槽孔中的浆料在振动力作用下，相互混合，从而可保证单元墙体间接缝紧密且连续完整。

振动沉模防渗墙的壁厚一般为 10 ~ 25cm，墙体抗压强度 ≥ 3.0MPa，渗透系数 ≤ $A \times 10^{-6}$cm/s，墙面平整、接缝连接可靠、无错位、不开叉。

施工时，要求作业面要平整、坚实，作业面承载力应满足施工设备过载要求。沉模作业前应校平机架，立柱中心与施工轴线偏差不超过 ±3.0cm，立柱倾斜度不超过 5‰；第一块模板为导向模板，其倾斜度不超过 2‰；沉模施工深度与设计深度偏差要求 ≤ ±10.0cm；为减小沉模施工过程中的模板侧壁阻力，提高槽孔孔壁的平整度，沉模时压注润滑水。工程实践表明，振动沉模防渗墙技术对场地地质条件的适应性较好。对于堤防工程，防渗墙的平面布置以直线型为主，某些特殊情况可采用折线型。

二、防渗墙的施工质量控制

施工前，校平机架，通过机械设施调整立柱转盘及立柱斜撑，保证立柱中心与施工轴线偏差不超过 3.0cm，立柱倾斜度不超过 5‰；第一块模板作为导向板沉入时，保证其倾斜度不超过 2‰，以确保墙体的垂直度。施工中，以防渗墙中心线为基准，用经纬仪校正，使夹头中心线、立柱中心线与基准线重合，定位精度 < ±3cm。

针对场地工程地质特性，为减小沉模阻力，提高沉槽孔壁的平整度，沉模时压注润滑水。采取下列措施控制墙体的灌注质量：

（1）材料按规定进行抽检，符合要求的材料才能进场，进场材料妥善保管；所用配合比经过试配，施工期振动沉模防渗墙的配合比为 440#；基坑内振动沉模防渗墙所用配合比为 JFSMT2，现场严格控制每盘材料用量，保证浆料密度 ≥ 1.9g/cm³；稠度 100 ~ 120mm，具有良好的流动性和保水性。

（2）灌注浆料前，搅拌站应备足一块单元板体的浆料。灌注时，保证泵送量与模板提升速度协调一致，并保持模板内有一定高度的浆面，不出现脱空现象。由于基坑内防渗

墙报施工面与设计墙顶高差达 6m，灌注时采用理论计算灌浆量控制，浆料灌注充盈系数
≥ 1.0。

（3）为防止提拔模板时土块掉入槽孔，在新浇单元中沿模板壁沉入护板后，方可沉
下一块模板。根据现场原状试件的抗压强度测试结果、基坑内开挖裸露出的墙体以及渗透
试验结果，淮河入海水道滨海枢纽立交地涵振动沉模防渗墙墙体形状规则，厚度均匀、无
缩板现象；墙体垂直、墙面平整，不开叉、不错位、墙体连续、整体性能良好，冷接缝无
夹泥皮现象、连接紧密，施工质量可靠；墙体留样试验结果均满足设计要求；截渗墙墙体
具有很好的防渗效果。根据施工期防渗墙、基坑内防渗墙下游洞身和基坑内防渗墙翼墙的
有限元计算结果，当基坑开挖降水后，防渗墙承受了较大的水压力，使得墙体的水平位移
显著增大。计算结果表明，防渗墙的高度愈大，墙体的水平位移愈大。随着墙体材料强度
的增加，墙体的水平位移相对减小。

三、防渗墙工程检验

（一）施工检测内容

1.勘探资料、设计文件、设计变更及业主与施工方的来往函件等的准确性、齐全性检验。

2.振模防渗墙、高喷防渗墙的厚度、长度、深度、连续性检测，墙体 28d 抗渗指标、
强度指标、弹模指标、破坏坡降指标的检测。

3.材料如水泥、粉煤灰、砂子、黏土、膨润土、外加剂的生产质量化验单检验。施工
方和质检方对材料的抽检质量试验报告单检验。

4.施工方根据业主、质检、监理方的要求进行的勘探、检测报告。

（二）检测办法

1.采取现场质量检测和施工原始资料抽检相结合的方法进行检测。

2.采用施工队自检和监理人员现场检测确认并签字的办法进行检测。

3.由监理人员直接测量模板长度、厚度，结合模板沉入深度，检测振模防渗墙的深度
和厚度。

4.由监理人员直接测量高喷管的长度、摆角，结合喷管下管深度，检测高喷防渗墙的
深度及厚度。

5.施工人员自检和监理人员抽检浆液的比重和材料配比。

6.采用开挖探坑的办法检测墙体外观质量及取样进行室内渗透系数、抗压强度、弹性
模量及破坏坡降等。

7.根据国家水利工程验收标准规定，一般施工 2000m 为一个单元工程。

8.以高喷灌注围井的方法代替探坑开挖检测的方法，也是可行的，方法是以防渗帷幕
墙为一侧，用高喷板墙灌注围井进行注水试验的方法，检测防渗墙体质量；本工程每一单

元作一围井检测防渗墙体质量。

9. 选择施工重点堤段，安设测压管，以检测工程效果（洪水期较明显）。一般每断面要设 4 支管，堤前肩、堤后肩、堤后坡、堤后脚各一支。

10. 当一个单元工程完成后可安排单元工程质量检测，全部工程结束后进行全面质量检测。

振动沉模防渗墙具有垂直连续，墙面平整，完整性好，墙体薄，厚度均匀，施工速度快，造价低等优点。对于堤防振动沉模防渗墙体，防渗墙的平面布设应考虑场地的工程水文地质条件、施工条件和墙体的受力条件等。防渗墙的设置应根据堤基土的地质结构、透水性状和堤防的防渗特点，将防渗墙修筑在承载力高、压缩性低、覆盖层厚度小和透水性差的堤基上。另一方面，由于混合砂浆防渗墙厚度较小，墙体应设置在受力较小的部位。

第五节　喷锚支护

近年来，随着我国科技的发展和进步，城市建设的速度也在不断地加快，楼层建设的高度也在不断地增加。但是随着城市规模的不断扩大，不仅房屋建筑要向空中扩展，还要对地下资源进行合理的利用，就目前而言，地铁、地下商场以及地下停车场已经逐渐遍布各个城市，这也推动了地下施工技术的进步。根据目前的形势而言，制定合理的基坑支护方案是进行地下建设的基础，也是一大难点，主要针对深基坑工程中喷锚支护施工技术进行论述，为其运用推广提供一定的理论支持。

一、喷锚支护简介

喷锚支护，就是指借高压喷射水泥混凝土和打入岩层中的金属锚杆的联合作用来加固岩层，它分为临时性支护结构以及永久性支护结构。喷混凝土可以作为洞室围岩的初期支护，也可以作为永久性支护。喷锚支护是通过运用锚杆、混凝土喷层和围岩形成共同作用的体系，来防止岩体松动、分离。把一定厚度的围岩转变成自承拱，有效地稳定围岩。当岩体比较破碎时，还可以利用丝网拉挡锚杆之间的小岩块，增强混凝土喷层，辅助喷锚支护。在喷锚支护网中，通过对喷射混凝土以及压力灌浆的使用，可以很好地使护坡具备防水止水作用。

二、喷锚网支护的防止水作用原理

喷锚网支护的防止水作用主要是由于混凝土喷射时的嵌固作用以及进行压力灌浆时产生的渗透作用导致的，其影响喷锚网的防止水的主要作用原理表现在以下 3 个方面：

（一）压力灌浆止水，在进行压力灌浆的时候，基坑边坡支护的锚杆间距要控制得当，基本上要控制在 1250mm 左右，而锚杆的孔径也要控制在 120mm 左右，一般情况下，锚杆的长度大于 6m 就可以了。在具体施工过程中，实现止水和防水的原理主要是进行高压灌浆时其由于灌注的水泥浆的渗透性强，就会使得松散的土壤出现固体化，这就达到了止水和防水的目的。

（二）钢筋网喷射混凝土的嵌固作用。当混凝土经过高速喷射的时候其就会与土体之间形成一个整体，两者之前就可以紧密地连接在一起，通过该操作就可以使得混凝土在边坡上形成一层保护层，进一步的实现防水和止水。

（三）局部超前锚管固化止水。在进行深基坑工程施工时必然要进行开挖防护坡，在进行这一项工程的时候通常会遇到淤泥以及流沙，在这种情况下要进行超前锚管固化止水，先利用固化止住水，再进行开挖和支护的时候就会很好的避免淤泥和流沙影响施工。

三、喷锚支护技术的应用

在使用喷锚支护技术之前，要对工程基坑周围的环境、施工工期以及工程具体报价进行了解，这样做的目的是选择经济合理的喷锚支护方案，可以很大程度的提高施工效率。

（一）喷锚支护施工

1.施工工艺

喷锚支护施工的具体工艺流程主要包括：挖土、锚杆的安装、修坡、钢筋网片的固定、焊接、喷射混凝土、灌浆以及养护这几个步骤。在进行施工的过程中要保障施工技术的要求，还要确保施工技术的保护措施合理。当进行钢筋网片的固定时，要采用"U型"或者"T型"短钢筋进行钢筋网片的固定，同时还要焊接加强筋，这样才可以达到防护的目地。在进行喷锚支护施工的过程中还要进行变形观测，通常是在施工完第一层喷锚浇边之后隔一段距离设置变形观测点，通过对观测数据的分析来进一步进行喷锚支护施工。

2.喷锚支护施工质量保障措施

保障喷锚支护的施工质量主要从以下两个方面进行，一是严格按照施工设计方案来进行施工，这就需要施工组织人员具备勘查现场以及审阅图纸的能力，在进行施工的过程中要做到不随意的改变锚杆的位置以及钢筋网的间距，保证施工可以正常运转。二是做好坐标控制点以及基准点的保护措施，在施工之前，要确保施工放线的准确性，这里的施工放线包括垂直和水平两种。同时在开挖的过程中要时刻的对基坑的开挖尺寸等相关数据进行检查，与此同时，还要注意基坑的变化，以便更好地采取处理措施。除此之外，在进行喷锚支护施工之前还要确保施工材料的质量，对每种材料都要进行严格的质量把控，这样做的目的是可以从源头保障施工质量。

（二）深基坑开挖技术

深基坑工程支护通常采用喷锚网施工技术，它需要使喷锚施工同土方开挖密切结合，因此，基坑开挖技术也是尤为重要。在进行深基坑开挖时要遵守五大要点以及五大原则，对开挖的先后顺序都有一定的要求，一般都是先周边后中间，从周边逐渐延伸到中间。当完成锚杆安装、混凝土灌注等工序之后，要进行强度检测，当强度达到一定时，可以进行逐层开挖，开挖的深度要进行控制。

四、基坑应急措施

深基坑工程施工的过程中，要根据具体的施工环境制定一系列的应急措施，这样可以使工程顺利进行。通常基坑应急措施包括如下几个方面：一是如果道路和管道遇到沉降和变形问题时，可以通过运用注浆的形式对道路和管道进行加固，进而来控制沉降速度；二是如果深基坑的围护栏出现变形等问题时，可以通过使用坑底堆土反压的措施来进行抢险；三是如果在施工过程中出现滑坡的现象，必须暂停施工，加大对于位移数据的观测，做好记录；四是进行砂层开挖的时候砂层裸露时间长则其表面水分会散失，在受到力的作用会发生脱落，从而影响施工质量，因此要减轻砂层振动。

喷锚支护技术是深基坑施工的基础，也是其质量的保障，通过对喷锚支护技术的运用可以使施工的工期缩短，减少施工成本，与此同时，它还提高了加固土体的稳定性以及承载力，大大提高了深基坑的质量安全。

第六节　高喷防渗技术

水利水电工程建设是国家基础设施建设的重要内容，一旦渗漏将对附近居民造成严重的生命财产损失，因此在水利水电工程施工中必须做到有效地防渗措施。

一、高喷防渗技术的原理及概述

（一）高喷注浆的种类

水利工程中采用的高压喷射注浆以单管法、三重管法为中心，其注浆管道差异对注浆密度方面会产生直接的影响，其不同的喷射注浆方式，其侧重点是从水、气、浆等介质进行落实，以此实现地基气密性、稳固性及力学性能的相对提升。例如，在利用三重管法对注浆进行高压喷射时，其注重的是浆液压缩机喷射流控制，在充分利用压力作用的基础上，对地基泥浆进行防渗工艺落实，确保高压效果的相对提升。高压喷射是从喷口面积、喷口压力及压力控制等角度进行处理，以压力调整的方式，提高泥浆灌注质量。

（二）高喷防渗技术的应用原理

高喷防渗技术的应用是利用喷台车、高压泵、空压机等设备，在钻机应用的条件下，对泥浆进行灌注，其钻孔直径为135mm，液压以100型为主，在利用垂直架台的基础上，对泥浆进行灌注。在高喷防渗技术的应用下，其高压需要对设备及高压泵等方面进行降温处理，在利用喷射管上下移动的前提下，利用75kw动力，对泥浆进行灌注与密度控制，在此期间需要利用降温系统对相应设备进行温度冷却，确保泥浆灌注的持续性。

高喷防渗技术的应用需要对水泥固化过程进行控制，其喷射结构以土网络结构为主，在对水泥混合材料进行填充与浇筑的过程中，需要掌握水泥的固化时间，这对泥浆质量控制有积极作用。喷射管道的移动频率过快，泥浆浇筑会出现真空层的情况，直接降低地基本身的质量，反之，泥浆喷射效率过慢，其水泥颗粒的密度方面会出现差异性，在角质层的影响下，浇筑结构整体的质量及力学承载力也会相对降低。所以，明确高喷防渗技术的应用原理，是实现水利工程浇筑质量提升的基础性条件。

二、高喷防渗施工设备

高压喷射灌浆的设备主要包括高喷台车、高压水（浆）泵、成孔钻机、泥浆泵、空压机、泥浆搅拌机、喷射管、高压管等。钻机一般采用回转钻机，钻孔直径130～150mm，液压100型。泥浆泵因浆液颗粒作用很容易磨损造成吸入和排出的浆液不稳定，要定期进行保养和维修。喷射系统是高喷灌浆的中心工作系统，非常关键，一般用16～18米垂直高架台，卷扬机、旋摆机、喷射管、喷嘴组成。喷射管上下移动是通过卷扬机实现，喷射管要实现上下无级调速移动，以旋、摆、定三种喷射形式工作。高压喷灌使用压力一般在35～40MPa，流量70～80L/min，目前一般使用S2系列高压泵（聚能）动力75kw，流量>80L压力53MPa。高压压力一般为35～40MPa，流量70～80L/min，高压管采用多层钢丝缠绕胶管，工作压力60～80MPa。

三、高压喷射固化过程

固结体的形状可以通过喷射参数来控制大致可喷呈圆柱状、板墙状及扇形状，还有其他的形状（可根据工程需要控制），由于地层情况、喷射流脉动和提升速度等因素不均匀，固结体的周围很粗糙，呈不规则脉动，与混凝土块比较轻很多。固结体有一层较致密的硬壳，具有较好的防渗性能。

高压喷射所采用的硬化剂主要是水泥。喷射固结体是一种特殊的水泥——土网络结构。在高压喷射搅拌过程中，水泥和土被混合在一起，土颗粒间被水泥浆所填满，水泥水化后在土颗粒的周围形成了各种水化物结晶，随着土体的不断被挤密，形成了一种特殊水泥土结构。在水泥胶质体凝固的作用下，固结体的强度将不断提高，具有很高耐久性，可以用在永久工程。

四、高喷防渗施工方法及注意事项

1.熟悉高喷工程的设计文件和图纸及有关资料、要求、并编写施工组织设计。

2.根据施工平面图要求安装、调试好进场设备，开挖施工槽、排水沟、泥浆沉淀池，复核高喷墙轴线的桩粒和标高。

3.进行高喷试验，确定正式的技术参数，进行施工。高压喷射灌浆的施工工艺流程：

浆液一般由水泥联合制机拌制。严格根据设计要求及高喷灌浆对浆液的要求配比水和水泥用量。普通搅拌机搅拌不小于90s，高速搅拌机应不小于30s，保证浆液拌制的均匀。并在一定时间内使用，超过时间使用前要重新搅拌，防止水泥浆液析水沉淀。水泥浆液从制备至用完的时间不应超过4小时。钻孔施工顺序应根据灌浆设计要求和现场施工方便的原则进行安排，高喷灌浆要求一般分Ⅰ和Ⅱ两道施工工序，当筑坝地质比较松散时，Ⅰ、Ⅱ序施工相隔孔过近，在高喷灌浆容易出现串孔串浆、塌孔等现象；若钻孔过近，孔中的水和泥浆将渗透整个钻孔周围，坝体土层形成饱和状态，加上高喷注入大量水分，坝体可能会出现沉降现象，出现坝体裂缝，所以必须根据现场工况情况，合理安排施工。钻孔时有时会出现螺旋孔现象，表现为孔壁不完整垂直；缩孔现象，有些地层土层为膨胀土，遇水产生后使孔径变小，沉淀物过多等，当出现这些情况时，钻孔是达不到按设计要求置入喷射管的条件的，必须进行重新扫孔处理。高喷灌浆方法有土石坝坝体、坝基防渗处理中灌浆方法主要有均质土坝及宽心墙坝的坝体劈裂灌浆、高压喷射灌浆、坝基卵砾石层防渗帷幕灌浆等。工程具体用哪一种要根据具体情况和试验结果分析。灌浆过程中，有时会出现各参数突降或骤增，孔口回浆异常等情况，一旦出现要认真对待，仔细分析。①当孔内不冒浆或断续冒浆时，有两种可能：一是土质松散，可采取适当复喷；二是附近有空洞、通道等，可采取不提升注浆管继续灌浆或拔出注浆管待孔内浆液凝固后适当灌浆；②若大量冒浆，压力稍有下降，便有大量的水或浆涌出，应拔出注浆管检查是否被击穿或孔洞，③在高压泵和注浆泵的吸水管和泥浆储备箱中适当设置过滤网喷嘴或管路被堵塞，一般被堵压力会骤然上升。④流量或压力突然下降或排量达不到要求，要考虑存在泄露现象，要对灌浆一些部件进行检查。

五、提高高喷防渗施工质量的途径

（一）严格控制各施工参数

喷射布设装备时，要根据设计要求，布设防渗刺墙，墙高要符合设计标准，墙厚要与设计一致。根据多年的经验，子距 L 一般为 2.0m，有效半径达 1.8m，摆角一般为 15°。

提升速度一般为 10cm/min. 喷嘴型号为 2mm，气嘴 7mm，水压为 29.4 ~ 34.3MPa，空气压 735kPa. 高喷灌浆是高喷防渗施工中一道非常重要的工序，是一项多种介质同步作用的整体性施工。涉及参数较多，在喷射灌浆中，各个参数的科学正确设计，是要保证施工质量的重要一环，一旦某一项参数发生变化有可能影响或导致固结体防渗墙的质量。

（二）严格施工程序

施工人员要严格按照设计要求，施工程序和施工工艺都必须按照设计图纸进行。要对设计图纸、设计说明书、施工技术要求，详细了解，对出现修订的内容要及时通知。做好施工各个环节的数据记录，规范质量检查，单元工程验收资料，制订有效的防范重大质量事故发生和补救计划。我国在高喷注浆防渗技术上，近几年通过不同规模的水工建筑积累了丰富的经验，已形成标准，所以规范要求是强制性条文，必须严格执行，才能确保工程质量。

（三）进行现场喷射试验

喷射试验是高喷进行各种参数设定的重要依据，对工程质量有重大影响。试验要科学地选择有代表性的地层进行高喷注浆现场试验。要采用群孔进行，以确定高喷灌浆的方法及其适用性，寻找最佳有效喷射范围、施工参数、浆液性能要求适宜的孔距排距、墙体防渗性能等，确保施工质量。

（四）材料搅拌机制的专项控制

在对泥浆混合材料进行搅拌的过程中，需要从流量控制、搅拌时间、材料结构等方面进行综合分析，在注重高喷防渗技术应用的前提下，需要依照设计图纸、喷射方式及高压管型号设定等方面入手，而且需要控制硬化剂的含量，这是防止泥浆固化过快的关键性工作。例如，在水泥与泥浆混合后，需要对土颗粒、脉动性能等方面进行控制，这是优化坝体防渗漏性能的基本措施。

（五）高喷防渗技术的实践应用

喷射试验是设备、钻孔、材料搅拌等工艺参数设定的重要依据，对工程质量、气密性、力学性能等方面有重大影响。试验要科学地选择有代表性的地层进行高喷注浆现场试验。要采用群孔进行设计，以确定高喷灌浆的方法及其适用性，注意最佳有效喷射范围、施工参数、浆液性能的落实，需要从孔距排距、墙体防渗性能等方面进行深化，以此确保高压浇筑施工的质量。在利用高喷防渗技术对泥浆进行灌注的过程中，需要对工艺参数、钻孔、泥浆角质层、灌注频率等方面进行处理，这是强化高喷防渗技术应用价值及实现坝体防渗漏效果提升的关键性工作。最后，在针对工艺参数设定及设备型号选择、钻孔设定的过程中，需要从数据参数、数据信息及土颗粒密度控制等角度进行细化，以此防止冒浆、压力降低等情况的出现。在对坝体气密性进行控制的前提下，需要充分考虑并分析施工环境，确保施工环境控制、工艺参数调整的基础上，提高泥浆浇筑质量及防渗漏特性，是确保水利工程整体施工质量达到相关要求的有效途径。

高喷防渗技术在水利工程中的应用频率逐渐提升，但是，其技术操作工艺及工艺参数选择等方面仍需进一步强化与处理，其发展注重地基工艺处理及注浆气密性控制，此外，在对工艺参数进行调整的过程中，充分考虑并分析成桩质量分化及工艺参数控制，是高喷防渗技术创新应用及工艺参数完善的关键性工作。

第七节　垂直铺塑防渗技术

施工中开槽机具通常有链条式、往复式开槽机、往复式开槽机又可分为刮板式及锯齿式等。铺塑材料常用聚乙烯防渗膜（常称PE膜），重要的少数工程中也可用复合土工膜（两布一膜）。垂直铺塑防渗工程施工，开槽机连续稳定、施工速度快、防渗效果好、适用条件广泛、成本低，与常用的砼板墙、高压喷射构筑板墙、深层搅拌墙等技术相比较，是最经济的一种施工工艺。

一、垂直铺塑工艺技术

（一）工艺特点

利用装备水力冲割和刀具破碎土体的专用机械，在坝基、坝体中顺坝轴线方向形成一条连续的宽 18 ~ 30mm 厚的塑膜铺置，最后回填松散干净的粉质壤土而完成作业，这样作用塑膜极低的渗透性（渗透系数为 $K=1 \times 10^{-11} ~ 1 \times 10^{-15}$ cm/s）形成防渗体系，阻止坝基、坝体的渗流以确保渗透稳定，防止库区周边次生碱渍化。

（二）造槽机械

在工程实践中，根据土质地质条件及施工条件的不同，目前创造发明两种造槽机。两种机械的共同特点都是泥浆固槽壁、都是开槽与铺塑同步作业；不同的是切割地层的机具不同，一种叫往复式水冲锯割铺塑机，另一种是链条式循环刮刀铺塑机。

1.往复锯刀铺塑机

由开槽机臂往复运动，使用液压剪切割损伤土槽，通过联动滚塑胶铺装，机械使用的淤泥，粉质壤土，效率高，施工速度快。在黏性土层中，塑胶铺装深度一般在 1000 万，使通道宽度 18 ~ 30 厘米，机械功率约为 90 ~ 120kW。

2.链条循环刮刀式铺塑机

链循环运动由几排刀片切削土槽，专制的泥壁，槽宽度为 30 厘米，通过联动装置塑料。

最大摊铺厚度在 1500 万，适用于较大的石头和树根不包含任何土壤，但槽口移动土方量大，人工劳动强度大，机械功率约为 120KW 超。

3. 垂直铺塑基本工艺流程

垂直铺塑基本工艺流程可分为 3 个阶段：①铺塑机开沟槽；②垂直铺塑；③沟槽回填。该工法由于施工方法简单易操作，经济实用且保证工期而受到工程界的青睐，越来越多地被应用于堤坝防渗工程，收到了明显的经济效益和社会效益。垂直铺塑应用于各种水利工程的堤坝防渗，与其他方法诸如高压旋喷、深层搅拌、静压注浆防渗等技术相比，具有技术特点独特、经济效益明显等优点，从而使该工法在工程防渗领域得到更加广泛地应用。

二、应用范围垂直铺塑开槽设备

（一）目前国内通常使用的可分为两种

①往复式开槽机；②链条式开槽机。由于受施工设备本身条件的制约，垂直铺塑技术的应用受到一定的限制，一般适用于如下地层：粉质土（包括粉黏土、粉质砂土）、可塑——软塑状态的黏性土地层。对砂层厚度较大及沟、泾、塘等未经压密处理的回填土地层应慎用，对含有大量建筑物块状垃圾，且回填厚度大以及承压水头高的砂砾石地层，硬塑状黏土地层以及有障碍物的地层，该工法将不适用。

（二）链条式开槽机垂直铺塑防渗工程施工

1. 机组

由主机、牵引机、铺塑机、水泵、发电机组等组成，总重 17t。

2. 造槽

根据防渗体中心线定位，铺设步行跟踪，安置设备调试开机运行，连续通道。主机通过传动机构驱动链循环。固定在链斗克服土壤摩擦重力槽土挖出的土面，皮带输送机和人工土堆放在槽两侧。挖沟 ≤ 1600，槽宽 0.2 ~ 0.3 米。

3. 泥浆护壁

采用常用的护壁技术。当土层含黏粒较多，槽内水位大于地下水位 1.2 ~ 1.5m 时，可自行造槽护壁；半土层含黏粒较多时，需加膨润土和工业用碱造浆。膨润土质量差异较大，常算用中等质量之膨润土（市场价格 400 ~ 600 元/吨，一般计 200 元/吨左右即可）。其配比因土层组成的不同而异，常根据经验及参照已完工工程情况确定，或按重量比：土：碱 =1.000 : 1.000 :（0.008 ~ 0.020），经试运后作适当调整。泥浆由泥浆机供给连续作业。

4. 铺膜和回填

商店的店型铺轨机薄膜，聚乙烯薄膜卷膜机主轴，由机械牵引或牵引（当槽深度为

12 ～ 30 米），卷膜之间的连接方法往往缝连接，焊接缝搭接，手动缝纫机缝纫，可以满足强度和泄漏要求；焊接是由专用焊接机，接头强度高于母材的强度，强度在接头两端为母材强度的 80%；塔连接为专用焊接机，研磨是平原，长度应大于 0.5 米，工程中常用的缝合。

三、施工中常遇到的问题及处理

（一）蹋壁。蹋壁是一种常见的事故。为防止塌壁反应土壤成分和地下水位的变化是充分分析和发展对策，泥浆护壁。洞穴墙将主机主筋的地下，常由人工或机械开挖，牵引升降方法将主杆拉起，有时因工期、设备条件等原因不得已将主杆锯（切）断，重新组装主杆。

（二）因为根深度浅，槽宽 0.2 ～ 0.3 米，在"三通一平"是应用人工推土机等机械沿轴线完全去除切断主根，根茎 <5.0cm 影响不大的家庭作业。

（三）地下障碍物。下降的障碍的活动计划影响，有时成为关键技术。当土中含有少量的层状分布的砾石或个人的大石头，操作过程的影响较小，由于速度缓慢，观察，防止事故。

经过若干年的发展，"垂直铺塑防渗技术"作为一项新型防渗技术不但被水利行业大量采用，而且逐渐被其他行业所认知。但在具体的设计和施工中，塑料薄膜的连接、种类的选择、铺设方法选择以及特殊防渗段的处理等问题非常关键，有必要进行分析和讨论，这有利于对该项技术的进一步推广。只要根据不同工程情况，合理选择施工设备、防渗材料和施工方法，垂直铺塑防渗技术一定会在不同行业发挥出更大的作用。希望该技术能够更广泛地被认识和应用，为我们的经济建设服务。

第九章　渠系建筑物施工

第一节　水闸施工

一、水闸施工管理的重要性

水闸主要是通过对闸门的运用，从而实现泄水与挡水的功能，水闸是水工建筑物中的一种，同时闸门的开启与关闭，也能够实现对水量的调节。水闸的功能较多，其作用是巨大的，在水闸施工过程中，其管理是重要的。

水闸施工管理中包括前期管理、施工中管理与后期管理等环节，施工要根据工程的实际需求，与实际的施工环境进行有效的结合，才能保证施工管理的高效性。水闸施工管理直接关系着施工的质量，唯有质量有所保障，水利工程才能发挥其功能，保证其安全运行，进而促进我国水利工程的发展与建设；同时，水闸施工管理也影响着人员的生命安全、财产安全，有效的管理，利于社会的和谐发展。

二、水闸施工管理中存在的问题

（一）施工准备方面的问题

在准备方面，水闸施工前，要进行充分的准备，才能保证各项施工的顺利开展。施工企业要准备施工管理制度、施工技术方案与施工质量保证等，但部分施工企业并未注重准备工作，没有将准备落到实处，同时也缺乏对其审核与执行。在施工前，图纸设计是十分重要的，在设计之际要进行实地考察与反复会审，但在图纸设计方面未能对工程质量、社会价值等进行考量，从而使其准备工作不科学、不充分。

（二）施工责任方面的问题

在责任方面，水闸施工具有特殊的行业特征，需要露天作业，危险程度较高，受环境的影响较大，同时水闸施工需要大量的施工设备与建筑材料，因此，具有复杂性、危险性。但水闸施工中其责任不明确，对于施工中的责任未进行明确的划分，同时也缺少责任追究制，致使施工中的问题不能进行有效的解决，一旦发生事故将无人对其进行负责。在施工后，由于责任制度的欠缺，将不能对工程进行全面的验收，从而可能遗留安全隐患，影响水闸的安全性。

（三）施工质量方面的问题

在质量方面，水闸施工中其人员的综合素质偏低，对质量与安全等问题未能形成足够的认识；施工管理人员虽然具备一定的管理能力，如：协调、沟通与经验等，但对于水利工程缺乏系统的了解，管理人员不具备专业的水利工程知识，因此，对于水闸施工的安全与质量的重要性认识不足，同时在工作中也未对质量、安全进行落实，从而对施工造成了消极的影响。

（四）施工制度方面的问题

在制度方面，水闸施工管理需要完善的制度，从而贯穿于工程的各个方面，但在实际工作中，其制度不健全，对技术、施工与物资等诸多内容均未进行制度管理。技术管理制度的不健全，致使水闸施工对其技术人员不能进行严格的管理，对技术施工缺少监管与检查，从而影响着技术人员施工的质量，同时技术人员也不能进行主动的学习，其技术能力不足制约着施工质量的提高；施工管理制度的不健全，水闸施工中涉及施工人员、技术人员与管理人员等，不完善的制度导致三者不能进行有效的沟通与联系，从而影响三者作用的发挥；物资管理制度的不健全，水闸施工是复杂的，因此需要众多的物资，如：设备、材料等，物资的安置、维修与存储等均影响着物资的使用。

三、水闸施工的管理措施

（一）做好水闸施工前的管理工作

做好水闸施工前的管理工作是保证工程的顺利地开展的前提和基础。因此，在水闸正式施工之前需要做到以下两个方面：

1.建立健全专门的水闸施工管理部门

该部门在施工之前应该根据具体施工情况制定出完善的施工管理制度体系，方便日后工作的开展。

首先，当施工队伍拿到施工企业提供的相关施工方案、质量标准和规范等文件，应该认真仔细阅读和审核文件内容和要求，尤其对文件中所规定的工程施工要求和标准等问题。其次，在工程开展之前，针对工程图纸进行反复的校对和阅读，防止出现与实际施工不符合或不便于施工的设计。一旦出现不符合或不利于施工的实际情况应该在第一时间向建设单位提出，针对该问题展开探讨，最终目的是为了保证设计图纸能够符合工程开展的要求。

2. 水闸施工管理部门应该明确分工，切实做好监督和管理工作

水闸施工部门的设立应该紧紧围绕工程需要进行设立，一般而言可以设立施工小组、物资管理小组、技术管理和机电管理、检查管理小组等等。每个小组具有专门的负责任务，管理部门应该明确职责，切实保证工程的开展。例如，施工小组需要水闸施工的队伍建设与分工；物资小组则需要对工程中所需要和使用的物资进行合理有效的管理；技术管理小组应对水闸工程的技术做好严格的指导和掌控，保证施工技术符合相关标准和规范。

（二）做好水闸施工中的管理工作

1. 加强水闸施工中的混凝土质量管理

（1）保证混凝土原材料的质量

混凝土的质量直接决定工程的质量安全。因此，对混凝土原材料进行严格把关，进而才能够保证混凝土的质量。在原材料进行配制混凝土之前，应该对原材料进行检测和审查，防止出现质量问题，如果原材料能够符合相关标准要求则可以配制混凝土，如果不符合则需及时采取相关举措进行整改。

（2）混凝土的配制要科学

混凝土的配合比是一项比较复杂的工作，其配合比不是一成不变的，而是根据施工需求不断变化的。由于日常施工过程中，混凝土的配合比会受诸多因素如运输、天气和施工设备的影响导致其坍落度产生变化。为了保证混凝土的和易性能够符合工程施工的标准，在实际配制混凝土的过程中将含水率进行调整，让其能够符合工程需要。在混凝土的配制中，除了强调混凝土的配合比之外，通常为了将所配制的混凝土性能加以提升，还需要添加一些不同功用的外加剂。所添加外加剂的多少也要符合预期的设计，严格控制，使其真正达到改善混凝土性能的比例，提升混凝土的强度等多方面性能。

（3）混凝土的浇筑振实成型

在整个的水闸施工工程中，还需要重点管理的一个环节便是浇筑振实成型。当然，由于前期混凝土原材料的质量问题或者配合比等问题都是引起浇筑振实成型出现质量缺陷的原因。浇筑振实成型如果没有达到振实的程度或者由于其他振捣不合格等原因，也会造成混凝土在外观上出现麻面、孔洞、气孔、蜂窝以及裂隙等质量问题，更甚者会在内部形成空洞或者蜂窝造成无法直观的缺陷，影响判断，留下安全隐患。

2. 水闸施工中金属结构的管理

（1）门槽预埋件制作安装的管理

对于门槽预埋件的制作安装管理除了要求严格按照施工设计和制造标准外，还需要进行强调的是：每一套埋件的各项尺寸偏差、配合以及粗糙度等都应该符合技术的规范，在加工厂提前做好预安装，一旦发现问题及时提出并予以解决，尽量避免在日后使用时出现问题临时解决，影响工期进度。同时，当门槽预埋件在施工现场进行安装时，按照合理的

安装顺序，在焊接时关注焊接的变形情况。

（2）钢闸门制作安装的管理

鉴于钢闸门的体面积较大，因此，在实际的制作安装过程中，一般采取在厂内生产后分片运输至施工场地，再在施工场地进行安装。关于钢闸门制作安装的管理，首先要求的便是所选择的制作材料应符合质量要求，保证足够的强度。除此之外，在焊接时为了避免过大的变形，可以选择在平台上进行焊接或者有安装墙作为支撑，但是无论采取哪种方式，都要求严格按照施工顺序进行焊接。

（三）做好水闸施工后的管理工作

做好水闸施工后的管理工作是施工单位在进行工程建设中的最后一道工序，其管理重点是保证工程质量的检测。关于质量的检测包括工程关键部位的检测、工程隐蔽部位的检测以及其他的部位检测等。检测工作的开展需要依据相关工具，这些工具的运用能够有效防止工程质量漏洞的出现，全面检测工程质量安全。质量检测结果中一旦出现质量安全问题，应该及时上报相关部门，相关部门制定好整改措施后，施工队伍再进行一系列的补救工作，最后将检测结果进行真实记录和归档，便于日后相关部门检差和验收。

水利施工中水闸施工较之于普通的工程建设而言是存在着较多特殊点的，包括施工环境、施工难度以及施工技术要求等，这样一些固有的特殊性使得一些比较小的失误也可能导致水闸施工的大问题出现。因此在管理工作进行过程当中一定要关注和重视各种细节，保持责任心，尽可能的促进水利工程水闸施工的顺利和完善进行，保证工程质量，就是保住企业效益、保住社会效益以及人们的生命财产安全。

第二节　渠道施工

一、建设水利渠道施工的重要意义

水利渠道施工建设是水利工程一个重要的组成部分，只有进行良好的水利渠道的施工，才能保证水利工程的良好建设，才能为水利事业的发展起到良好的推进作用。水利渠道施工是水利工程的一个基础，通过水利渠道的良好施工，才能保证水利工程的顺利进行，才能保证水利事业的发展，以及人们可以更好地应用水力资源，改善生活水平，提高产生。

二、渠道的各项项目的施工方法

（一）水利渠道的开挖施工

在水利渠道的开挖之前要对水利渠道的渠线进行精确的测量，渠线的控制要满足三等水准测量精度和三等水平测量控制的要求。通过渠道控制点坐标和弯道的参数对渠道的中心线进行确定以后，然后规划处渠道的开挖边线，并对渠线和边线范围内的腐殖土进行清除。进行渠道开挖的时候，渠道的开挖应该分层分段的由上到下的进行，然后测量需要测量的相关测量项是否符合设计的施工图纸，如平面轮廓、水平标高、位置和边坡坡度、等等，要严格按照图纸的要求进行，对于不符合图纸的部分采取相应的处理措施。在渠道的开挖过程中要注意工程的衔接，避免多次返工和留下残余工程。

（二）水利渠道的边坡的修整

当渠道的开挖结束以后，要对渠道的边坡进行修整。在边坡修整的时候要注意准确的放样，当采用机械进行削坡的时候，放样必须要注意到定桩的控制，要做到长线对短线的控制，要采取先整体后局部的防线形式；当采用人工削坡的时候，放样必须垂直于渠道曲线的坡面线，对于部分坡降比较小的渠段，要做到放样的准确，严格进行要求，而对于坡长大的渠段，放样的时候可以在坡面的中间位置加一个桩，这样就可以避免因为工程线的下垂而影响削坡，要对每一个桩进行标号和高程标号，并且要有一个准确的桩的高程测量记录和示意图，以便于对于整个渠道的控制。

（三）水利渠道中的无砂混凝土管的铺设

对于铺设无砂混凝土管铺设的盲沟的开挖要注意到盲沟的走向的平、顺、直，盲沟的深度要符合铺设的无砂混凝土管的具体要求。在无砂混凝土管铺设的时候，要在盲沟内先铺上 20cm 厚的砂砾料，然后在砂砾料的上面铺上土工布，然后再把无砂混凝土管一根根依次放进盲沟之中，因为无砂混凝土管都是采用平接口的方式，所以通过调整让一根根无砂混凝土管靠紧，靠紧以后再将土工布卷起来将无砂混凝土进行包裹，在包裹的时候，土工布垂直于无砂混凝土管轴线的方向搭接 40cm，平行搭接 25cm，在每个间隔 30cm 的地方使用 20 号的铁丝将土工布扎紧，在渠坡的纵横向的无砂混凝土管的连接方式为 PVC 三通连接，而渠底纵横向无砂混凝土管采用连接井的方式进行连接，在连接处采用砂浆进行封实。

（四）渠道中砂砾料的铺设

根据不同的渠道段对渠道的左右两岸和底部的砂砾料的厚度要进行准确的计算和设计。在进行砂砾料的卸料的时候要根据各段砂砾料的厚度来确定卸料的密度，通过相应的运输工具将砂砾料运输到相应的位置。对于渠道底部可以采用装载机和挖掘机进行平料，而坡面砂砾料的摊铺可以采用人工和挖掘机的配合进行，如果砂砾料的铺设在 20～26cm 之间的厚度可以采用一次碾压成型的方式，如果在 34cm～48cm 的厚度就需要分两层进行逐层碾压。然后在采用铁碾子进行收面。在碾压和收面的时候应该对砂砾料进行大量的浇水，因为水分越多越容易压实。

（五）渠道施工中土工膜的铺设

在铺设土工膜的时候要采取从渠顶到渠底的铺设方式，在展开之前先要对土工膜按照预定的长度进行裁剪，在铺设的时候要注意土工膜之间的平行。在土工膜进行展开的时候，要注意土工膜和砂砾料之间的紧贴，土工膜要做到大面积的平整，勿褶皱和突起现象。土工膜拼接采用热熔焊接的方式，在为了能够进行良好的接缝，符合土工膜的两侧都要预留 10cm 的光膜面，在进行接缝时候要提前做好接缝的拼搭，要对搭接的宽度和机具的行走提供保证，从而避免虚焊和漏焊现象的发生，焊接的温度也要烤制在 200℃～250℃之间，要控制好焊机的行走速度，避免焊瘤和焊洞现象的出现。当土工膜铺设以后要保证膜面的清洁，所以在安设人行踏板，不能在土工膜上行走。要注意天气情况对土工膜的影响，采取相应的措施。

（六）渠道边坡混凝土的衬砌施工方法

在进行渠道边坡的衬砌之间首先要对衬砌机选择，如果采用的是轨道式衬砌机就必须要先对轨道进行设计和铺设。轨道的基底要保证平整和密实，这样才能保证衬砌的质量和控制渠道边坡衬砌的厚度。在进行混凝土的布料之前，需要对混凝土进行坍落度检测，确保混凝土的质量能够满足工程要求。混凝土搅拌机将混凝土熟料运输到布料机的进料口，然后布料机将混凝土均匀摊铺在渠道的边坡的衬砌面，在渠道边坡的上下端选用和衬砌厚度相同的槽钢作为模板，用沙袋或者木桩进行固定，这样就可以避免边脚的混凝土坍塌而产生变形。在布料完成之后，用铺摊机将混凝土进行铺摊，使混凝土在坡面上均匀分布，在铺摊以后用 50 型捣棒从上到下的进行初次的振捣，初次振捣以后用滚筒将混凝土压实，再用平板振捣器进行复振，复振后要保证混凝土的表面没有露石或者出浆。在施工过程中，如果出现欠料和露石的现象要及时地进行人工补料，衬砌机在进行工作时要保证一定的工作循环周期，以及每次移动距离的大小（一般工作循环为 3min，挪位间距为 30cm）。在振捣完成且铺料的宽度达到 1.2m 就可以进行抹面和压光。先用地面磨光机进行对混凝土的提浆和初次磨光，其要达到理想的效果就是渠道边坡的混凝土表面平整，没有高低不平的现象的出现，没有麻面和蜂窝。在地面磨光机工序结束以后，到混凝土表面浆体初凝的时候进行人工收面，而人工收面一定要在工作架上进行，不能在混凝土的表面进行直接的行走。当衬砌混凝土抗压度达到 1MPa～5MPa 的时候，就可以进行伸缩缝的切割，要把切割机固定在专用的工作托架上，从而才能保证切割的质量。

三、渠道施工中容易出现的问题及处理措施

（一）渠道施工中渠道边坡衬砌施工常见问题和处理

在渠道边坡的衬砌施工中，由于大量采取的是机械化常常会出现厚度不均匀，混凝土表面不平整以及表面裂缝等问题出现，这样对渠道施工质量具有破坏性的影响。所以在渠道边坡衬砌施工中要注意厚度的控制、平整度的控制以及裂缝的控制。在厚度控制方面首先要对砂砾料层铺筑高程进行控制，要严格按照设计进行砂砾料的铺设，这样才可以保证衬砌板的厚度；通过内置的模板和液压升降支腿来的调节来做好对衬砌机高低的控制，通过调节摊铺机上平板振捣来控制混凝土放入厚度，在衬砌施工中出现厚度上的差异，及时进行调整。而对于混凝土的平整度的控制就是要把混凝土表面的平整度控制在10mm之内，当衬砌结束以后就需要及时对混凝土采用2m靠尺进行检测，达不到标准的要采取提浆或者在人工抹面的时候做到相应的处理，保障混凝土表面的平整度。而对于陈其表面的裂缝有很多原因，如温度变化，外在力的作用以及养护措施不当，等等，所以在陈其表面初凝以后就需要及时的使用草帘将衬砌表面进行覆盖，要对混凝土表面进行一段时间的养护，要对混凝土表面进行时常的浇水（可派专人负责），避免混凝土表面因为湿度不同而硬化时间不同出现裂缝。注意在渠道边坡的完全凝结之前不能在边坡上采取任何的作业，因为在混凝土初凝后，混凝土的塑性消失，而强度还未产生，在外在力的作用下就容易出现变形和裂缝。所以在需要作业的时候也必须使用活动架，避免在渠道边坡表面直接作业。

（二）水利的渠道的防渗

在水利渠道施工中采用这种衬砌的施工方法不容易出现渗漏的情况，防渗和抗冲的效果也比较强，但是我们不能说完全不会产生渗漏的情况。所以在混凝土衬砌渠道的防渗方面，我们应该注意衬砌施工要严格按照要求进行，要对基层的腐殖土进行完全的清理干净，要注意到削坡的处理符合要求，混凝土的成分比例要和符合设计的要求，土工膜的拼接一定要做到认真仔细，对衬砌的混凝土表面要做好裂缝的控制，做好表面的养护，在施工中可以的塑料养护剂进行良好的应用。

（三）水利渠道两岸的绿化问题

为了保证水质或者保证环境对于水利渠道的破坏，要对水利渠道两岸进行一些简单的绿化。在对水利渠道两岸进行绿化的时候首先要保证不会对水利渠道造成破坏性影响，在绿化的时候要采取统一的设计和规划，要严格依靠绿化的作用来对水利渠道实施具体的绿化工作，要根据环境和随礼去到的作用进行具体的绿化设计，其最终的目的还是要保证水利渠道能满足实际需求，水利渠道能够经久耐用。对于水利渠道两岸不需要绿化或者条件不允许的情况，可以不考虑水利渠道两岸的绿化问题。

四、渠道施工质量控制的要点

为保证渠道施工的质量水平，需要在施工的各个环节中，严抓细节，认真控制每一个项目，保障施工的质量。下面从质量控制的几个要点展开论述。

（一）原材料的控制

渠道的施工中主要用到的原材料有：①粗砂和砂砾料，主要起着反滤作用；②逆止阀与集水管，主要起着排水作用；③聚苯乙烯保温板，主要起着保温作用；④复合土膜，主要起着抗渗作用；⑤混凝土的各种原材料，作用是固坡、抗渗、防护。原材料的选择使用，都要严格按照工程施工指标来科学配置及选择。而其中尤为重点的是，粗砂和砂砾料的颗粒含量要 < 0.075。

（二）混凝土混合比例的控制

渠道施工中使用的混凝土，有严格的配置要求，比例配置科学的混凝土才能抗裂和耐久。而渠道施工的特点是壁薄，且仓面临空的面积大，因此就更需要考虑混凝土的抗裂性能了。这时候需要施工者具备丰富的混凝土配置经验，同时严格选择原材料，如严格控制用水，选择吸水率低的石粉，骨粉的添加量要适当减少，减水剂要选择保塑性好的。此外还要考虑皮带机上砂浆的损失，因此要适量添加砂浆。

混凝土的配合比根据施工所需混凝土的级别不同而有差异。

（三）硬件设备配置的控制

渠道施工需要有一定的硬件设施为基础才能保证施工的进行，如工地试验室、混凝土搅拌机器、运输设备、衬砌机械设备。保证硬件设施的齐全，才能顺利展开工地施工。

（四）作业指导书具体编制的控制

渠道施工需要有一份具体的施工作业指导书，给技术和工期安排提供指导，指导书的编制需要综合充分考虑合同文件、设计图纸、施工自然条件、机械设备、渠道施工的特点、国家相关部门的法律章程等等因素，制定出一份实施性强的指导书。

（五）责任书签订的控制

为了确保施工指导书的实行，需要与带班责任人签订责任书，此外还需要保持一线员工施工的稳定性，即确保工作有人负责，工作有人做。

（六）关键工序的质量控制

建筑物的质量主要由具体施工中的一个个关键工序要点来决定，整体的性能是各个局部的性能之和，因此要把握好每一个工序要点的质量控制。其中，关键工序的控制又包括：

①坡面的休整：在渠道施工所经路段，如遇到膨胀土梁段、黄土梁段、墓穴等等特殊的梁段，都要严格按照渠道设计的要求进行妥善的休整，严格控制渠道坡面的平整度和结构尺寸；②排水系统施工的控制：在自排排水系统的排水沟中，要特别注意的是回填的粗砂的颗粒大小和杂质含量，要严格按照规格来选择；③砂砾料辅筑：对于砂砾料的体积大小也有严格的要求，在砂砾料的压实过程中，要严格遵照施工的工艺要求来进行，辅筑之后还要对先检查结构尺寸，满足验收标准才能验收。砂砾料辅筑是为了下一步的铺设聚苯乙烯保温板和衬砌混凝土做准备的；④铺设聚苯乙烯保温板：在铺设聚苯乙烯保温板时，需要注意的是控制住保温板的紧密度和平整度，特别重要的是紧密度的控制，即保证保温板与建筑物的紧密结合，不能出现缝隙和凹凸；⑤复合土工膜的施工控制：复合土工膜的施工包括土工膜的铺设和焊接。铺设复合土工膜时需要注意尺寸和压力，使铺设既要达到全覆盖，又要达到平整无褶皱。在复合土工膜的焊接过程中，要控制环境气温，焊接最好在5℃～35℃之间，否则太冷太热都不适宜焊接。此外，在施工中还要注意保护复合土工膜，避免复合土工膜遭到破坏或是受到污染；⑥混凝土衬砌的控制：渠道施工中，混凝土的衬砌要严格执行《渠道混凝土衬砌机械化施工技术规程》，按规程的要求办事。下面主要介绍复合土工膜的焊接规格。

（七）制度落实的控制

渠道施工中总会遇到特殊情况和意外事件，所以施工制度也要适时地结合实际情况做出调整，并严格落实规章内容，确保质量保证。

五、渠道施工方法的发展趋势

水利渠道的施工方法随着机械化的应用和技术的规范，让水利渠道的施工方法越来越科学而合理。在水利渠道的施工中良好设计的重要性越来越增强，也良好结合实际的环境因素和实际需要来对水利渠道进行良好的施工。在施工良好的应用各种技术和方法，把更多的其他的技术和方法应用到水利渠道施工中来，保障水利渠道施工的与时俱进，满足时代对于水利渠道施工的要求。

水利渠道施工方法越来越注重各种方法的结合应用，通过各种方法的结合应用来弥补各种方法存在的不足，通过各种施工方法的良好配合，来保证了水利渠道施工的正常进行。在水利渠道施工中，更多的科学含量高的材料应用到水利渠道的修筑中来，通过对各种材料的合理应用，进一步让水利渠道施工质量的提高，满足实际的需要。

总之，渠道施工是整个供水工程的重点关键项目，做好渠道施工质量的控制和管理，才能确保供水工程的圆满完成。

第三节　装配式渡槽施工

一、构件的预制

（一）槽架的预制

槽架是渡槽的支承构件，为了便于吊装，一般选择靠近槽址的场地预制；制作的方式有地面立模和砖土胎模两种。

1. 地面立模

在平坦夯实的地面上用1：3：8的水泥、黏土、砂浆抹面，厚约1cm，压抹光滑作为底模，立上侧模后就地浇制，拆模后，当强度达到70%时，即可移出存放，以便重复利用场地。

2. 砖土胎模

其底模和侧模均采用砌砖或夯实土做成，与构件的接触面用水泥黏土砂浆抹面，并涂上脱模剂即可。使用土模应做好四周的排水工作。

高度在15m以上的排架，如受起重设备能力的限制，可以分段预制。吊装时，分段定位，用焊接固定接头，待槽身就位后，再浇二期混凝土。

（二）槽身的预制

为了便于预制后直接吊装，整体槽身预制宜在两排架之间或排架一侧进行。槽身的方向可以垂直或平行于渡槽的纵向轴线，根据吊装设备和方法而定。要避免因预制位置选择不当，而在起吊时发生摆动或冲击现象。

U形薄壳梁式槽身的预制，有正置和反置两种浇筑方式。正置浇筑是槽口向上，优点是内模板拆除方便，吊装时不需翻身；但底部混凝土不易捣实，适用于大型渡槽或槽身不便翻身的工地。反置浇筑是槽口向下，优点是捣实较易，质量容易保证，且拆模快，用料少等；缺点是增加了翻身的工序。矩形槽身的预制，可以整体预制也可分块预制。中、小型工程，槽身预制可采用砖土材料制模。

（三）预应力构件的制造

在制造装配式梁、板及柱时采取预应力钢筋混凝土结构，不仅能提高混凝土的抗裂性与耐久性，减轻构件自重，并可节约钢筋20%～40%。预应力就是在构件使用前，预先加一个力，使构件产生应力，以抵消构件使用时荷载产生相反的应力。制造预应力钢筋混凝土构件的方法很多，基本上分为先张法和后张法两大类。

1. 先张法

在浇筑混凝土之前，先将钢筋拉张固定，然后立模浇筑混凝土，等混凝土完成硬化后，去掉拉张设备或剪断钢筋，利用钢筋弹性收缩的作用通过钢筋与混凝土间的黏结力把压力传给混凝土，使混凝土产生预应力。

2. 后张法

后张法就是在混凝土浇好以后再张拉钢筋，这种方法是在设计配置预应力钢筋的部位，预先留出孔道，等到混凝土达到设计强度后，再穿入钢筋进行张拉，张拉锚固后，让混凝土获得压应力，并在孔道内灌浆，最后卸去锚固外面的张拉设备。

二、梁式渡槽的吊装

装配式渡槽的吊装工作是渡槽施工中的主要环节。必须根据渡槽的型式、尺寸、构件重量、吊装设备能力、地形和自然条件、施工队伍的素质以及进度要求等因素，进行具体分析比较，选定快速简便、经济合理和安全可靠的吊装方案。

（一）槽架的吊装

槽架下部结构有支柱、横梁和整体排架等。槽架吊装通常有滑行法和旋转法两种。滑行法是用吊装机械将整个槽架滑行、竖直吊立地面，再对准并插入杯形基础的预留杯口中，先用木楔（或钢楔）临时固定，校正标高和平面位置后，再填充混凝土作永久固定。

旋转法是设旋转轴于架脚，槽架与基础铰接好后用吊装机械拉吊槽架顶部，使槽架旋转立于基础上。这种方法，比较省力，但基础杯口一侧需要有缺口，并预埋铰圈，槽架预制时，必须对准基础杯口缺口，槽架脚处亦应预埋铰圈。

（二）槽身的吊装

装配式渡槽槽身的吊装，基本上可分为两类，即起重设备架立于地面上吊装及起重设备架立于槽墩或槽身上吊装。

1. 起重设备架立于地面进行吊装

起重设备在地面上进行组装、拆除、工作比较便利、稳定和安全。其缺点是起吊高度大，因而增加了起重设备的高度；易受地形的限制，特别是在跨越河床水面时，架立和移动设备更为困难；适用于起吊高度不大和地形比较平坦的渡槽吊装工作。

①独脚扒杆抬吊。槽身重量和起吊高度不大时，采用二台或四台独脚扒杆抬吊。当槽身起吊到空中后，用副滑车组将枕头梁吊装在排架顶上。这种方法起重扒杆移行费时，吊装速度较慢。

②龙门架抬吊。龙门扒杆的顶部设有横梁和轨道，并装有行车。操作上使4台卷扬机

提升速度相同，并用带蝴蝶铰的吊具，使槽身四吊点受力均匀，槽身平稳上升。横梁轨道顶面要有一定坡度，以便行车在自重作用下能顺坡下滑，从而使槽身平移在排架顶上降落就位。采用此法吊装渡槽者较多。

2. 起重设备架立于槽墩或槽身上吊装

起重设备架立在槽墩上或已安装好的槽身上进行吊装，不受地形的限制；起重设备的高度不大，降低了制造设备的费用。其缺点是起重设备的组装、拆除均为高空作业，较地面进行困难。有些吊装方法还使已架立的槽架产生很大的偏心荷载，必须加强槽架结构和基础，这类吊装方法的适应性强，在吊装渡槽工作中采用最广泛。

双人字扒杆吊装槽身法不设侧向缆风，起重杆为人字形，以增加吊装的稳定性。

第十章　水利水电工程施工管理技术

第一节　水利水电工程施工组织设计

施工组织设计主要是指导工程投标、合同签订以及施工全过程的一种技术经济文件，是一项以单位工程作为编制对象，并且用来指导其施工全过程的施工活动技术，对工程文件招标、投资估算编制以及总概算等具有极为重要的意义。因此，努力做好施工组织设计，合理优化工程设计方案，并有效组织工程施工，降低工程造价，以此提高工程整体质量和效益，已成为当前广大水利水电工程施工单位及管理者面临的一项重要课题。

一、进行水利水电工程施工组织设计的重要性

施工组织设计分为标前和标后施工组织设计。所谓标前施工组织设计就是按照招标文件规定的内容编写，主要是参加施工单位的投标。

投标施工组织设计是承包商为了中标而根据业主的要求和施工的需要编制的，既反映承包商的技术水平和施工经验，又反映承包商的组织水平和管理能力。它也是业主考察承包商能力的依据。业主通过施工组织设计，首先考察承包商是否响应招标文件提出的各项相关要求的状况，是否满足了招标文件的要求；其次考察承包商的施工技术水平和管理能力，也可作为评定技术标的主要依据。另外投标施工组织设计是承包商经济实力和技术管理能力的综合反映，也是承包商对业主项目的关注、理解程度及将投入的施工力量的体现，业主可以从中了解承包商的施工准备、施工技术及施工组织水平。投标施工组织设计也是工程建设的质量和技术保障。承包商必须通过编制施工组织设计进行策划和构思以实现标准的要求。投标施工组织设计编制的直接依据是招标文件、法律、法规、有关部门规章、工程建设标准（包括定额）、设计文件等，除此之外，还应包括业主的特殊要求（明确或隐含的）及工程条件。

投标前后施工组织设计具有下列共同点：①针对的项目相同；②最终目的统一，即好快省地建成工程项目；③编制基本原则相同；④编制的基本方法相同；⑤基本内容相同。投标前后施工组织设计之间存在着三大关系：一是前后顺序关系。在建筑市场中，市场法则决定了投标施工组织设计编制的必要性，但是施工项目的实施需要又决定了标后施工组织设计的必要性，后者对前者有承前启后的作用。二是制约关系。投标施工组织设计对标

后施工组织设计有制约作用。投标施工组织设计作为投标文件的基本组成部分，在投标有效期内及中标后都具有法律约束作用，投标后的施工组织设计必须深化和完善投标施工组织设计。三是可替代关系。当工程项目规模不大、施工技术并不复杂时，投标施工组织设计可替代实施性施工组织设计，不需另行编制标后施工组织设计。

二、水利水电工程施工组织设计的主要分类

第一，按照工程的对象来进行分类，水利水电工程施工组织设计大致可以分为三类，即施工组织总设计、单位工程施工组织设计以及分部工程施工组织设计。其中，施工组织总设计主要对象为整个项目工程，包括：工程概况；资源需求量；施工部署；施工方案；全程性施工总平面图以及施工总进度等。而单位工程施工组织设计则主要包括：单位工程概况；单位工程资源需求量预算；单位工程施工方案；单位工程施工总平面图设计；以及施工准备、技术质量措施和安全措施等。

第二，按照工程投招标的前后顺序进行分类，水利水电工程施工组织设计主要可分为标前设计以及标后设计两个类型。其中，标前设计主要指的是工程投标前所编制的工程相关的施工组织设计。其主要以工程投标以及签约为服务范围，目的是为了能够确保工程中标以及获得经济效益，是一种规划性的文件；而所谓的标后设计则主要指的是水利水电工程在中标后所编制的相关施工组织设计。其服务范围从施工准备开始至工程验收，目的是为了能够有效实施工程施工监管，提高工程整体施工效率及效益。

三、水利水电工程施工组织设计的特点

（一）复杂性

水利水电施工工程大部分由很多单项工程组成，施工的过程中很容易受到施工的干扰，比起土木建筑工程来说，施工的难度要更大一些。施工过程中还会受到天气因素、地理条件等方面的影响，因此水利水电工程施工组织设计会存在很多的困难，具有一定的复杂性。

（二）针对性

水利水电施工组织设计的设计对象通常为单项工程，因此水利水电施工组织设计具有一定的技术性；工程组织设计的内容需要符合项目业主、设计和监督管理者的要求，因此水利水电工程施工组织设计还具有一定的综合性。除此之外，水利水电施工组织设计应该严格按照国家的法律法规，规范施工工程中的每一个细节，使之达到施工标准的要求。因此，水利水电工程施工组织设计是一个具有针对性的施工工程。

（三）动态性

水利水电施工组织设计之初首先应结合工程总体实施统筹规划。与此同时，工程组织

设计人员应该重视工程施工现场的管理，结合施工工程周围的地理环境，制定出最适合的施工方案。因此，水利水电施工组织设计在管理上存在一定的动态性。

四、水利水电工程施工组织具体设计要点

（一）合理选择施工方案

在水利水电工程施工过程中，良好的施工方案是确保工程施工组织设计更加合理的重要前提和基础，对于工程施工组织设计具有极其重要的作用。例如，良好的工程施工方案能够在很大程度上保证工程结构及其施工技术的可行性和经济合理性，这其中还包括工程施工顺序、施工方法以及施工技术特性等。一般情况下，良好的施工方案可有效保证工程施工的连续性以及均衡性，确定工程施工相关强度的合理指标，提出与施工顺序、施工平面以及施工场地等相应的合理布置；并且通过对工程施工物质供应、材料消耗以及技术提供等的研究，为工程预算编制工作提供最基本的资料等。

（二）合理规划施工进度

工程施工方案的设计规划中，有一个重要的组成部分，即工程施工进度的整体规划设计。施工进度计划囊括了工程建设伊始至工程竣工这一完整的过程，涉及所有工程的项目组成、各个单项工程施工程序、进度、技术供应等内容。因此，相关施工单位及管理部门必须要采取相应的措施，对工程施工进度进行合理规划，通过各方面的协调以及综合平衡后，明确提出工程的总体规划强度以及施工时间进程等各项指标，以保证工程施工过程中，各种人力、物力及财力等得到合理分配利用，最终以最小的消耗获得更多的经济效益。

（三）合理布置施工平面

水利水电工程施工中，合理布置施工平面的目的主要是为了能够为主体工程的施工以及运行提供更加优秀的服务。同时，施工平面的合理布置，还能够较好的处理好施工现场与施工所需各项设施及建筑物间的复杂关系，使得施工过程中，相关工作人员通过施工方案及施工进度规划的相关内容要求，对施工场地临时房屋建筑、临时水、电管线以及材料仓库和相关附属生产企业等进行合理的规划安排，以保证施工人员文明施工。

五、水利水电施工组织设计的优化策略

（一）完善的水利水电工程施工组织设计体系

想要更好更快地完成水利水电工程的施工，就必须要有完善的水利水电工程施工组织设计体系，只有这样才能使工程施工的规范性、有效性得到加强，进而有效地控制施工的进度，提高施工的效率。要完善水利水电工程施工组织设计体系就要：①建立健全的施工

流程体系，以保证施工能够顺畅地进行；②建立有效的质量监管体系并做好落实工作，以完善水利水电工程施工组织设体系，进而提高工程的质量；③建立一套适合本单位发展的管理体系，以规范水利水电工程施工组织设计，进而完善水利水电工程施工组织设体系。

（二）施工组织要立足"流程控制"，把握施工组织的设计细节

水利水电工程施工有其独特的标准和特色，如施工的组织流程必须清晰、明确，工程的进展要符合技术规范要求等。正是因为如此，才有必要明确水利水电工程施工的组织设计规范，也就是组织的核心原则。首先，水利水电工程施工组织要立足于"流程控制"，即对施工组织及设计的全过程进行制度化的监督、核查与考评，严格按照相关组织章程、施工规范和进度要求推进，切不可疏忽大意、急功近利。其次，水利水电工程施工的组织要注重对设计、施工细节的管控，一切都要从细节入手，将施工工程做成精细化工程，千方百计保障水利水电工程的整体质量。

（三）严格遵循施工工程进度要求，将工程质量规范放在首位

任何形式、任何内容或组织样式的水利水电工程施工，首要、关键的要求仍然是"质量"。只有工程施工的质量得到切实、有力的保障，这样的工程才是有价值、有作用的。当然，保障水利水电工程施工质量要求的一个基本方法就是严格遵循施工进度、进展的组织设计规范，切实维护既定施工方案的"权威"，在此基础上确保施工的高安全、严要求、好质量。例如，一般情况下的水利水电工程施工组织设计的流程，可以分为这样几步：准备工程施工进度，导流工程施工进度，基础开挖与地基处理工程施工进度，土石坝施工进度，混凝土工程施工进度，地面厂房施工进度，地下工程施工进度等。只有按照规范的进度流程开展施工，水利水电工程的整体质量才有坚实的保障。

（四）做好施工总布置工作，保障交通运输与工程设施的稳定

水利水电工程是涉及面广、工作量大、参与度高的大型工程，组织设计的规范要求涉及人、财、物、路、厂等多种要素。在水利水电工程施工组织设计中，要预先做好施工的总布置工作，尤其是要保障施工工厂的稳定运行、交通运输的安全供应等。所谓的总布置工作，其实是指与水利施工相关的一切工作，比如水利枢纽的选择、施工总体方案的筛选、环境保护与施工关系处理等。施工场地、工厂的选择与问题处置，交通运输的保障，也是施工组织设计必须充分考虑的问题，因为这两者都是施工顺利开展必不可少的要素。例如，施工的场内交通组织与设计规范，大致要遵循这样的原则。首先，场内交通应根据施工总进度确定的运输量和运输强度，结合施工总布置进行统筹规划，并应分析计算。其次，场内交通的一般性附属设备（如供水、供电、照明以及生产、生活用房屋等）宜统一规划，专业性附属设施（如准轨机车、车辆检修、保养、车站站场等）可按有关专业标准设计。

（五）适当引入计算机网络技术

当前有许多的大型水利水电工程正在建设，这些工程施工过程中，所需要的人力、物力以及财力以及大型机械设备等也大大增多。这样的情况下，以往单纯依靠经验以及个人手算的传统施工组织设计方式已然无法适应新时代的要求。这就要求水利水电工程施工中，相关施工单位及管理人员等，必须要积极引入先进的信息网络技术，在较短的时间内计算出工程所需的各类时间参数。并通过计算机技术的应用，实现施工图纸的自动绘制以及动态修改等。而由于计算机网系统及时、快速、高效，且费用较低等诸多优点，在水利水电工程施工组织设计中的应用也必将越来越多。

（六）充分对其进行技术经济分析

施工组织设计中有一个重要的组成部分，即施工组织设计的技术经济分析。对施工组织设计方案进行技术经济分析是确保施工组织设计合理性的重要保障。在水利水电工程施工中，所谓的技术经济分析，具体的目的就是为了进一步对施工组织设计方案进行相关经济、技术方面的研究论证，确认其施工图纸是否具备合理性，施工方案是否具备经济性和可行性。然后，采取计算机技术对研究结果进行分析比较，择优选用方案，最大程度提高工程施工整体质量及经济效益。

（七）积极改进施工组织设计方案

编制合理的施工组织设计方案，必须保证施工方案具备技术上的可行性与经济上的合理性相统一；充分应用系统理念和方法，建立一套科学、健全，且符合自身发展实际的施工组织编制标准，以此来避免或者减少重复劳动；将水利施工组织设计进行模块化编制，并积极引入一些先进的现代信息技术，通过不同模块的优化组合，来减少施工中的无效劳动；工程施工组织设计的内容必须要做到既简明扼要，又与实际相结合，同时还能突出重点，以满足工程投招标及各项规定的要求，并能够有效体现企业自身的实力及信誉；正确评估工程施工组织设计图纸的合理性以及经济性；建立一套科学、健全及规范的关于工程施工质量管理的体系，并将其与施工组织设计有机结合起来。

随着社会经济的飞速发展，我国水利水电事业发展迅猛。面对日益激烈的市场竞争环境，作为水利水电工程中的重要组成部分，施工组织设计的合理与否直接关乎工程的最终施工质量及经济效益。因此，施工单位及管理人员必须要加强对工程施工组织设计的研究，努力采取各种措施合理优化工程设计方案，并有效组织工程施工，以此降低工程造价，提高工程整体质量和效益。

第二节 水利水电工程施工招标投标管理

水利工程建设项目不仅涉及实际的工程施工建设，同时，还应该结合具体的工程建设做好招投标方面的管理，结合具体的工程建设项目的招投标管理，文章首先阐述了水利工程建设项目的重要性，并对水利工程建设项目招投标存在的招投标行为不规范和招投标运作存在问题以及明显违规插手招投标等主要问题进行分析，并针对性地提出水利工程建设项目招投标管理的规范措施，希望对水利工程建设项目的管理有所启发。

一、水利工程招投标的流程

对于水利工程招投标的流程，我国颁布的水利工程建设项目招标投标管理规定中给出了具体答案。第一步是提交招标报告备案给水利行政主管部门，同时向社会发布招标的公告、信息和投标邀请函，编制好相应的招标文件，对于潜在的投标人的资质要组织专家进行审核和调查，然后向符合标准的投标人发放工程的招标文件。第二步是组织符合资质的投标人到现场勘察，项目负责人对于投标人提出的问题进行详细的解答。第三步是成立评标委员会，在中标结果出来前对于成员名字做好保密工作。评标委员会对于各家企业在规定时间内上交的投标文件进行评选，并将中标结果通知到所有竞标企业。最后一步就是在评选结束后将书面总结报告提交给主管部门，并与中标企业进行谈判，签订合同。招标投标大体分三个阶段，即：招标准备阶段——招标投标实施阶段——决标成交阶段。

二、水利水电工程招投标管理措施

（一）科学编制招标文件

1. 保障商务文件的完整性

水利水电工程招投标管理工作中，招标文件是一切工作开展的重要依据，招标文件的科学性是保障招投标工作顺利开展的重要因素，水利水电工程通常涵盖的范围与工程内容较为广泛。这种情况下，就更加应当通过科学合理的方式进行水利水电工程招标文件的编制与管理，以便于为工程招投标管理工作提供秩序保障。招标文件一般包括商务部分与技术部分，商务部分中的具体内容包括企业资质与基本情况等，以及在招投标过程中编制招标文件所需要的证件与报告等，还包括投标须知、合同协议、授权委托、辅助资料、工程量清单与报价等，无论是何种工程的招投标工作，其工程量清单都是投标单位最为关注的内容。在实际的招标文件编制过程中，需要切实保障招标文件的真实性与完整性，尤其是工程量清单的完整性，为投标单位提供计算基础。

2.保障技术文件的真实性

招标文件中的技术文件是水利水电工程施工的执行与操作说明，是影响工程质量的最重要因素之一，基于此，在编制招标文件时，就必须保障技术文件的真实性。一般来说，技术文件中包括技术条款与技术要求，前者主要说明工程改款与工程范围，包括施工设备、施工材料、工程进度与质量控制等内容；后者主要对于建筑材料的具体使用要求加以进一步说明。在实际的水利水电工程中，主要的资本消耗在主材上，因此对于主材的管理会对工程造价产生较大影响，就需要在编制招标文件时，对主材供应方式加以进一步明确。就目前而言，主材的供应方式包括施工单位自行购置与建设单位提供两种方法，这就需要在水利水电工程编制招标文件时加以明确，并且就土方工程、垫层工程与混凝土工程等相应组成项目加以规范。

（二）组建评标委员会，严格按照标准开展评标工作

在评标工作环节，水利工程项目负责人要及时组建专业的评标委员会，并做好委员会成员的身份保密工作，避免出现投标人找评标人透漏标底等串标、围标的违规现象。在评标过程中要做好监督工作，保证投标的公平性，严格按照相关规定展开工作。如果发现有评标人违规操作，那么要按照规定追究其法律责任，营造良好公平的评标环境。在收到投标人的投标文件后，要及时组织评标委员会进行评选工作，从中选出建设能力强、综合素质高的单位进行水利工程的施工，保障水利工程的施工进度和质量水平。

（三）施工建设单位应严格遵照招投标的流程办事

参与投标的施工建设单位必须严格遵照招投标的流程办事，接到招标邀请函后，根据邀请函标明的时间对施工现场进行勘查，仔细斟酌该水利工程施工建设的各方面问题，遇到疑问应及时向建设单位询问，没有疑问后编写投标文件，对工程量的清单应尽可能编写准确、翔实，工程造价也要尽可能地采用国际通用的计价模式，并且还要随行就市，统一量、放开价，确保投标文件的科学、准确。当中标后，应根据自己的投标文件以及与建设单位签订合同所规定的工期、质量标准进行施工建设，按时保质保量地完成该水利工程的施工建设。

（四）实现招投标管理的信息化建设

随着电子招投标在我国的强势发展，目前与中国招标投标公共服务平台相对接的电子招投标平台数量已经达到了150家左右。以国信招标集团为例，该集团在运用大数据与专业的招标技术的前提下，已经逐渐实现的全面无纸化招标，可以通过信息系统发布招标公告与标书售卖，并且通过网络平台进行开标与评标等。目前，该集团每天可以完成的招标投标项目平均数量达到了20～30个，可见电子招投标的是找投保行业的重要发展趋势。在信息时代，电子招投已逐渐成为招投标活动的一种全新的形式，而电子招投标的日益普

及，也必将给招投标活动带来大量的数据信息，这就为大数据技术在电子招投标活动中的应用提供了更多的可能。为了进一步保障电子招投标的科学性与优质性，进一步实现招投标管理的优化，就可以以大数据技术为基础，构建招投标创新监管平台。为了约束与限制可能存在的违规操作与恶意投标现象，可以以大数据技术为基础，充分运用信息技术构建动态化的电子评标监管模式，全面监控招标、投标、评标与履约等过程，收集相应的数据信息，合理分析各方主体的行为模式，构建招投标与履约的可回溯系统，以实现对于招投标活动的全过程监管。另外，有鉴于以往监管模式的被动与无效，在信息技术的支撑下，还应当构建统一的主动监管模式，借助于相应的技术措施，主动挖掘可能存在的违法与违规行为。

（五）加大监管力度

地方政府各部门、各单位要重视对水利工程施工招投标流程的监督管理工作，加大监督管理的力度，不断完善并创新超投标流程管理的方法和机制，对招投标流程进行严格的监督管理，确保整个流程都处于公平、公正的状态下开展进行，并严格监管施工单位施工建设的全过程，避免出现层层转包现象的出现，以此保证该水利工程施工建设的质量和安全。一旦发现在该水利工程招投标流程中出现违规操作的现象，就必须立即进行严肃的处理。

综上所述，招投标过程的管理直接影响到中标单位的选择，在良莠不齐的投标单位中如何选出第一中标单位，成为水利在建工程的一个难题。通过编制水利在建工程的招投标管理流程、实现水利在建工程的招投标流程，完成招投标管理方法设计。

第三节 水利水电工程施工分包管理

近年来，我国水利水电工程建设项目越来越多，在实际管理操作过程中的问题也逐渐暴露出来，项目建设成本高，一定程度上阻碍了工程的顺利发展。分包管理已经成为水利水电工程建设中的有效的管理方式，做好分包管理工作，能够保障人民的生命财产安全，顺利进行水利水电工程建设。然而，在工程实施过程中，很多因素会影响工程质量，并且这些因素是不固定的，会给工程建设带来了一定的难度，要想提高工程质量，必须事先确定好工程建设目标，有一定的规划，有完善的管理制度和监督体系，使工程效益最大化。分包管理指的是将整个工程发包给不同的企业，通过分工合作的形式共同完成工程建设，根据企业的相应资质和能力，分配不同的任务，能够提高工作效率，最大限度地利用资源。然而，分包制度的实施需要有完善的管理制度，目前，分包管理过程中还存在着各种各样的问题，需要进一步解决。

一、水利水电工程施工分包现状以及特点

水利水电工程分包过程是指工程施工建设开始时，施工单位前期策划中完善施工组织模式，细化分包策划，依据每个企业的能力和资质进行工作任务分配，共同完成整个项目的实施，以达到提高工程效率的目的。目前，水利水电工程建设施工分包的比例占50%左右，分包形式主要包括以下几种：①合作分包，首先分包商利用强大的管理优势、投资优势进行投标，获得项目的执行权，中标后将工程分配给分包商执行，由总包商负责监督和管理；②工序分包，当整个项目的施工工期不足，或者由于设备原料不足等原因，需要将一部分施工工序分包出去，这是工程建设过程中最常见的分包方式；③切块分包，总包商将一些附属的工程分给分包商施工管理，同时对分包商的工作进行监管，主体工程则由总承包单位实施；④劳务分包，由于施工过程中存在技术人员不足的情况，选择采用大量的廉价劳动力进行施工，不仅能够降低成本，还解决了工地上劳动力短缺的问题。以上分包形式是目前我国水利水电工程建设项目中最常用的分包方式。

（一）水利水电工程施工安全与管理的意义

1. 加强水利水电工程施工安全与管理工作，有助于企业整体的安全素质的迅速提升，有助于企业在项目施工过程中，全面贯彻落实工程安全生产主体责任，进一步完善企业工程项目安全管理体系，从而可以建立健全长期、稳定、科学合理的安全战略管理机制，推进企业全面进步。

2. 加强水利水电工程安全与管理工作，是促进企业安全生产的必然举措。近些年来，在水利工程项目施工过程中，由于各种因素的影响，我国的水利工程中各种安全伤残事故日渐频繁，触电，塌方，溺水等各种安全事故给社会带来了极大的经济损失和资源的浪费，更对人们的生命财产安全造成了极大的威胁，安全管理缺陷是事故发生的深层次的本质原因。因此，要从根本上防止事故，必须从加强水利工程施工安全管理做起，不断改进安全管理机制，提高安全管理水平。

3. 加强水利水电工程施工安全与管理工作，有助于工程企业适应新时期下，生产方式和劳动力结构的新变化，有助于推进水利水电企业长远发展。随着我国人口老龄化的加快，劳务人员数量大幅下降，水利工程施工逐渐朝着机械化，专业化等方向发展，实施水利工程安全管理体制，能够使得水利工程企业在激烈的市场竞争中走得更远。

二、水利水电工程施工安全与管理的控制

（一）要做好基础施工阶段的安全工作

在基础施工阶段，安全施工需要注意的是安全的边坡比，避免土方坍塌造成安全事故，

注意避免施工人员在深坑井内发生窒息中毒的情况。在施工中需要对深坑采用支护的设施，计算好边坡能够承载的重量以做好必要的加固措施。如果施工时有雨水等导致地下水位高的情况，必须进行排水处理，并做好基坑的支护措施，避免基坑两侧泥土被水浸泡而滑塌；深基坑内部施工的时候，要注意可能存在的有毒有害气体，并注意因通风不畅导致的窒息等情况。

（二）提高对施工质量安全的重视程度，树立安全施工管理意识

针对水利工程施工安全管理工作的重要性，工程建设单位要形成足够的认识，在施工过程中加强施工企业内部的安全管理体制建设，不断培养企业内部的安全管理人员，提高管理工作人员的管理水平，将各项管理工作落到实处，保障工程施工质量的各项影响因素得到全方位的控制。施工企业内部还应建立工程施工安全管理责任机制，通过责任机制，明确施工单位内部管理主体的具体权责，为工程施工安全与管理工作的有效落实奠定坚实的基础。

（三）建立健全安全管理机构，落实安全管理责任制

在水利工程施工中，施工单位中标之后，要坚持多级安全控制，多层次的安全负责原则，加强对施工企业的安全管理。首先，要建立健全施工过程的安全管理体制。设置项目经理职位，坚持项目经理的第一责任，坚持施工质量检测部门进行质量安全自检，同时，要建立起施工的相关工程试验基地，建立健全各种资料的管理体制，设置专门的施工资料整理人员，并做好各个环节的工作分工，明确职责，加强对施工各个环节的工序质量检测记录，做好各种资料的送检工作，并严格各种文件的存档管理，为安全管理措施的出台提供决策依据。

（四）要加强水利工程安全管理的资金和设备投入

1. 要强化安全防护设施超前投入

各施工单位，尤其是各项目经理部和施工现场，应结合具体情况，进行必要的超前投入。要补全和完善各项防护设施，特别是各种内外脚手架、安全防护装置等，凡不符合规定的，要坚决认真改善。

2. 要加大资金投入

在强调加大物质安全资金投入的同时，也要重视人力资源的资金投入。如加大安全教育培训的力度，开展形式多样的安全知识普及活动等，掌握必需的安全生产知识，提高安全生产技能，增强事故预防和应急处理能力。

（五）制定科学统一的合同文本格式

针对一些合同签订的基本前提问题，水利水电施工行业应当制定科学统一的合同文本

格式。目前已有的《建设工程施工合同》是比较科学、合理、规范的示范合同文本格式，建设单位与施工企业在签订合同的过程中应当参考这一类的文本模板，以避免一些低级错误以及文字漏洞。水利水电施工企业合同需要满足的基本条件有：明确的合同双方权利与义务，尽可能多的考虑到可能出现的纠纷和赔偿并列出解决措施，注意合同内的条款前后不可出现相互矛盾的情况，合同语言科学准确，合同内容合理合法。另外，施工企业还要注意在合同中约束建设单位对施工企业的风险转移，维护施工企业的合法权益。

（六）建立健全安全管理措施

首先，施工单位要制定科学合理施工方法和施工规范，制定各种安全防范管理章程，并在管理人员和监督人员的配合下，全面贯彻落实。其次，国家政府要加大各种水利水电工程安全管理法律法规的完善，并根据水利水电行业不断出现的各种新状况做出及时的制度规范更新。最后，社会群体要加大对施工单位各种安全管理措施落实情况的行监督，促进施工的安全化，规范化。

（七）作业现场安全管理

水利水电工程施工作业现场是安全管理的落实点，也是安全隐患和安全事故发生的地点，必须严格把握作业现场的安全作业，进行安全施工。（1）建立和健全各类现场作业管理制度。并设专职安全检查员监督实施，发现安全事故隐患和苗头，立即采取相应措施，并严肃查处。（2）严禁各类无证上岗及非专业人员从事专业工种，避免发生各类意外伤害。（3）严把工序交替、工种更换、

目前，我国水利水电工程承包的规模在不断扩大，对外承包工程也取得了一定成绩，培育了一批大型工程承包公司，赢得了良好的市场口碑。与此同时，我国水利水电工程承包的管理水平与技术还不高，亟待找到适合我国国情的水利水电工程的施工总承包管理模式。

第四节　水利水电工程合同管理

随着我国社会经济的发展，我国的水利水电工程得到了飞速的发展，水利水电工程因为施工难度大，在合同履行的过程中，必然会出现许多问题。在水利水电工程中合同管理是一个非常重要的组成成分，对水利水电工程有着重要的意义。

一、合同管理在水利水电工程中的意义

（一）合同管理是水利水电工程的重要成分

合同管理是由计划管理、质量安全管理、材料管理、成本管理这些部分组成的，因此合同管理在水利水电工程中起着至关重要的作用。合同管理存在着水利水电工程中的每个部分，和每个部分都有关系。合同管理是一个基础的评判标准，对计划管理、质量安全管理、材料管理、成本管理有着重要作用，这些管理之间存在着相互依赖和相互制约的关系。对于一个管理者建立好一个合同管理是很重要的，合同管理包含的内容多种多样，有着一定的系统性和完整性的要求，合同管理有着高度的论述能力和健全规范的要求，因此才说合同管理是水利水电工程的重要成分。

（二）合同管理可以让水利水电工程更好管理

在我国经济发展的同时，人们也对水利水电工程有了更高的要求，这就要求我们不断对合同管理进行完善，合同管理可以使水利水电工程更好的被约束。合同管理就是对业主和承包商之间的关系进行约定，在合同管理下，每个人都尽到每个人应尽的义务，让水利水电工程更好管理，使水利水电工程进行得更加顺利。水利水电工程是一个综合性系统工程，有着工期长、难度大的特点，因此水利水电工程在进行的过程中存在着很大的风险，很容易产生一些问题，给水利水电工程的进行带来不利，合同管理显得尤为重要。但是目前我国在合同管理中还存在着很多的不足之处，我们要积极进行改进，让我国的发展更加的美好，让我国经济展现出新的状态。

（三）合同管理在水利水电工程中具有监督作用

我国的合同管理在水利水电工程中有很多经验不足的地方，没有合同管理的意识，在国际合同管理出现问题的时候，一般应用国内的合同处理问题，对国际工程合同规定的重视度不足，合同问题做不到快速有效的解决。水利水电工程合同本身就是项目业主或其代理人与项目承包人或供应人为完成确定的施工项目所指向的目标或规定的内容，明确相互的权利义务关系而达成的协议。在合同管理中不仅对合同各方的目的、内容、相互之间的权利及承担的义务作了明确的规定和说明，还在合同中开工准备到工程的交付使用都规定了参与各方的权利和义务，对各种事件的处理办法从执行程序到处理权限都有明确的规定，因此合同管理在水利水电工程中具有监督作用。

二、水利水电工程合同管理易存在的问题

（一）项目筹建期合同管理不规范

水利水电工程由于技术复杂、工期长、施工干扰及协调管理难度大，不确定因素多。尤其在水利水电工程项目筹建期合同管理不规范问题比较突出，已经陷入"前期合同管理草率，后期花很大精力去扭转"的思维怪圈。另外还有合同问题积压过多，承包人资金得不到及时补充，不利于工程建设有序进行；合同管理缺失，后期审计问题多，追溯、整改难度大等问题。

（二）招标管理不够规范

水利水电工程招标过程中易存在多种不规范操作的现象。水利水电工程一般工程量较大，分标不可避免，这也就出现了分标的复杂性和不合理性的问题。同时招标文件及工程量清单容易出现重项、漏项、失误等，将过多的风险转嫁给投标人。投标人资质参差不齐，实力有强有弱，较难以控制。

（三）工程建设过程咨询专业化程度不够

水利水电工程建设技术难度大、管理协调难度大、面临的专业技术问题多、经济合同问题多，加上建设单位人员有限，某些专业问题就成为比较棘手的问题。

（四）统供材料管理存在诸多不确定性，有序管理难度大

统供材料在承包人层面存在不同标段相互串用的问题。水利水电工程标段较多，同一承包人可能承担了若干个标段。该承包人为了节约施工成本，往往不会将各个标段的统供材料分开进行出入库管理。如我国西藏地区某水电站项目，同一承包人同时承担地下电站和导流洞标段，而在统供材料的出入库录入时，未严格按照标段进行管理，造成材料核销不真实，而各标段对于厂家统供材料的价差调整约定也不同，这就在管理上造成了一定的漏洞。另外，统供材料在分包人层面存在不同标段相互串用；承包人申报的统供材料计划准确性不高等等问题。

（五）工程分包管理是工程建设管理的难点

水电施工企业均在向管理型、技术型转变，工程分包无法避免，由此带来的工程安全、质量管理形势不容乐观。如我国云南地区某水电站，某大型国有施工企业中标导流洞工程标段，引进了5家分包商参与施工，这5家分包商管理经验和施工技术参差不齐，而承包商在提取了一定的管理费后，没有尽到对现场施工进度进行督导的义务，导致工程进度缓慢，造成了一定的损失。

同时建设单位还可能面临因承包人分包管理不力带来的成本增加，因各种原因提出索

赔的问题。如何做好工程分包管理，保证工程安全、质量，促进合同管理与投资控制，依然是建设单位需要面对的难点。

三、加强水利水电工程合同过程管理对策

（一）打造合同规范管理意识

发包人、监理人、承包人是建设期合同执行管理的实施核心。在执行合同的过程中，建设单位应积极主动，努力打造发包人、监理人、承包人三位一体的合同规范管理氛围。首先建设单位应从自身入手，规范自身合同管理行为。建设单位对一切工程管理行为，都要作为合同管理行为来对待，要严格规范，时时刻刻"如履薄冰"，树立合同规范管理的榜样。于建设单位、监理人、承包人需加强对相关法律法规、合同条款和管理制度的学习，逐步形成"要我规范、我要规范、我规范"三位一体的合同规范管理理念。建设单位要加强与监理人、承包人的沟通。积极发现在建三方在合同执行管理过程中存在的问题。例如，发包人未按期提供到位的合同条件，监理人未按合同规定发出指令等。同时建设单位应该重点关注合同变更（索赔）文件的编写、证据及合同条款、法律法规的引用、价格的编制方式及依据等，以便于促进发包人、监理人、承包人不断规范各自的合同管理行为。

（二）加强招标管理

在招标过程中，工程管理者在严格依照核准文件、国家法律法规进行招标的同时，更应该结合水利水电工程建设管理实践加强以下方面的工作。淤做好分标管理。水利水电工程本身的复杂性决定了水利水电工程分标的复杂性。分标应以便于项目实施、便于协调管理，避免合同漏项，有利于投资控制为基本原则，从总体规划与施工区域划分、进度管控与节点衔接、技术管理、大型发包人施工设备衔接、合同管控等方面进行综合考虑。于加强招标文件审查。避免招标文件及工程量清单出现重项、漏项、失误，尤其要重点针对项目及工程量审查，计量、计价合同条款审查。同时要加强合同风险分析，避免将过多的不可控风险转嫁给投标人。设置合理的投标人资质资格条件，保证有实力的承包人参与竞标。设置合理的最高投标限价或标底，必要时应分析各参与竞标单位的综合实力，测算其可能的报价，保证综合实力强、报价合理的投标人最终入围竞争。

（三）建立合同执行情况阶段定期检查机制

通过合同执行情况阶段定期检查、年度工程建设造价分析，一方面能掌握工程投资总体情况，便于项目融资，降低融资成本。另一方面能及时反映过程中需要进一步解决的问题，及时纠正不当的合同管理行为，及时了解合同执行风险，为下一步加强合同管理，降低工程投资奠定基础。

（四）做好设计变更的事前管理与事中控制

设计变更事前管理。发生设计变更时，尤其是重大的设计变更，建设单位工程技术管理人员、工程管理人员、合同管理人员应积极与设计院沟通，及时研究变更实施的必要性、可行性，并进行投资分析，同时还应分析单一变更可能引发的其他变更，以及对工期、相关标段的影响，努力将变更项目对投资的影响降至最低。

设计变更事中控制。变更项目，特别是设计新增项目实施过程中，建设单位和监理人应加强对施工方案、工艺措施的管理，督促承包人对资源进行优化配置和协调管理，避免因变更项目的实施而增加投资。

（五）提高管理人员专业素质

合同管理是一项专业且系统的工作。要做好项目合同管理，首先从人员配置入手。项目筹建期即配备合同管理专业人员，建立合同管理制度体系。同时，还可以邀请专业的第三方咨询单位开展针对性的法律法规宣传、案例讲解、审计问题分析等，以进一步促进合同管理专业素养的提高。

水利水电工程建设技术难度大、管理协调难度大、面临的专业技术问题多、经济合同问题多，加上建设单位人员有限，为推进工程建设顺利进行，建设单位应引入专业的第三方单位来协助解决工程建设过程中的棘手问题。

（六）加强信息化管理

现代社会，信息化是管理的发展方向，缺乏信息化的管理是没有效率的管理。水利水电工程建设规模的较大，合同涉及内容、条款十分复杂，依靠传统的管理方法和手段已无法满足现代合同管理的需要。例如，在面对统供材料管理存在诸多不确定性，有序管理难度大的问题时，如果加强信息化管理，严格按照分标段进行材料出入库管理和材料核销，按照电站投资管理办法严格控制，则该问题可以很好地得到解决。因此，借助现代信息技术和信息管理方法为合同管理提供信息支持是合同管理工作发展的必然。

合同管理是一项复杂的系统工程，它贯穿于水利水电工程项目的全部过程，合同管理的好坏直接关系到水电工程是否能顺利进行，对工程的质量、进度和投资有重大影响，因此，合同双方必须严格遵守国家法律法规，制定合同管理的规章制度，注重合同管理人才的培养，对合同进行严格合理的管理，为工程项目的顺利实施做好基础。

第五节　水利水电工程造价管理

对于水利水电工程造价属于一个全过程的、动态及周期长的管理，其工程造价直接关系着水利建设的效益，同时工程造价并不是单一因素，而是关系着水利水电建设整个施工过程。因此，做好工程造价以及管理直接关系着整个工程进度与质量。在这种情况下，探究水利水电建设工程造价管理存在的各种问题具有现实意义。

一、水利水电建设工程造价管理现状

对于任何水利水电建设工程而言，其造价以及管理至关重要，直接关系着水利水电建设的投资与经济效益。事实上水利水电工程必须要将造价管理作为重要内容狠抓，才能够确保水利水电工程建设合理投资。从工程造价管理现状来看，还存在一些急需改进与完善的问题。

（一）管理体制还存在漏洞

在市场经济体制影响下，水利水电建设各种分工是越来越细，专业化要求也越来越高，工程造价作为技术性较强专业，成了独立行业。但是从现状中可知工程造价的社会服务业依然还处于落后，造价管理还处于刚刚起步阶段。其管理模式上还带着浓厚的经济体制色彩，政府参与行为太多，对工程造价管理上未明确主体，职责也未分清，其管理方面法律法规更是缺乏，致使管理程序缺乏规范化与法制化，管理体制也不完善。

（二）相关人才缺乏

一些建设企业虽然在逐步推行工程造价管理，但是相关人才参差不齐、业务素质不高，岗位及职责不明确。随着生产力发展及改进施工工艺、提升机械化水平等，为工程造价专业人员提出了新要求与新任务，要求管理人员不断更新知识、业务水平。同时从水利水电工程建设现状来看，如今缺少了更新机制与渠道，造价专业人员普遍存在知识老化现象，根本适应不了时代发展需求。

（三）造价管理系统需要完善

随着计算机网络技术高速发展，网络时代发展越来越快，山东菏泽有一些地方已经在运用计算机为造价管理服务，但是还有很多地方依然没有一套适合本地的造价管理软件，还没有构建出完整水利建设工程造价管理系统，致使造价管理单位收集、发布、整理各种相关工程价格信息上，存在信息滞后现象，根本不能够及时反映市场实况，致使造价管理员尤其是基础人员不能够及时获取准确信息，自然也就不能够为决策者提供准确的依据。

（四）预测单价上存在弊端

目前，许多水利水电工程中还是沿用单价法来预测水利建设工程造价，由行政部门来确定人、机、财等各种数量定额，用来反映一定时期及技术条件下的人、机、财的消耗共性，这种现象和水利建设项目存在差异。根本就不能够体现出水利建设工程的个性，局限了建设企业竞争优势，同时还不能够反映出工程上优质优价，和市场经济体制要求相悖。当然对单价影响还涉及多个方面，比如燃料、金属、原材料价格波动，都会影响到水利建设的单价。

二、加强水利水电的工程造价管理措施

从水利水电建设的工程造价及管理现在来看，还存在一些急需改进措施，因此本节结合实况提出合理的加强措施。

（一）构建决策阶段的造价控制

对于水利建设来说，工程造价直接贯穿着整个过程，而且每一个环节都会产生出相应造价。因此必须要做好整个过程的造价控制，才能够实现建设项目的造价控制，才能够纠正建设中出现的偏差，实现最大化的社会效益与环境效益、经济效益。总体来看，水利水电建设的工程造价划分为固定资产与流动资产投资两个部分，而工程总价就是投资固定资产的总额。在整个工程投资中安装工程费用与设备购置费用占据大部分，决策阶段造价占据了整个投资 2%，但是从实况来看，定夺方案对投资影响占据了 60%～85%，施工阶段虽然工程造价较大，但是对工程造价影响仅仅为 10% 左右。由此可见，要控制水利建设工程造价就要以决策阶段作为控制主体。

（二）控制水利水电建设工程造价

水利水电建设中要控制工程造价，必须要从投资的决策、设计、建设项目发包阶段以及施工阶段入手，将工程造价控制在限额之内，时刻纠正出现的偏差，实现造价控制。

1. 控制投资阶段造价

（1）确定工程造价步骤；该阶段划分为投资决策、设计、招投标以及施工几个阶段，相比之下决策阶段造价误差比较大，施工阶段造价出现误差较小。而在决策阶段造价主要体现为投资估算，就是依据现有资料与一定方法，估计工程项目投资额，这是水利水电建设项目前期工程重要环节之一。

（2）控制投资阶段工程造价；水利水电建设要控制好投资阶段的工程造价，其一要收集好详尽基础资料为投资预算提供依据，包含了水、路、电及通信等状况。其二要优化方案，水利水电建设所体现出来的效益与住房建筑有差异，比如水闸，不但要求其质量必须符合要求，还要底板尺寸满足设计要求，一旦高了就会影响到引水与排水，地点不同也会影响到引水与排水的允许效果、收益范围等。因水利水电工程建设的特殊性，对方案的优化具备较大空间，从各种资料可知优化建设方案上主要以节约工程造价为主。水利水电建设在优化方案上，确保实现目标基础上 85% 以控制造价为主。所以控制造价主要是就做好前期造价的控制，通过市场调研并结合实况，做多种方案进行比选。

（3）科学评定评价价格与基准参数；水利水电建设工程造价控制上，比较重视经济评价，包含了国民经济评价与财务评价。其中的财务评价是在国家现行的财税制度与价格体系下，对项目范围的费用与效益进行综合计算，分析器清偿能力与盈利能力，考察水利水电建设项目可行性，财务评价与基准参数是否合理，直接对建设项目造成质量影响。

2. 控制好招投标及施工阶段的工程造价

（1）招投标及施工阶段的造价形式；水利水电建设的招投标造价主要是以综合单价形式，即是工程量清单计价，该方式能够共担风险，甲乙双方都能够承担工程量风险，在合同范围内是不可以调整的，只有超出合同约定才能够依照程序适当调整，例如要加强某阶段的造价控制，必须要重视索赔和反索赔控制。

（2）索赔和反索赔；所谓索赔就是在履行合同之时，某一方不按照合同履行或者不完全履行合同上所规定义务，给对方造成损失，另一方对此提出赔偿要求。依照索赔对象差异，水利水电建设中的所编划分成了工期索赔与费用索赔两类。

3. 控制工程结算

在控制结算上首先就要核对是否合符合同要求，验收是否合格，并要按照合同要求验收合格确认之后才能够工程结算；还要依照规定的计价定额、结算方法、主材价格及优惠条款等，审核工程结算；检查隐蔽工程的验收记录，检查签证、验收。按照图纸核实工程数量，依照国家统一规定计算工程量，必须要依照国家相关规定控制工程结算，确保工程造价。事实上，水利水电建设比较重视工程结算的控制，确保了工程造价控制。

4. 控制竣工阶段的工程造价

全面反映水利水电建设的经济效益主要依靠竣工决算，也是法人办理工程尾款之依据。竣工阶段不但能够反映出水利水电建设的投资结果与实际造价，通过决算的概算与决算、预算对比分析，还能够考核投资控制成效，总结出经验教训，积累出基础资料为未来投资效益埋下铺垫。

总之，做好工程造价管理是水利水电建设首要任务之一，同时也是确保水利水电建设合理投资及获取经济效益必要手段。而其加强管理措施不只上面几个方面，还要加强相关法制建设、专业人才培训等，要通过合理的工程造价管理来促进、监督水利建设全过程，实现花钱少办大事的投资效益，尽可能降低或者避免资金六十，最大限度增强水利水电建设的投资效益。

第六节　水利工程施工质量管理

一、水利工程施工质量管理的内容

水利工程施工质量管理的目的就是通过科学合理的管理手段，控制工程施工质量，消除因工程质量引起的各种安全隐患，在满足质量的前提下努力降低工程的成本，使工程质量符合设计及国家规范要求，将设计意图付诸实施，建成最终产品，达到设计要求的安全性、适用性、可靠性。水利工程施工过程中质量管理的主要内容包括对人、材、机、法、环的控制和管理。人工程施工的掌控者，是施工质量管理的核心，起着至关重要的作用，人的主观意识决定工程质量。管理对象应包括工程施工中的设计、施工、监理、质检、业主五方责任主体。材，工程形成实体的消耗品，是施工质量合格的基础条件之一，管理对象应包括工程施工的回填土料、水泥、石材等各类材料。机，工程施工机械，是提高工程进度和保证工程质量的重要因素。法是指施工方法和工艺，是保证工程质量的重要手段。环是指施工现场环境，是影响施工工程质量的重要因素，且该因素不会因人的意愿而改变。

二、我国水利工程质量管理工作中存在的问题

（一）管理、监管人员配备不足、施工人员专业水平差，影响水利工程施工质量

一是施工过程中存在工程质量管理人员配置不足，施工过程中管理不到位，影响工程施工质量。二是目前我国施工队伍挂靠施工严重，实际施工人无资质、无技术。如：小农水重点县项目、土地整理项目、巩固退耕还林项目、部分农民筹资的小型农田水利工程，由于资金量小、范围分散，虽工程工艺简单，但是涉及群众较多，协调难度大，导致工程施工期长，部分施工单位中标后，将工程以分包形式转包与当地的一些农民施工队，投标中确定的项目经理及技术负责人未按时到场，导致工程管理不规范，影响工程质量。三是施工队伍中劳务人员大多为农民工，数量众多，文化程度低，缺乏工程施工知识和经验，没有接受过专业的技术培训，对工艺流程的不了解，施工技术人员在现场监管则循规蹈矩，现场技术人员离开则操作随意，难以保证工程质量。四是部分施工人员在工程建设过程中，为了节约成本和缩短工期，删减施工流程，偷工减料，为工程建设埋下质量隐患。

（二）工程材料差，影响水利工程施工质量

目前，我国水利工程施工招标多以经评审的合理低价中标为主，但是实际的工程招标

过程中，虽然招标设置了双低评审等制度，但上有政策，下有对策，研究政策的漏洞。部分建筑施工单位为了能够成功的承揽工程项目，采取拉均价等手段恶意压低报价。而评标专家按招标文件规定仅对双低报价进行复核，但是未进入双低的报价是否合理，评标专家无法在较短时间进行分析确认，因此经评审的合理低价中标无形中变成低价中标，目前水利工程中标价大多在招标控制价下浮 15% ~ 30%。施工单位中标之后，为保证自身利润最大化，采取以次充好、偷工减料等方法，在监理单位及业主单位监管不到位的情况时，选择质量较差的工程材料用于工程上，影响水利工程施工质量。

（三）施工工艺不满足，影响水利工程施工质量

一个工序工程有一种或多种施工工艺，选择适合的施工工艺，对水利工程施工质量，起着至关重要的作用。部分施工单位在施工过程中，不严格执行施工工艺，随意施工，甚至删减施工流程，影响水利工程施工质量。

（四）施工环境恶劣，影响水利工程施工质量

水利工程大多地处偏远山区，运输、气温等施工条件差，选用施工工艺不满足现场环境要求，影响工程施工质量。

三、提高水利工程施工质量管理的有效措施

（一）培养高质量的施工队伍及监督队伍

参建各方均要从人力资源管理工作入手，提升施工队伍以及质量监督管理人员的业务水平。日常管理工作之中应定期组织施工人员及质量监督管理人员学习水利工程建设施工有关的技术标准及规范，通过各种实际的工程案例强化施工队伍的质量控制意识，确保所有的施工人员在工程建设过程中能够严格按照工程施工设计、质量管理规范等有关的标准开展施工。为了尽可能减少因人员的操作失误或者技术能力不足导致的质量问题，要加强施工人员的专业技术培训，及时就当前阶段应用比较广泛的及先进的工艺技术进行强化训练，提升施工人员的技术水平。

（二）强化施工材料管理

水利工程施工单位在实际的管理工作中必须要转变思想观念，认识到工程质量是企业的根本，在工程投标阶段应充分考虑施工影响因素及施工成本，做出切实可行的投标报价，不恶意竞争，中标后施工中应强化工程施工材料管理，对次品材料按规定进行降级使用，对不合格的材料严禁使用，所有用于工程的材料必须按要求进行检测，在监理单位的监督下进行见证取样，并送具有检测资质的单位进行检测，检测合格方可使用。监理单位及业主单位应加强监管，确保用于工程的材料合格。

（三）强化施工过程中的质量监管工作

水利工程的施工工期往往都比较长，隐蔽工程多，各种隐蔽工程验收烦琐，工程建设过程中，许多施工质量监控管理人员在后期建设之中会逐渐放松工程质量监管。施工单位必须要不断地强调工程质量监督管理，督促现场质量监督管理人员严格落实自身的质量监控管理责任，切实将质量控制工作落实到工程建设的全过程，一旦发现施工之中出现质量问题，应结合现场情况及时提出切实可行的整改方案，并及时上报公司技术管理部门，避免拖延误事。参建各方应做好跟踪检查工作，通过不定期的质量抽查，让现场施工人员规范自身的施工行为，保证水利工程施工质量。

（四）强化第三方质量检测

目前，我国水利工程施工已经引入第三方质量检测机构对施工质量进行全程监督，及时全面地对工程施工质量进行判定。检测机构受业主单位委托，公平、公正、公开对工程施工质量进行独立检测，包括工程原材料、砼配合比、施工实体质量检测等，客观地对工程施工质量做出评价认定，取得了较好的效果，对工程施工单位有很好的震慑作用，但该规定仅覆盖了部分水利工程施工项目，应强制执行到全部水利工程项目中。

水利工程质量管理工作对于整个工程建设有着重要的意义，参建各方责任主体必须要认识到质量管理的重要性，结合施工现场的实际情况制定完善的质量监督控制体系，加强施工全程的质量监督管理工作，保证水利工程施工顺利开展，消除安全隐患。

第七节　水利水电工程质量评定与验收

水利水电工程是利国利民的大事，工程质量的好坏关系到人们的生产、生活，甚至关系到人们的生命财产安全。质量控制是水利工程建设项目管理的核心内容，而质量评定验收又是工程建设质量控制的最后一道关卡，因此，该项工作尤为重要。水利工程的质量评定是按照《水利水电工程施工质量检验与评定规程（SL176-2007）》对水利水电工程施工质量进行检验评定的。是保证工程质量的重要手段，可以促进施工工艺、施工技术、施工管理水平的发展、提高，促进更多的优质工程的建设。水利水电工程质量评定验收工作主要分为单元工程质量评定、分部工程质量评定、单位工程质量评定这三个部分。

一、单元工程质量评定

（一）单元工程划分

单元工程的划分是质量评定的第一步，单元工程划分的标准对整个质量评定结果有着不可忽视的影响。单元工程是质量评定的最小单位，也是工程质量评定的基础。单元工程是由多个工序完成的综合体，应该根据工程类型来进行单元工程的划分。水利水电工程的单元工程划分主要分为下列四大类：混凝土工程、土质防渗体工程、岩石洞石开挖工程、水轮发电机组安装工程。评定前应该根据各类工程的特点，划分确定单元工程，为单元工程质量评定奠定基础。

（二）单元工程质量等级与标准项目分类

由于单元工程必须在上一单元工程合格后方能施工，因此单工程质量评定只有合格与优良两个等级。也就是说，单元工程质量评定至少是合格。优良等级不但要求保证项目必须全部符合要求，还要对基本项目及允许偏差项目进行评定。经过返修后达到合格标准的项目不得评定为优良。

单元工程质量检测项目分为保证项目、基本项目、允许偏差项目三种。保证项目是指不管工程质量是合格还是优良，都必须符合要求的项目。比如，原材料必须满足设计要求。基本项目是指那些在质量评定中应该基本符合要求的项目。基本项目除写出检测项目的内容与要求外，还要写出检验方法与检测数量，一般还要逐项对合格与优良提出不同的质量要求。允许偏差项目是指允许其有一定的偏差范围的项目。比如钢筋间距、混凝土构件的尺寸等项目。水利水电工程单元的保证项目及基本项目必须符合要求，而允许偏差项目的合格率可以小于100%。

（三）单元工程质量等级评定

单元工程的质量评定要求保证项目必须完全符合要求，基本项目及允许偏差项目应该符合合格标准。根据《水利水电工程施工质量检验与评定规程（SL176-2007）》单元工程"合格""优良"的标准如下：①合格：保证项目完全符合要求，基本项目应该符合合格质量标准；每一个允许偏差项目都应该有70%的测点偏差在允许范围内；②优良：保证项目完全符合要求，基本项目必须达到优良标准，每一个允许偏差项目都应该有90%的测点偏差在允许范围内。

中间产品的质量等级也可以参照单元工程质量评定进行，但是必须经过检验合格后方能使用。

进行单元工程质量评定时应该注意以下几点：①检查发现不合格的，全部返工，重新施工的应该重新评定；②维修补强后符合设计要求的，不得评为优良，只能评为合格；③与设计要求不符，但是经过设计计算鉴定，不影响其使用功能的，其质量可认定为合格。

二、分部工程、单位工程的评定

（一）分部工程质量等级标准

1. 合格标准

该分部工程包括的所有单元工程必须全部合格；中间产品、原材料质量、其他机电设备等质量必须合格。

2. 优良标注

该分部工程包括的所有单元工程全部合格，且优良率大于 50%，主要工程、关键部位及重要隐蔽工程质量优良并且在施工过程中从来没有发生过质量事故。土建工程质量达到优良，中间产品质量合格，原材料质量、其他机电设备等质量合格。

（二）单位工程质量等级标准

1. 合格标准

该单位工程所包含的所有分部工程全部合格；外观质量检查得分率在 70% 以上；施工质量检验资料齐全。

2. 优良标准

该单位工程所包含的所有分部工程全部合格且优良率大于 50%；外观质量检查得分率在 85% 以上；施工质量检验资料齐全。

三、分部工程、单位工程的验收

（一）分部工程验收

当达到验收条件时建设单位组织设计、监理、施工、使用单位，按照设计文件要求、设备技术说明书、现行的规范规程等共同进行验收。分部工程验收的目的就是检查施工是否与设计相符，及时发现处理施工中的问题。分部工程验收的条件为：某分部工程已完成，或者达到了一定的规模，达到了一定的阶段，隐蔽工程封闭前等。分部工程验收必须形成分部工程签证。验收过程中发现的问题由验收组成员商量解决，当发生争议时应该以主持单位的意见为准。将遗留问题、验收各单位的意见及质量问题处理情况一并列入分部工程验收证书，以便在下一验收阶段进行检查。

（二）单位工程验收

在工程竣工验收前，单位工程已经建设完成并且能独立运转产生经济效益时，应该组织设计、监理、施工、使用单位对其进行验收。

单位工程验收应该具备以下条件：①单位工程已经全部按照设计文件及规范要求建设完成；②该单位工程独立运转且不受其他未完工程施工的影响，同时也不影响其他工程施工，或者安全防护措施满足要求；③运行使用单位已经具备接收运行条件；④扫尾工作已经安排妥当。

单位工程验收应该形成单位工程验收鉴定书，并办理单位工程移交手续。验收移交后的运行、管理、维护等工作由接收单位负责；施工单位负责在合同约定的质量保修期内，设备正常使用条件下的保修责任。

四、竣工验收

水利水电工程在满足以下条件后，便应该组织进行竣工验收。

工程所有单项工程全部建设完成并且均能正常运行；②工程竣工资料齐全完整；③工程已经通过竣工审计；④有关拆迁征地等费用都已经赔偿到位。

项目法人应该提前一个月向验收主持单位提交竣工验收申请，以便主持单位有充足的时间组织、准备。竣工验收应该形成竣工验收鉴定书，参与验收的所有单位各持一份，质量监督部门备案一份。对大型的水利水电工程项目，在其正式验收前，还应该组织进行技术初验收。建设单位应该督促施工单位处理、完善验收的遗留问题，并将处理结果报告给竣工验收主持方。

水利水电工程建设规模庞大，投入资金巨大，工程结构复杂，涉及专业多，建设期长，是一项综合性极强的工程。工程质量控制需要各方面的共同努力、协作，不但要抓好施工过程的质量控制，还必须要做好质量评定验收阶段的控制。特别是要把握好单元工程的划分与质量评定工作，为分部工程、单位工程的评定验收打下基础。

第八节　水利工程建设安全生产管理

一、水利工程建设安全生产管理存在的问题

（一）安全管理投入不足

在进行水利工程的施工过程中，安全管理也就是对于水利资源的安全管理的工作，在现阶段的工作过程中面临的安全生产的不足主要表现在以下的三个方面的内容。首先，在水利施工的过程中由于其工作过程中的地理环境等方面的限制工作，因而在安全施工作业中环境和设备措施存在着不足，存在着环境方面较强的危险性。其次，水利工程的施工过程中的经费尤其是安全管理经费落实不到位，并且在资金使用的过程中并没有明确的规定，

因而给安全管理的工作带来了一定的困难。最后，由于水利建设项目多、资金需求量大，建设项目在管理上存在着一定的漏洞，因而在安全管理上存在着限制。

（二）实际状况与施工资质不匹配

在水利工程行业的运行和施工的过程中施工企业的资质存在着一定的问题，在水利工程施工的过程中存在着较大的问题。在实际的建设项目中存在着工程变更和管理工作上的偏差，因而对于安全管理的工作造成了影响，带来了更多的安全隐患。

（三）安全管理责任难以落实

在当下的水利工程中存在着安全责任难以落实的问题，安全生产责任制度是在进行文明施工和安全施工过程中的关键性的因素，制度的落实工作可以促使安全文明施工工作的更好地开展，也在进行工作的过程中提供更好地制度方面的保障的工作。在近年来的安全生产责任制度落实的过程中面临着制度监管不力和制度落实发展不平衡的特点，在我国的范围内落实的过程变得比较的困难，发展的过程中也表现出不均匀性。在地区制度的确立和发展情况的匹配过程中出现了较大的差异，政府的落实和管理工作就比较困难。在不断地落实和发展的过程中，各个施工单位对于安全生产责任制度也应该进行符合当下自身使用需求的完善，但是因为其安全施工的意识的欠缺，在此方面的制度的落实很难应用到实际的工程当中。

二、水利工程建设安全生产管理对策

（一）完善安全管理体系

安全管理工作体制的健全，是需要在施工标准和规范的基础之上进行的。依据以往的经验总结和相关案例问题的积累，确立明确的制度规范、质量要求、甚至是法律法规，在适应当下发展模式、发展需求的基础之上，更好地进行制度化的全过程管理，提升施工的效率和质量。完善安全管理的体制在能在工作的过程中加强施工现场的秩序维护工作，使得施工现场的各个部分按照不同的特点进行调整。更为精准化的管理中，要在增强施工人员素质和友好施工的方面上下功夫，将现场管理的效果进行提升，在保质保量完成施工任务的基础之上，减少对环境的伤害，也进行环境效益和经济效益的双重提升，将可持续发展理念融入其中，从而降低在水利工程建设过程中的危险性，对于安全隐患进行提前的预防的工作。例如：某施工建筑企业在进行安全管理工作的责任体制落实的过程中，各级各部门的工作人员可以按照安全生产的要求进行各级工作的层层落实，保证各级工作的质量。对于高危工作进行更为特殊的互保责任体制，对于人员进行更好的安全管理的工作，保证各司其职的工作。

（二）创建企业安全文化

进行水利工程建设的主体是施工工作人员，在进行安全管理工作中主要的对象也是施工人员的安全。因此提升安全意识是其中非常重要的一部分内容。首先要通过定时的安全培训的相关的工作对于施工工作人员进行耳濡目染的教育工作，另外加之安全技能的培训的工作，可以在进行工作中提升其技术专业化水平。对于特殊岗位的工作人员要进行特殊的安全培新的工作，促进整体安全意识的养成。其次，在人员的管理工作的过程中，可以通过不定期的检查工作，以规范其安全工作的力度。安全管理的工作细则要进行层层的落实工作。最后在进行不安全施工问题的处理工作上，要保持着严肃的工作态度，进行严格的惩罚。对于进行安全生产的工作人员进行奖励，在良好的责任制度和奖惩制度的作用之下，进行了内部的安全文化的创建的工作，在施工的过程中牢记安全的第一生命线，从而更好地进行施工工作。

（三）加强施工监管力度

为保证水利工程的施工的安全性，在施工过程中的安全监管工作是十分重要的。在工作的过程中安全管理的部门具有一定的中止施工的权利，监督管理人员的安全评价的相关工作也在其安全标准执行和完善的工作范畴内，是进行安全监督管理的重心。在制度的执行的过程中对于重点的安全隐患的部位要进行重点的监督和排查的工作，在强化标准管理的过程中落实好安全责任的制度，进行更为科学、规范的工作。加强监督管理工作，专人专岗的监督工作，有力的保证施工的安全进行。对于应急防护工作等要进行良好的工作的安排和分析，减少出现事故的概率。建立督查工作小组的模式是十分有效的监督工作模式，通过专业化、系统化的培训工作进行经验完备的监督队伍的建立，保证工作的质量。窗体底端。

（四）落实安全管理制度

没有规矩不成方圆，工作的正常运行需要制度的保证作为其工作的准则进行相应的约束。制度的作用在于一方面给工作人员的具体的工作内容提出了很好的要求，清楚地知道各个部门的工作内容，可以大大提升工作的效率。另一方面对工程的质量做了明确的要求，有助于工程质量的提高。针对水利水电工程的相关制度的制定要符合实际情况，进行因地制宜的制度的确定。对于特殊的地理地貌、水文情况上的工程建设以及后续的工作，要执行更加严格、更加符合当地情况的制度，在细节上要求施工各部门的工作内容，进行严格的执行监督与验收工作。例如，机械设备的定期检修工作上，要根据不同的设备进行检修间隔、检修方法的具体要求，把质量和安全工作放在首位，不厌其烦地去进行定期的检查，杜绝因人员原因减少检修频率和缩减检修的范围，有利于水利工程质量的进一步的提升。

在水利工程安全管理的过程中是整个项目进行过程中的重点。安全生产作为项目工程的生命线，在工作中加强安全意识的培养和安全制度的落实的工作，用更为高效的安全管理工作服务于整个水利工程建设的过程。安全管理工作也有助于推动整个水利工程行业的进步与发展。

第九节　水利工程建设监理

一、水利工程监理工作的特点

在水利工程建设过程中监理工作非常重要，其主要是在整个过程中进行技术、组织以及合同的控制，从而能够有效地确保工程的质量、质量和投资等，达到水利工程建设目标。就目前的情况来看，水利工程监理具有很多自身的特点，主要是：

（一）具有一定的独立性与公正性

进行过程建设的时候需要协调好进行业主与承包方之间的关系，在工程建设过程中很难避免会出现利益冲突的时候，因此监理人员必须要公正的进行处理，严格地按照相关标准进行控制。

（二）具有职能密集型服务特点

在进行水利工程建设的时候监理需要做好整个活动的计划、协调等工作，从而能够更好地保障工程质量。需要注意的是整个过程要确保监理签字的有效性，保障工程的有效开展。

（三）工程技术与工程管理的有效结合

随着社会的发展，对于水利工程监理要求不断提高，其不仅需要扎实的专业知识，同时也需要相应的工作经验，从而能够更好地保障工作的有效开展。

二、水利工程建设监理工作存在的问题

（一）对监理工作的重视程度不够

在水利工程建设中监理是非常重要的部分，其主要是对整个水利工程进行监督和管理，目前在水利工程建设中都是由专门的监理进行执行。但是从如今的工程建设情况来看，施工单位和委托单位对于监理工作不太重视，使得监理工作不能有效开展。同时对于水利工程监理工作来说大部分企业没有高度重视该部分的工作，监理人员也没有真正的管理权力，从而不能发挥其作用，对于工程建设没有起到促进作用。

（二）监理体系不健全，监理制度不完善

就目前的情况来看，在水利工程建设中还存在很多问题，主要是管理制度不完善，管理责任不明确。在实际应用中没有完善的监理制度，包括会议制度、验收制度、检验制度和监理人员工作考核制度，同时也缺乏很多的监督保障机制，对于监理内容规定也不全面，人员的分配也存在很多问题，从而都会直接影响到工程的质量和进度，影响工程的建设，因此进一步加强对其的研究非常有必要。

（三）施工监理人员的工作素养不高

随着社会的发展，对于水利工程监理要求不断提高，但是目前监理人员的整体素质还存在很多问题，其主要是素养方面。施工监理人员都是毕业于高校，参加了一系列的考试后进入到监理单位中，但是对于这些人员来说他们是具备了很扎实的基础知识，但是对于实际施工还是存在很多不足，缺乏经验。施工监理单位发展中也常常出现人员变动情况，因此流动性非常大，另外目前对于监理人员的待遇方面还需要进一步完善，工资薪酬方面还不太高，所以很难调动监理人员的积极性，影响工程的有效开展。

三、水利工程建设监理工作优化措施

（一）提高对工程监理工作的重视

水利工程的建设也会随着社会的不断发展发生改变，就目前的情况来看，我国的工程监理的承担着主要是施工方和项目委托方之外的第三方，主要是经过监理合同进行监理工作的开展。但是在实际的施工中施工单位为了获得更大的经济效益，对于监理方面的工作并不重视，常常会有应付上级检查机关虚化监理工作的现象，因此进一步加强对该方面的研究非常重要。施工单位需要认识到监理工作的重要性，并不断提高监理工作服务质量，从而促进水利工程的建设。在实际应用中提高对监理工作的重视，监理单位能够有效地进行双方的沟通工作，从而能够最大程度发挥其左右，确保工程的有效开展。

（二）建立健全工程监理制度，完善工程监理体系

对于水利工程建设中监理机构需要充分发挥其作用，因此在实际应用中需要健全相关管理制度，完善相关管理体系，进一步对监理工作的规范化，对于各个责任进行明确。同时要制定一系列的制度进行监理工作的优化，包括监理会议制度、验收制度、检验制度和监理人员工作考核制度，从而能够对监理人员起到一个约束的作用。另外，对于监理机构还需要跟随时代发展脚步，不断引进先进方法进行工作的完善，从而能够更好地规范整个监理工作开展，促进水利工程的建设发展。

（三）不断提高施工监理工作人员的工作素养

为了更好地提高水利工程监理工作质量，需要不断提高监理人员的整体素养，主要是从以下方面进行：1）不断提高施工监理人员的业务能力。水利工程是一项大型的建设项目，其涉及的范围非常广泛，因此在进行实际应用中对于监理人员的要求非常高，需要不断地提高工程的专业知识、业务能力、实践经验等，因此需要定期地进行业务培训，从而能够更好地提高整体素养，确保其能够最大限度发挥监理作用，促进水利工程的建设。2）不断提高施工监理人员的责任心。在监理工作开展中只有不断提高监理责任心，并在施工过程中严格地按照相关规定进行，才能够最大限度发挥作用。因此在实际应用中需要监理人员不断提升自己，同时加强和施工人员进行沟通工作，从而保障工作的有效开展。3）不断提高监理人员的社交能力。施工监理人员需要不断地提高业务能力，加强工作社交能力，从而能够进一步增加人员之间的沟通和交流，从而促进施工单位和人员之间的交流，方便在施工中发现问题并采取有效的措施解决问题，从而更好地保障工程的质量。

总之，随着社会的发展，对于水利工程建设要求不断提高，因此对于监理来说需要不断提高自己，从而才能更好地满足社会的发展需求，因此进一步加强对其的研究非常有必要。

第十节　水利工程验收管理

一、分部工程的质量控制

（一）施工单位建立独立的质量组织机构

1. 保证质检人员都能够持证上岗

对于质检员的要求来说，需要保证质检人员素质水平，需要进行岗前培训，并且实施证书岗位职，质检员只有取得上岗证书之后，才能够进入施工现场进行质检工作。当质检员已经任职两年之后才能够进行工程项目质检工作的独立担当，如果还是质检员，则需要有经验人员的指导进行质检工作。

2. 建立工地实验室

施工单位入场后，必须对工地实验室进行有效地建立，具体的工地实验室标准、实验仪器的选用，需要根据工程项目的实际需求和相关规定进行。

3. 检验、测量和试验仪器的有效控制

工程项目的相关负责人需要根据相关文件进行相关检验、测量，即试验仪器的有效选

择，要保证仪器的选择规格能够符合试验要求。经过检验合格之后的仪器才能够进行使用，经过检验之后的仪器还需要进行定期的检验，并进行标记。

4. 进行岗位责任制的建立

能够对各施工部门和个人职责进行科学的划分，保证各项责任能够贯彻落实到实处，在很大程度上提高施工人员的主动性和积极性，为保证整体施工质量奠定基础。对于工程中各个项目经理、技术负责人、具体施工人员来说，就需要进行责任制的有效建立，要保证每个流程都能够规范进行。同时，对于岗位职责的建立，能够保证有效实现对员工自身积极性的提升，最大限度的激发出员工的工作热情，实现工作质量的有效提升。

（二）材料检验和试验

在工程项目开工前，需要对建筑材料进行选定，进而就需要对供应商进行判定，并根据 ISO9002 中的程序文件进行材料的严格要求。当材料符合要求之后就需要进行合同的签订，签订合同后进行材料的购买，为了保证材料质量，需要供应商提供相应的产品合格证及所购买本批次的试验报告单、当材料检验全部合格之后就能够进场，进场之后就需要将相关的检验材料及说明书全部交给保管员及质检员。

（三）施工工程项目的划分

施工工程项目划分环节至关重要，为了保证项目划分的科学性和有效性，需要由质量监督单位、施工部门、设计部门和监理部门根据相关规范、标准以及水利工程的实际状况，相互协作共同划分，并通过书面文字的形式进行下发。

二、分部工程材料整理

在实际的施工过程中，需要对各种累积资料的有效整理及保存，为到工程验收及竣工资料编制提供可靠、全面以及真实的数据资料。由各部门需要按照《水利基本建设项目（工程）档案资料管理规定》的相关规定对各种材料进行处理，具体包括列目、归类、绘制以及编写等。在淑雅溪水库工程中，施工单位在相关领导的带领下，对分部工程的所有资料数据进行科学、有效的整理，为分部工程乃至整体工程的竣工验收提供了详细、全面的资料。

分部工程对工程资料进行处理，其目的在于对各单元工程的资料进行汇总以及分类，为各分部工程的验收和质量评定提供参考。在进行分部工程质量等级评定时，需要做好各项工程资料的整理，具体包括中间产品质量评价资料、隐蔽工程资料信息、单元工程质量等，在淑雅溪水库分部工程第一至第八卷分别为：竣工图；开工报告及监理指；合格供应商评定材料及采购合同；工程质量检查评定；来往文件、纪要、设计变更文件；隐蔽工程照片；工程结算、施工记录、大事记、工作报告；分部工程验收材料。

三、分部工程验收

等到分部工程验收材料准备完全之后，相关部门领导就可以进行工程验收的申请，具体的验收过程如下：

1. 对验收人员名单进行确定，并组织相关的小组进行验收会议的开启；

2. 对现场审核工程情况进行确定；

3. 对内业资料进行审核，并对其中的 10% 进行抽检；

4. 进行小组讨论，当分部工程在验收过程中存在问题时，就需要进行小组讨论，并进行处理意见的提出，对分部工程质量等级进行结论性意见的提出，对分部工程验收鉴证中进行保留意见的登记。

5. 等到验收小组对分部工程等级核定之后，还需要对分部工程验收鉴证书进行编制，验收小组成员还需要在分部工程鉴证书上进行签字及盖章。

分部工程的验收主要是由业主组织进行的，在此过程中需要相关部门的有效参与，双方共同对工程已经完工的部分进行科学、全面的评价和验收，为工程项目的竣工验收提供可靠、有效的参考，同时能够为水利工程质量监督部门在项目质量检查、等级评定等方面提供一定的帮助。总的来说，分部工程的验收工作需要各个部门的有效结合，积极主动、准确及时地进行，最终为项目工程全面竣工验收的工作打下坚实基础，使工程项目早日投入使用发挥应有效益。

结　语

从目前水利水电工程规划的实施效果来看，要对水利水电工程的建设具有高度的重视，在对其进行设计规划时，需严格地按照相关制度进行，对具体的工程环境详细的了解，能够为水利水电工程具有推进的重要作用，在水利水电工程的规划设计中也是不可或缺的重要部分。因此，要对水利水电工程进行规划与设计，需要相关人员能够对各项工作环节进行重点的设计与施工，能够针对目前水利水电工程规划中面临的问题进行探究与解决，避免在规划设计和施工中出现不必要的工程问题，为水利水电工程的建设与发展提供保障。

参考文献

[1] 代彦芹，黄靖，樊宇航 . 水利水电工程计量与计价 [M]. 成都：西南交通大学出版社，2016.

[2] 田万国，张谷 .《四川省大中型水利水电工程移民工作条例》释义 [M]. 成都：四川科学技术出版社 , 2017.

[3] 邢斌著 . 水利水电工程地质钻探 [M]. 北京：水利电力出版社 , 1974.

[4] 陈家远 . 中国水利水电工程 [M]. 成都：四川大学出版社 , 2012.

[5] 钟汉华 . 水利水电工程施工组织与管理 [M]. 北京：高等教育出版社 , 2007.

[6] 李彦硕 . 水利水电工程经济分析与计算 [M]. 大连：大连工学院出版社 , 1986.

[7] 陈军武 . 水之物语甘肃省水利水电学校校园文化建设读本 [M]. 兰州：甘肃人民出版社 , 2014.

[8] 毛建平，金文良 . 水利水电工程施工 [M]. 郑州：黄河水利出版社 , 2004.

[9] 顾慰慈 . 水利水电工程管理 [M]. 北京：中国水利水电出版社 , 1994.

[10] 朱厚生，谢安周 . 水利水电工程经济 [M]. 华北水利水电学院；北京研究生部科技情报室 , 1983.

[11] 顾志刚，刘武，王章忠 . 水利水电工程施工技术创新实践 [M]. 北京：中国电力出版社 , 2010.

[12] 蒋水心 . 农村水利水电经济运行 [M]. 北京：水利电力出版社 , 1995.

[13] 邹成杰等 . 水利水电岩溶工程地质 [M]. 北京：水利电力出版社 , 1994.

[14] 胡肇枢 . 水利水电现代施工技术 [M]. 南京：河海大学出版社 , 1991.

[15] 冯瑞菖 . 水利水电管理系统工程 [M]. 北京：水利电力出版社 , 1995.